国家自然科学基金面上项目“城市形态基因识别、解析与传承研究
——以巴蜀地区为例”（51978092）
国家自然科学基金青年项目“西南地区城市形态演变过程与特色重构研究”（51208530）
中央高校基本科研项目“气候韧性与低碳城市中心”创新团队（2024CDJXY014）

IDENTIFICATION, ANALYSIS AND INHERITANCE OF URBAN FORM GENES

TAKING THE BA-SHU REGION AS AN EXAMPLE

城市形态基因的识别、解析与传承

——以巴蜀地区为例

李 旭 著

科 学 出 版 社

北 京

内 容 简 介

本书以城市形态理论为基础，类比生物基因，将城市形态基因界定为控制城市空间形态特征的遗传因子，研究控制空间形态特征的空间组构规则及其生成的关键影响因素。以巴蜀地区代表性城市（镇）为样本，建立多尺度层级空间与多维度影响因素结合的分析框架，构建城市形态特征基础数据库；识别山水格局基因、街巷结构基因、建筑肌理基因，分析形态生成的关键影响因素；揭示空间形态基因在不同环境作用下的表达，探索基于地域空间形态基因的规划导控方法，为城市建设在全球化进程中保持与发展地域特色提供理论指导，丰富与完善城市形态理论与方法。

本书适于城乡规划、城市研究和城市管理、建筑设计以及经济学、社会学等相关领域的管理与科研人员阅读参考，也可作为高等院校相关专业学生学习参考资料。

审图号：GS京（2024）1709号

图书在版编目(CIP)数据

城市形态基因的识别、解析与传承：以巴蜀地区为例 / 李旭著. —北京：科学出版社，2024. 10

ISBN 978-7-03-077489-7

Ⅰ. ①城… Ⅱ. ①李… Ⅲ. ①城市规划-研究-四川 Ⅳ. ①TU984. 271

中国国家版本馆CIP数据核字（2023）第249415号

责任编辑：李晓娟/责任校对：樊雅琼

责任印制：赵 博/封面设计：无极书装

科学出版社出版

北京东黄城根北街16号

邮政编码：100717

http://www.sciencep.com

北京建宏印刷有限公司印刷

科学出版社发行 各地新华书店经销

*

2024年10月第 一 版 开本：787×1092 1/16

2025年 1 月第二次印刷 印张：14 1/2

字数：350 000

定价：168. 00元

（如有印装质量问题，我社负责调换）

序　言

中华文化对外呈现出的“整体”是由内部异彩纷呈的地域“多元”构成的，只有充分理解、认识了不同地区聚落与建筑文化的渊源，空间格局、特征和内在规律，并对这种地方特色加以发扬和培育，才能使中国人居环境建设真正地实现“和而不同，同中有异”的发展。巴蜀地区是西南山地重要的组成部分，该区域资源丰富、人文荟萃、人居环境形态独特，大多反映了尊重自然、适应环境发展的营建思想和技术方法，因此研究该地域城市发展演变规律有着重要意义。

看到该书成稿，我倍感欣慰，早在 2006 年李旭攻读博士学位时，就在我的建议下确定了“西南地区城市历史发展研究”的选题，由此涉足人居环境历史演进的研究。她深入调查西南地区的历史文化名城，以西南为“域”，名城为“点”，以时空发展为“序”，梳理了该地区主要城市（镇）形态的演变，解析历史时期城市形态的构成、类型、特点，总结了西南地区城市形态发生发展的规律和组织机制，由此探讨对构建当代特色城市的价值与启示，论文得到专家的普遍好评。后续基于博士论文研究，她又申请并获批了国家自然科学基金青年项目“西南地区城市形态演变过程与特色重构研究”（51208530），十多年来，一直在该方向刻苦钻研并努力创新，取得了较为丰硕的成果。大约在 2016 年，她开始关注城市的“基因”，将研究与设计课教学、研究生论文指导结合，教学效果良好，后来又申请并获批了国家自然科学基金面上项目“城市形态基因识别、解析与传承研究——以巴蜀地区为例”（51978092），这本书也是该基金项目的主要成果。

从空间形态的角度研究城市的发展演变规律是城乡规划领域经典的、也是基础的内容，如何做出特点？如何有创新？如何与国家和地区的实际发展需求结合是需要重点考虑的问题。李旭的研究关注理论与实践的结合，类比生物“基因”，从城市形态的角度解析城市的“基因”，由此探索城市发展演变的规律，有一定新意。该书对应的研究有以下特点：一、不仅研究形式构成特征，更总结提炼其本质的空间组构规则，揭示这些空间规则背后关键的自然、社会影响因素。二、不仅研究地域的空间形态基因，更研究空间形态基因在不同环境条件下呈现出的不同的空间表现形式。这有助于认识“基因”的同源性，揭示丰富多样的空间形态哪些具有共同的源头，也有助于揭示空间形态如何适应不同地域的自然、社会环境。三、不仅解析了典型案例城镇的城市形态基因，也结合设计实践探讨了“基因”的传承，体现了理论与实践的结合，对全球化进程中保持与发展城市地域特色有一定启发。

历史研究使人深沉，规律研究使人睿智。面对中国人居环境空间形态的丰富多彩、社会变迁的起伏跌宕，究其根本，还原真实，正是当前我们所需要的为学态度和治学精神，在此基础上才能探索传承与发展。或许，李旭通过对巴蜀地区城市形态基因的研究，能够领悟到这一层面的深刻意义。另一方面，从学术研究的价值看，揭示空间形态基因的形式构成、生成机理、以及在不同时空环境条件下的表达与传播规律是因地制宜进行规划设计的关键所在。从这个角度看，该书有关城市形态基因的研究为理论与实践搭建了联系的桥梁。希望她未来继续深入该领域研究，与国家、地区的现实需求紧密结合，不断深入与开拓，取得更多的突破！为国家和地区的城市研究、城市建设作出更大贡献！

谨此为序。

赵万民

2024 年 9 月于重庆大学

前言

城市特色一直是城市设计关注的重点。2015 年中央城市工作会议明确指出“要加强对城市的空间立体性、平面协调性、风貌整体性、文脉延续性等方面的规划和管控，留住城市特有的地域环境、文化特色、建筑风格等‘基因’”，这不仅强调了保留与传承城市地域特色的迫切性，也反映了城市形态地域特征研究从建筑到城市，从表象到本质的发展趋势。尽管城市的“基因”常被提起，但城市的“基因”究竟是什么？如何形成？有什么样的规律仍不明确。一些研究和设计实践涉及“基因”传承时往往拘泥于具体的形式、符号，反而削弱了空间形态“基因”的价值及其对设计实践的指导作用。因此如何界定城市的“基因”，如何识别，如何找到“基因”背后深层的影响因素，哪些是可以留住的“基因”，都是亟待探讨的问题。

其实形态学（morphology）就始于对生物形态的研究，19 世纪末被引入城市研究后形成城市形态学，主要关注实体形态的构成逻辑与形成过程。20 世纪中叶以来，生命科学通过基因研究从根源上解释生命种族及其生长与遗传的深层次规律，再次对城市形态研究产生了重要影响。类比生物学“基因”的概念，20 世纪初国外有学者研究城市形态或场所的“DNA”；国内出现了“地域基因”“聚落景观基因”山水风景“基因”“文化基因”“制度基因”等相关概念。2019 年，段进院士提出“空间基因”的概念，将其界定为独特的、相对稳定的空间组合模式，认为它承载着不同地域特有的信息，形成城市特色的标识。此后，有关“空间基因”的研究逐渐增多。

笔者自 2006 年开始研究城市形态的演变过程与规律，博士论文研究西南地区城市的历史发展与演变，基于博士论文出版了专著《西南地区城市历史发展研究》，主持国家自然科学基金青年基金“西南地区城市形态演变过程与特色重构研究”（51208530）。2015 年中央城市工作会议提出留住城市的“基因”，笔者认识到“基因”指代的城市空间形态特征与发展规律，开始关注城市形态的“基因”，尝试将科研与教学结合，探索城市形态“基因”的识别、解析与传承，后来申请并获批 2019 年国家自然科学基金面上项目“城市形态基因识别、解析与传承研究——以巴蜀地区为例”（51978092）。基于该项目研究在《城市规划》发表了“城市形态基因的生成机理与传承途径研究——以成都为例”“山水格局基因识别与多样性形成机制研究——以巴蜀传统聚落为例”；在《城市发展研究》发表了“城市形态基因研究的热点演化、现状评述与趋势展望”“巴渝传统聚落空间形态的气候适应性研究”，这些期刊论文的主要内容以及该项目研究的其他主要内容也收录于本书相关章节。

本书以城市形态理论为基础，类比生物基因，将城市形态基因界定为控制城市空间形态特征的遗传因子，即城市（镇）的“空间基因”（笔者也初步研究过乡村聚落的“空间基因”）。研究遵循从要素到结构，从单因素解析到多因素综合，从理论研究到实践应用的路径，选择巴蜀地区的代表性历史文化名镇、名城为样本，建立多尺度层级空间与多维度影响因素结合的分析框架，集成多源数据，构建城市形态特征基础数据库。研究内容包括解析控制空间形态特征的空间组构规则及其生成的关键影响因素，揭示空间形态基因在不同环境作用下的表达，探索基于地域空间形态基因的规划导控方法，旨在为城市建设在全球化进程中保持与发展地域特色提供一些理论指导，丰富与完善城市形态理论与方法。

本书是研究团队长期共同探索和积淀的结果。在整理出版工作中，张雪协助整理全书文字及图片；李平、罗丹、杨明鑫、韩筱、陈欣靖、屈宣孜、刘浩然、周炫汀、支添趣、孙亚萍参加了相关章节的研究；此外，崔皓、陈澜语、陈代俊、许凌、裴宇轩、马一丹、张新天等同学也先后参加过相关基础研究工作。

本书相关研究工作也得益于各方的支持与帮助。国家自然科学基金项目与中央高校基本科研项目为本书相关研究提供了经费资助。重庆大学建筑城规学院、山地城镇建设与新技术教育部重点实验室、山地人居环境科学研究团队、山地城乡空间规划团队、气候韧性与低碳城市创新团队为研究提供了很多支持与帮助，在此一并致谢。

限于自身认识水平与研究能力，本书的研究仍有不足，理论与实践的结合有待进一步探索。面对当下我国城乡规划与建设领域的深刻变革，我们期望未来的工作能够紧密结合绿色低碳的发展目标以及国家、地区的发展需求，不断探索，争取有所创新与突破。

2024 年 9 月于重庆

目　录

第1章 绪 论

1.1 背景与目的

中国历史时期的城市由于发展过程、民族文化与地域条件的差异，个性特征鲜明，然而在工业化与全球化的影响下，许多城市面貌趋同，人居环境恶化，历史文化和城市特色衰微。城市形态（urban morphology）包括城市物质空间要素的形态及背后复杂的经济、社会、文化因素，是城市特色的重要组成部分。究其根本，城市特色的衰微是对城市形态地域特征的价值与生成演变规律认识不足。

城市形态学自起源就受到生命科学的影响。形态学（morphology）始于对生物形态的研究，引入城市研究后主要关注实体形态的构成逻辑与形成过程（段进和邱国潮，2009）。20世纪以来，"基因"（意指控制生物性状的遗传因子）研究，揭示了生物性状特征与遗传的本质规律，再次对城市形态特征的研究产生了影响。由于城市具有生长发育、遗传变异等与生物有机体相似的特征，一些独特而相对稳定的空间组合模式就像"基因"一样决定了城市的空间形态特征（段进等，2019），因而出现了与城市形态有关的"基因"研究，其旨在揭示城市独特的、相对稳定的空间组织形式及其生成与传承的规律。

显然，城市形态基因与生物基因在本质上有很大不同，主要是参照生物学基因的逻辑与角度去分析和思考（刘沛林，2014），理论基础仍为城市形态相关的理论与方法。目前有关城市形态"基因"的研究尚在探索阶段，从不同视角进行的研究表明，独特而相对稳定的空间组织形式或形成这些空间形式的制度与观念都可能是控制城市空间形态特征的"基因"（赵燕菁，2011；梁鹤年，2014；王树声，2016），这些"基因"对保持与塑造城市个性有着独特的价值。但目前有关城市形态的"基因"概念所指代的内容多样，难以进行比较或整合，尚需进一步梳理并提炼出关键的控制城市形态特征的基因。并且现有研究少有从联系与比较的视角去认识城市形态基因的独特性与关联性，关于城市形态基因适应环境变化的表达形式与传承机制的认识尚待深入，未能充分发挥城市形态基因理论对城市规划与设计、传承地域特色的理论指导价值。

2015年中央城市工作会议明确指出，"要加强对城市的空间立体性、平面协调性、风貌整体性、文脉延续性等方面的规划和管控，留住城市特有的地域环境、文化特色、建筑风格等'基因'"，反映了保持与传承城市地域特色的迫切性，也反映了城市形态地域特征研究从建筑到城市，从表象到本质的发展趋势。巴蜀地区城市（镇）由于独特的山地环境、发展历史、文化构成，传统城市形态类型丰富、特色鲜明，具有独特的地域城市形态基因。由于地理环境与历史文化的特殊性，照搬平原地区和发达地区城市发展模式与方法，必然导致城市形态的异化与特色衰微。并且，该区域城市（镇）目前尚处于城市化快速发展阶段，也兼具城市发展转型的压力。在此关键阶段，迫切需要深入研究该地区城市形态基因及其发展演变的本质规律，为城市规划与设计中传承地域特色提供理论指导。

本书以城市形态理论为基础，将城市形态基因界定为控制城市空间形态特征的空间形态基因（空间组构规则）及生成基因（关键影响因素），以巴蜀地区历史文化名镇和名城为例，建立多尺度层级空间与多维度影响因素结合的分析框架；综合运用地理信息系统（GIS）空间分析、形态类型分析以及历史研究等方法，识别山水格局基因、城市结构基因、建筑肌理基因，分析城市形态生成的环境、制度与文化影响因素；构建空间形态特征、空间组构规则与影响因素对照的城市形态基因类型图谱，揭示形态基因的独特性与关联性；在此基础上解析空间形态基因的生成机制，揭示人为活动与环境共同作用下空间形态基因的表达，为该地域城市建设在全球化进程中保持与发展地域特色提供理论指导，丰富并完善城市形态理论与方法。

1.2 城市形态基因研究现状与趋势①

近年来，与空间形态有关的“基因”研究逐渐增多，研究内容、方法与结论多种多样。本书采用 CiteSpace 可视化文献分析软件，对国内外近 30 年相关文献进行分析，认识该领域研究热点的演化路径与阶段特征；在此基础上梳理相关概念与研究内容，建构城市形态基因的核心要素与结构框架；针对城市形态基因的识别、解析与传承等基本问题评述现状研究进展与不足；最后展望未来的发展趋势。

基于中国知网（CNKI）学术期刊网络出版总库，限定建筑科学与工程、地理学领域，以“基因”为主题词进行检索，通过剔除无效信息与查漏补缺后得到有关空间形态“基因”的中文有效文献631 篇；基于 Web of Science 数据库，并限定 urban studies、architecture、geography 方向，搜索“DNA”“gene”，剔除无效信息后得到有关空间形态“基因”的英文有效文献少于 50 篇，CiteSpace 不能得到可供分析的有效图谱。为分析基因与城市形态研究的联系，另以“形态”为主题词，基于 CNKI 检索剔除无效信息后得到中文文献 3086 篇（由于城市形态研究数量较大，仅选择核心期刊作为数据源）；基于 Web of Science 搜索“urban morphology”“urban form”，得到有关城市形态的英文有效文献 1227 篇②。

设置相关参数标准（时间切片为 5 年，关键词提取标准为每个切片排名前 50 条的数据）进行关键词词频分析与共现分析、发文作者分析、时区分析，提取聚类结果，形成“城市形态”的关键词共现网络、共现时间轴及发文作者分析图。

① 本节部分内容改写自：李旭，李平，罗丹，等. 2019. 城市形态基因研究的热点演化、现状评述与趋势展望. 城市发展研究，26（10）：9.

② 知识图谱分析中，国内关于“基因”与“形态”的相关研究来源于中国知网学术期刊网络出版总库中的期刊文献，搜索时间为 2023 年 6 月 10 日。国外关于“形态”的相关研究来源于 Web of Science，搜索时间为 2023 年 7 月 14 日。

1.2.1 与城市形态有关的“基因”研究热点及阶段特征分析

由 CiteSpace 的关键词共现网络图分析，与空间形态有关的“基因”研究热点主要集中在传统聚落，侧重研究聚落空间形态基因构成、基因图谱及基因传承。提取 30 个核心关键词信息（图 1-1 和表 1-1），结合发文数量趋势分析与相关文章具体内容，大致可分为三个阶段（图 1-2）：①2003 年以前，相关研究数量少，多从隐喻角度探讨文化基因对城市与景观特征的影响与价值，基于直观经验与印象的漫谈居多，主要涉及传统哲学观、风水观、审美观等，尚无针对具体案例的系统分析。②2003 ~ 2015 年，探讨相关“基因”概念的界定，针对具体研究对象、区域，进行了较为系统的描述、分析与解释。从文化地理学角度研究传统聚落的景观基因、文化基因及基因图谱（胡最和刘沛林，2008，2015）；从建筑学的角度研究地域基因，探讨地区建筑营建体系的特征及其传承（常青，2016；王竹等，2008）；从城市规划的角度探讨城市形态特征或控制城市风貌的制度基因（刘敏和李先逵，2002；赵燕菁，2011）。③2016 年至今，在 2015 年底中央城市工作会议明确提出留住城市“基因”的现实需求下，相关研究显著增多；研究内容从“对基因的描述与解释”向“如何保护与传承”拓展，与城市设计实践结合得更加紧密（段进等，2019；王树声，2016）。

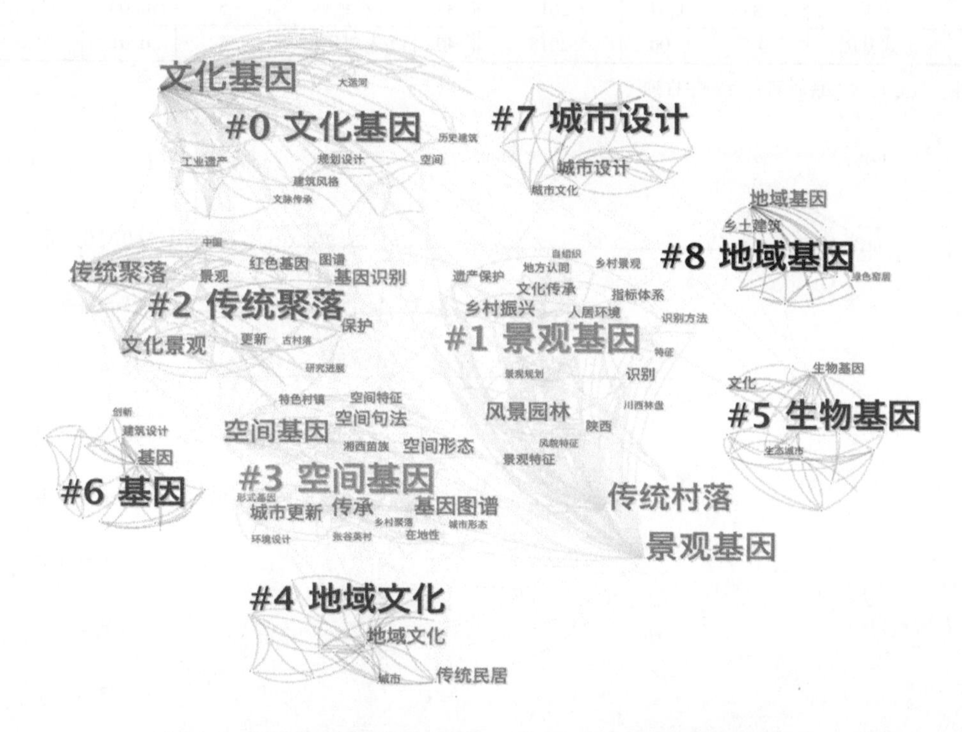

图 1-1　国内与城市形态有关的“基因”研究关键词共现网络

表 1-1 “基因”相关文献热点词信息（作者根据 CiteSpace 计量分析结果整理绘制）

序号	关键词	词频	中心性	首次共现年份	序号	关键词	词频	中心性	首次共现年份
1	文化基因	119	0.56	1995	21	风景园林	18	0.03	2014
2	文化景观	19	0.04	2003	22	建筑风格	4	0.01	2014
3	地域基因	14	0.10	2003	23	传统村落	84	0.25	2015
4	基因	12	0.07	2004	24	空间句法	11	0.02	2015
5	历史街区	9	0.00	2004	25	地方认同	4	0.00	2015
6	生物基因	4	0.04	2004	26	环境设计	4	0.00	2016
7	建筑设计	4	0.05	2004	27	空间形态	9	0.03	2017
8	建筑文化	6	0.03	2005	28	基因识别	9	0.02	2017
9	传统聚落	31	0.08	2006	29	乡土建筑	6	0.02	2017
10	文化	6	0.03	2007	30	乡村景观	5	0.00	2017
11	景观基因	102	0.34	2008	31	圈谱	5	0.04	2017
12	城市设计	11	0.00	2008	32	空间特征	4	0.00	2017
13	保护	7	0.01	2008	33	基因图谱	16	0.09	2018
14	地域文化	15	0.04	2009	34	文化传承	7	0.00	2018
15	景观	7	0.01	2009	35	识别	6	0.01	2018
16	城市	5	0.01	2009	36	指标体系	4	0.02	2018
17	传统民居	11	0.08	2011	37	空间基因	35	0.15	2019
18	城市基因	8	0.01	2012	38	乡村振兴	11	0.02	2019
19	传承	18	0.07	2013	39	在地性	5	0.00	2019
20	形式基因	4	0.00	2013	40	人居环境	5	0.01	2019

注：按照首次共现时间先后顺序排列。

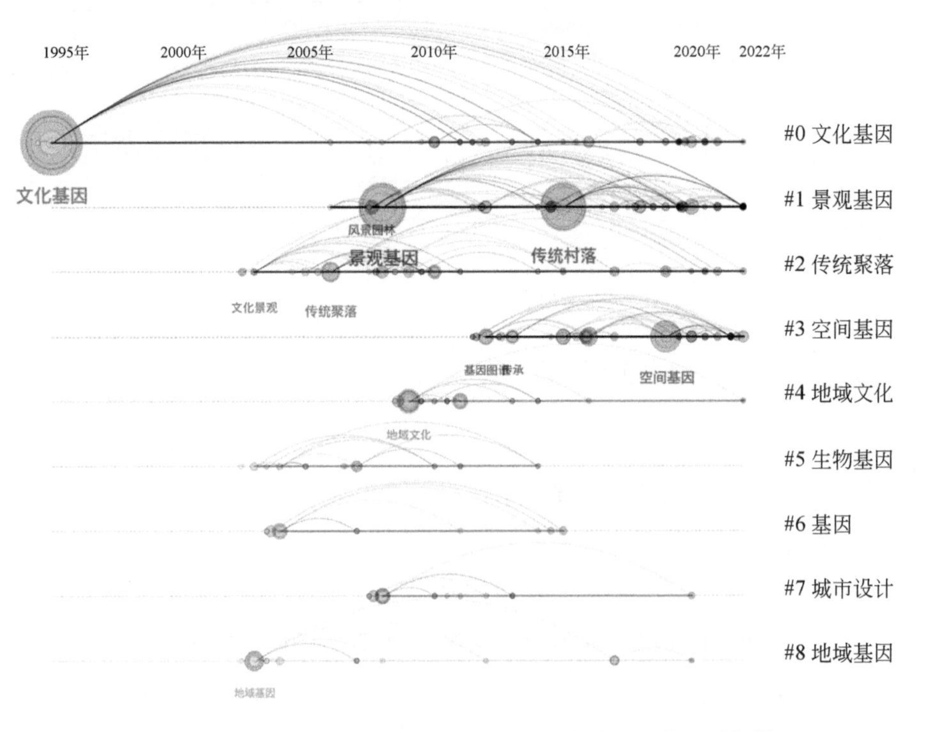

图 1-2 国内与城市形态有关的“基因”研究关键词共现时间轴

从城市形态基因相关的研究者来看（图 1-3），基于人文地理角度对景观基因的研究较为成熟与集中，刘沛林及其团队的成果与影响显著；建筑及城市规划领域的研究较为分散，以段进、常青、王树声、王竹等为代表；人文地理、建筑及城市规划之间的相互引用较少，研究内容与方法各有侧重。

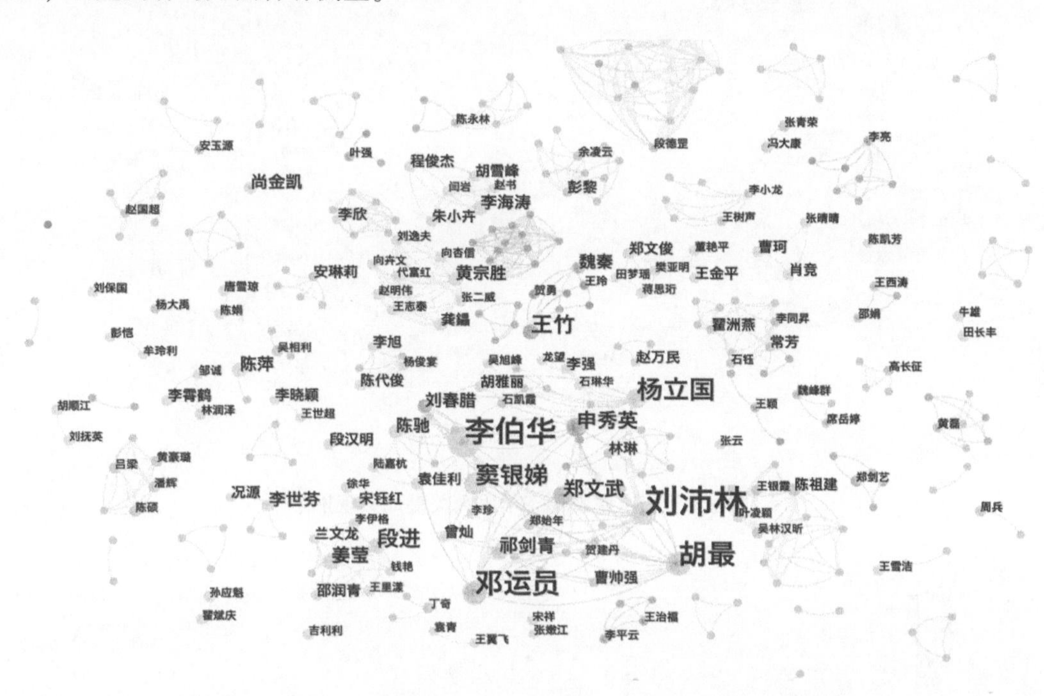

图 1-3　国内与城市形态有关的“基因”研究发文作者共现网络

关键词共现网络图表明：国内形态基因与形态学的研究均关注物质空间形态（图 1-1 和图 1-4），热点由建筑向城市、乡村聚落拓展。只是形态学研究论文数量增长有所减缓（图 1-5），而形态基因研究论文数量自 2016 年以来显著增多（图 1-6）。这一方面反映了形态基因研究对城市发展政策的影响，另一方面也反映了现实需求及发展政策对形态基因研究的促进。

国内外研究状况有较大差异。不同于国内研究主要聚焦于物质空间形态的特点，国外城市形态学研究还涵盖政策、物理活动、气候、算法、遥感、模拟等数据处理工具的研究（图 1-7）；且国外有关空间形态基因研究的文献数量很少，方向分散，并无明显研究热点，有的研究认为动态模型中的结构变量就是城市的基因，这与国内的城市研究相关的“基因”概念有较大区别。这些不同反映了国内外城市建设发展阶段与具体需求以及概念上的差异。

总体来看，有关空间形态基因研究的热点与发展趋势反映了我国目前建设实践的实际需求，旨在揭示独特的、相对稳定的空间形式及其生成与传承的规律，具有重要的理论与实践意义。

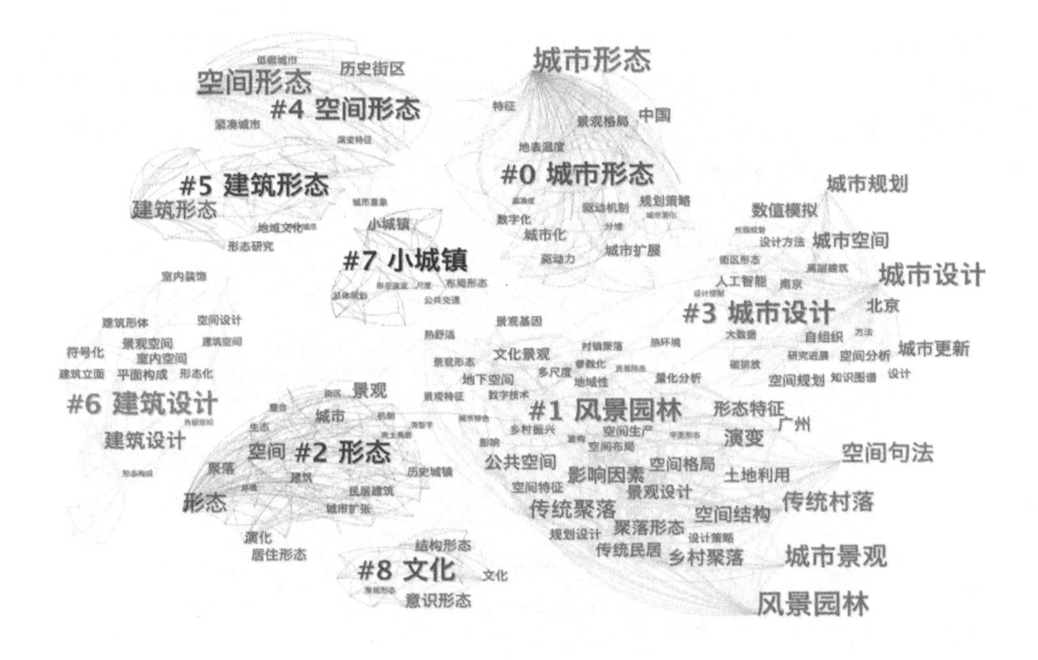

图 1-4　国内城市形态学研究关键词共现网络

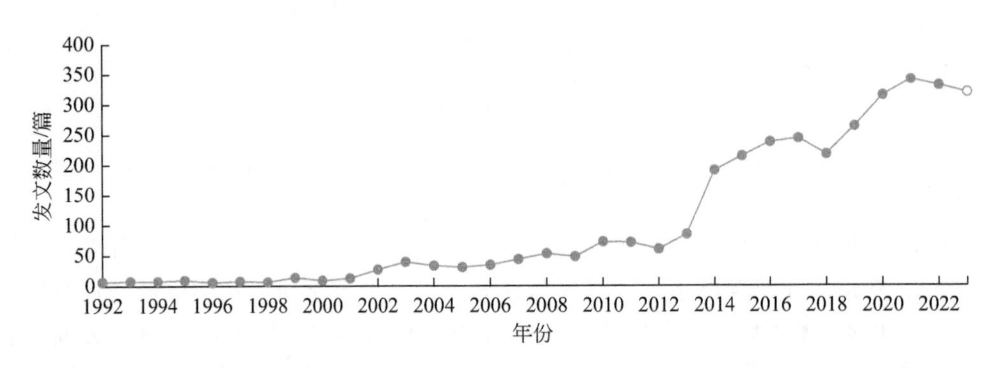

图 1-5　城市形态相关研究的发文数量（CNKI 检索 1992 年以来城市形态相关文献数量）

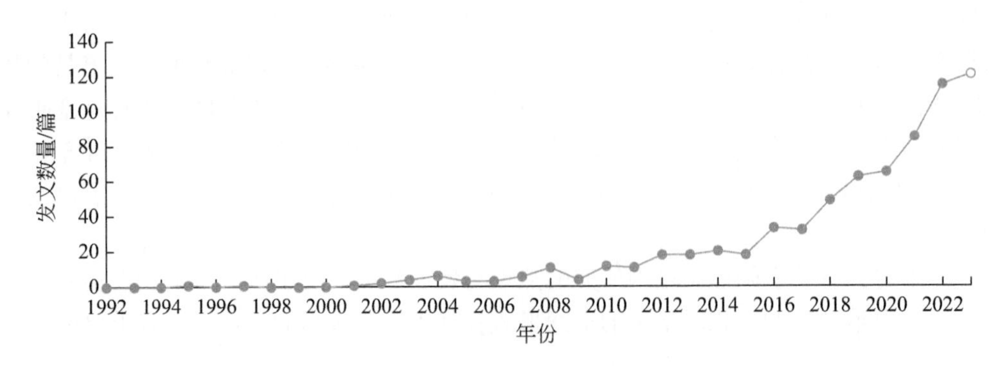

图 1-6　与城市形态有关的“基因”研究发文数量（CNKI 检索 1992 年以来与城市形态有关的“基因”文献数量）

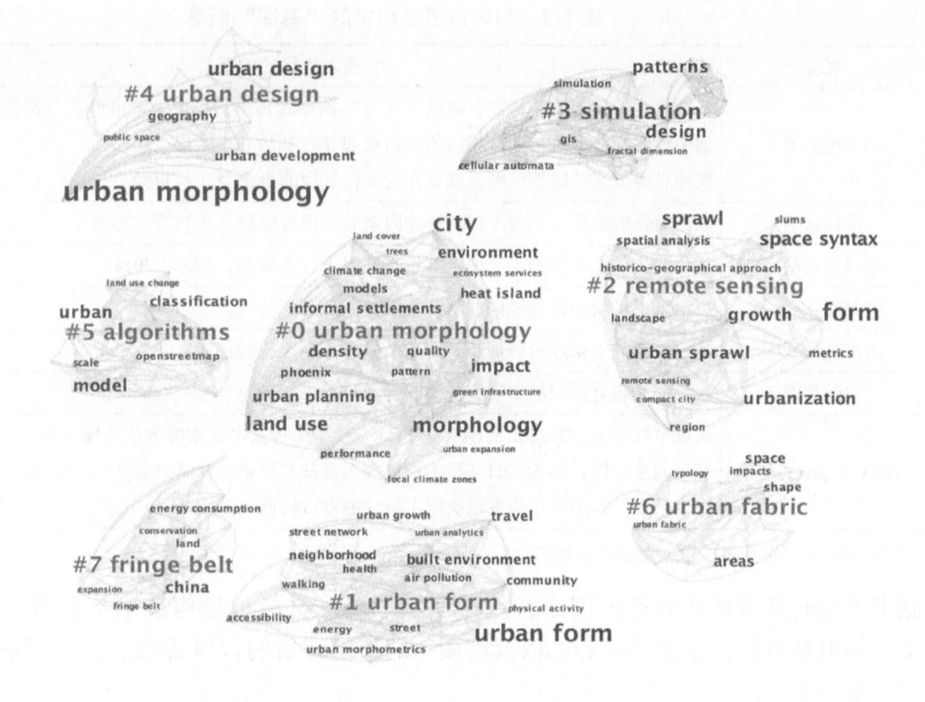

图 1-7　国外城市形态学研究关键词共现网络

1.2.2　与城市形态有关的“基因”概念与研究框架

相关研究对“基因”概念的界定各有不同。本节梳理相关概念指代的内容及联系，对照城市形态的要素与构成，构建城市形态基因研究的核心要素与结构框架。

1. 与城市形态有关的“基因”概念梳理

类比生物学“基因”的概念，国外学者提出了城市形态或场所的“DNA”概念；国内也出现了“聚落景观基因”“地域基因”“山水风景基因”“空间基因”“文化基因”“制度基因”等相关概念（表1-2）。由于视角不同，“基因”指代的内容也多种多样，归纳起来包括：①历史遗留下来的物质与非物质文化遗产；②城市内在的精神与文化；③城市空间形态特征及其构成规则；④影响城市空间形态特征的地域自然环境、制度因素；⑤地域建城经验与智慧。此外，国外一些研究认为城市动态模型中的结构变量决定了城市的发展轨迹，也将模拟模型的参数与规则当作城市的“基因”（表1-2）。

2. “基因”概念本质及核心要素与结构框架

“基因”（gene）概念最早只是一种逻辑推理，意指控制生物性状的基本遗传单位（高翼之，2000）。基因本质上是遗传信息的载体，具有稳定性，可将遗传信息传递给下一代，使之表现出相同的性状。与之类似，城市形态相关的“基因”概念本质上关注的是控

表 1-2　与城市形态相关的“基因”概念

概念	概念指代的内容
文化基因	各类文化的最本质的特征，通过“符号”的形式传承。表现为城市形态与景观中的基本特征，如中轴对称、庭院与建筑相间的空间肌理等（刘敏和李先逵，2002）； 民族思维方式、民俗信仰，城市作为文化基因的表现型（乌再荣，2009）
地域基因	人们对影响住居生成与发展的环境因素的认识与应对（王竹等，2008）
聚落景观基因	某种代代传承的区别于其他聚落景观的因子（刘沛林，2003，2014）
制度基因	决定城市风貌和建筑风格的制度基因（赵燕菁，2011）
山水风景基因	中国城市的山水风景特征及其营造经验（王树声，2016）
空间基因	独特的、相对稳定的空间组合模式（段进等，2019）
DNA of city/region	区域个性特征，通过元胞自动机（CA）模型中各基本要素的数值体现（Silva，2004）； 城市的独特性，在 SLEUTH 模型中表现为各基本要素的控制参数（Gazulis and Clarke，2006）； 城市动态模型中的结构变量决定了城市的发展轨迹（Wilson，2010）

资料来源：作者根据相关文献内容整理。

制聚落空间形态特征的遗传因子，包括地域环境、材料与建构技术结合后形成的物化形态，如山水格局、建筑形式等，以及物质空间形态背后的营城观念、行为习俗、政策制度等影响因素。

对照城市形态的要素与构成，城市形态基因的核心要素包括控制空间形态特征的空间组构规则（可称作“空间形态基因”）及其生成的关键影响因素（可称作“形态生成基因”）。其中，空间形态基因具有多尺度层级特点，可从城市与环境、路网与用地以及建筑与空间的层面探寻山水格局基因、街巷结构基因及建筑肌理基因；形态生成基因则可通过对物质空间形态与影响因素互动作用的解析，提炼自然环境基因、文化基因与制度基因（图 1-8）。现有研究实质上是在不同尺度涉及部分空间形态基因，或是从不同视角解析了部分形态生成基因。

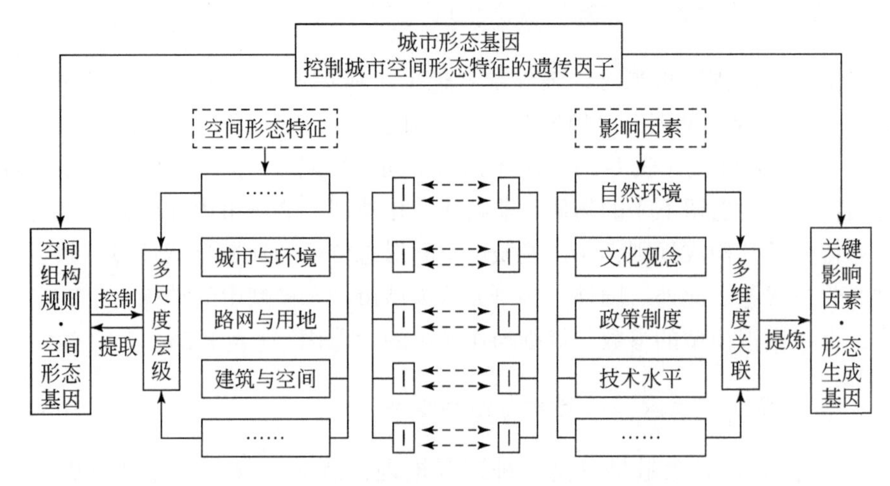

图 1-8　城市形态基因的核心要素与结构框架

1.2.3　城市形态基因关键问题的研究现状

空间形态基因的识别、空间形态基因的生成解析、空间形态基因图谱研究、空间形态基因的传承是城市形态基因研究的关键问题。

1. 空间形态基因的识别

现有研究主要为微观层面的景观、建筑形式，也涉及中观的街巷网络和宏观的山水格局（表1-3）。刘沛林构建了传统聚落景观基因的识别与提取方法，从民居特征、图腾标志、主体公共建筑、环境因子、布局形态等层面，采用元素提取、图案提取、结构提取和含义提取等方法，识别传统聚落景观基因，研究我国聚落景观区划。在此基础上，胡最等（2015）提出景观基因组（相当于建筑群体组合）的概念，采用排列模式图谱（建筑群体组合模式）对区域聚落特征进行基因识别与归类；翟洲燕等（2017）建立多层级的综合景观基因识别指标体系，识别传统村落的建筑基因、环境基因，同时涉及方言、习俗、宗族与信仰等基因。童磊（2016）将村落空间肌理分解为道路、地块、建筑，分别进行参数化解析与重构，并将参数、参数集理解为组成村落空间肌理的形态基因，将重构规则理解为形态基因序列的组合规则。

表1-3　"基因"相关文献研究内容与研究方法

项目	要素及内容	研究方法
空间要素	建筑（24）；自然环境（20）；街巷（16）；城市空间布局（15）；民居（4）；城镇轮廓（2）；城市选址（2）；城市风貌（2）；城市形态（1）；城市结构（1）	定性：形态类型学（7）；历史研究（5）；图形解构（5）；结构提取（4）；要素提取（3）；实地调研（3）；符号学（2）；观察法（1）；类推（1）；特征解构（1） 定量：GIS（4）；空间句法；分维（1）；统计分析（1）；RS（1）
非空间要素	民俗与信仰（17）；传统文化（14）；营造文化与技艺（8）；政治与制度（6）；图腾（5）；生产生活方式（5）；戏曲与戏剧（4）；宗族（4）；思维方式（2）；民族性格（1）；心理结构（1）；风土人情（1）	定性：观察法（6）；实地调查（5）；比较法归纳法（5）；历史文献（5）；含义挖掘（4）；谱系挖掘（3）；访谈法（3）；问卷调查（2）；哲学思辨（2）；形态演变（1）；意象图法（1） 定量：指标体系（1）

注：数字表示要素出现的频次，反映基因研究中对不同要素的关注程度。

总体上看，从人文地理视角针对微观景观与建筑形式以及宏观布局的识别较为成熟，与建筑规划学科结合紧密，主要在实地调查和文献研究的基础上采用形态类型学、文化符号学、图形解构、要素提取等方法，结果直观，易于理解，易在实践中应用；但针对具体案例建筑肌理及其组合模式的分析与建筑、规划学科的认识有一定差异，对规划设计的指导较为有限。针对中观街道网络有一些应用空间句法、参数化方法的探索，与实践结合有待深入（表1-3）。

2. 空间形态基因的生成解析

除关注空间形态特征外，形态的生成，即相关影响因素及其作用机制也是城市形态基因研究的重点，现有研究主要有以下几种思路。

（1）先识别出空间形态特征，进而系统分析影响因素。例如，刘沛林和邓运员（2017）在客家传统聚落景观基因识别的基础上，从地学的角度出发，分别从自然地理、人文地理和历史地理层面分析聚落景观的形成，总结了自然条件、客家精神、传统观念、历史文化交融几方面的影响因素。孔亚暐等（2016）将存在于空间关系的深层结构作为聚落形态的基因，综合采用传统空间分析方法与空间句法分析，得出“自然分布的泉眼、泉池是决定片区内部空间形态的首要影响因素”的结论。

（2）关注某些空间形态要素的特征，分析其形成的关键影响因素，共同作为城市形态的基因。例如，王竹等（2004）认为地域建筑对自然因素与人文因素的应对反映了特定地域的遗传信息特质，通过建立可持续发展指标体系的评价模型，经由量化计算与实例检验相结合的方法解析原生窑居模式的特征及影响因素，进而建构“地域基因库”。王树声（2016）采用历史研究与文献研究相结合的方法，分析中国城市人工建设与山水环境的关系，提炼其中的营城经验与智慧，作为一个城市的山水风景“基因”。

（3）侧重分析生成形态特征的因素，作为城市的基因。例如，赵燕菁（2011）通过分析公共服务的供给模式、税收模式等探讨制度对城市景观的影响，认为真正决定城市景观差异的是城市内在的制度基因。段进等（2022）认为城市系统在自组织过程中，自然环境与人文社会变化推动的建成形式变异，以及建成形式相互竞争所导致的城市系统选择是空间基因产生的原因。

研究表明，从不同视角、不同尺度、不同方面均可发现控制城市空间形态特征的遗传因子。实际上，空间形态基因与形态生成基因联系紧密（图 1-8），共同控制着城市空间形态特征。现有研究多从某些尺度或视角联系空间形态基因及其影响因素进行分析，但少有分析影响因素如何作用或形成具体的空间形态基因，尤其缺乏对空间形态基因在不同环境下的差异化表现形式的研究，对空间形态基因传承演变规律的研究尚待深入。

3. 空间形态基因图谱研究

研究空间形态基因的生成，既可深入系统地分析，又能简明系统地表达，是理论联系实践的关键。图谱图文并茂，是地学领域传统的研究方法和方式，如何通过系统、简洁、直观的图示表达来研究空间形态基因是目前的热点。

刘沛林（2014）研究中国传统聚落景观基因的图谱规律，针对聚落形态、合院、路口形式、建筑装饰等要素，探索构建区域及个案景观基因图谱，反映聚落景观基因的相关性与序列性。胡最等（2009）认为构建景观基因信息图谱时必须建立景观基因要素指标体系和景观基因信息单元模型，可以通过指标要素编码方法、特征图案法、形态结构法、文本描述法与多因子矩阵法来提取景观基因要素，以排列模式图谱概括景观基因组的类型及其共性特征，并用这种方法构建了湖南省传统聚落景观基因组的空间格局图谱。翟洲燕等

(2018) 基于上述代表性基因组图谱建构方法，绘制了陕西传统村落的空间序列图谱、分布模式图谱和地理格局图谱，并通过图谱特征分析，提炼出传统村落的主体性地域文化特质。常青 (2016) 基于宅院形制与结构类型分析谱系类型及其分布特征，探讨了部分谱系类型间的关联。段进等 (2022) 根据房屋与天井的不同比例关系，编码出中国不同地区的传统民居院落基因，并根据图谱佐证了空间基因形成与自然气候间的关系。

总体上看，从人文地理学与建筑学领域对基因图谱的研究较为成熟，在一定程度上揭示了地域形态基因的独特性与相关性。规划领域研究不多，且侧重个案研究，对形态基因的独特性与地域差异性的认识尚不系统。不同学科认识的差异也反映在图谱呈现的内容与形式上，如何在图谱中进一步提炼出空间形式特征的模式、揭示其影响因素仍有待深入。

4. 空间形态基因的传承

城市形态基因及规律的研究目的是探讨民族与地域"基因"的传承。总体上看，建筑、规划领域研究相对较多，且多与设计实践结合紧密，人文地理学领域则更侧重理论研究。例如，常青 (2005) 基于谱系梳理和分类研究，探讨文化遗产的保护和适应性进化，以杭州来氏聚落与上海金泽古镇为例，提出"延续地志、保持地脉、保留地标"的策略，通过传统聚落的结构性保存、风土建筑群的整饬与新风土建筑群的重塑来实现传承与再生。王树声 (2016) 提出通过城市边界呼应山水环境、控制城市内部重要历史风景地、历史风景标志作用的再生等方法传承中国城市的山水风景"基因"。段进等 (2019) 提出建立基于城市形态基因分析的导控技术体系的必要性。林琳等 (2018) 基于文化景观基因，从机制、环境、布局、建筑、文化等方面探讨了传统村落的保护与发展。刘沛林和邓运员 (2017) 基于景观基因的形成机制、演化模式、表达特征及其主导因素，探索了数字化保护管理与传承开发政策等。杨立国和刘沛林 (2017) 探讨了传统村落文化传承度评价指标体系的构建方法。李旭等 (2022) 以成都为例，探讨了城市形态基因的生成机理与传承途径。邵润青等 (2020) 基于地形发展评价，将空间基因融入设计，通过场景呈现完成历史信息传递。可以发现，形态基因的传承研究是众多学者关注的方向。

1.2.4　研究现状评述与趋势展望

与城市形态有关的"基因"研究与我国现阶段发展需求紧密相关，旨在揭示独特的、相对稳定的空间形式及其生成与传承的规律，是城市形态理论与中国实践的结合，也是对城市形态理论的拓展与完善。

近 30 年来，我国与城市形态有关的"基因"研究从对基因的描述、解释向如何保护与传承拓展，多学科背景的特征明显。相关研究本质上关注的是控制聚落空间形态特征的遗传因子，包括控制空间形态特征的空间组构规则及其生成的关键影响因素。现有概念与内容多样的特点，实质上是不同尺度涉及部分空间形态基因，或从不同视角解析了部分形态生成基因。总体上看，人文地理学与建筑学、城乡规划学领域的研究各有侧重，在微观层面上融合较好，但在宏观的布局与结构方面认识差异较大，在基因识别、解析、传承多个阶段均存在难点与薄弱环节。

对于规划设计而言，形式只是表象，不可机械套用，否则仍会流于表象模仿和符号拼贴，只有深入了解了图形的构成规律以及为什么形成这样的形式，方可根据当前的条件进行取舍与借鉴。因此，未来城市形态基因研究应将人文地理学、建筑学、规划学等学科进一步交叉与融合，探索不同地域空间形态基因的构成规则与生成机制，广泛开展相应的规划设计实践：在基因识别方面，完善不同尺度空间形态基因的识别方法；在规律探索方面，进一步提炼形态特征的空间组织规则，揭示影响因素对空间形态基因的综合作用，分析空间形态基因在不同环境下的差异化表现形式，揭示其适应环境变化及传播与传承的规律；在呈现形式方面，进一步探索通过图谱揭示基因的形式特征及其生成与演变规律，认识基因的独特性与地域差异性；在此基础上探索基于城市形态基因的规划控制方法与设计方法，为城市建设在全球化进程中保持与发展地域特色提供理论指导，丰富与完善城市形态理论与方法。

1.3 技术路线与研究方法

1.3.1 技术路线

本书遵循从要素到结构、从单因素解析到多因素综合、从理论研究到实践应用的研究路径，选择巴蜀地区的代表性历史文化名镇、名城作为样本，集成多源数据，构建城市形态特征基础数据库；基于GIS分析与统计功能，协同多种模拟模型，识别控制城市形态特征的空间形态基因及形态生成基因；构建城市形态基因图谱；揭示遗传与环境共同作用下城市空间形态基因的表达，为该地区城市建设在全球化进程中保持与发展地域特色提供理论指导。具体技术路线如图1-9所示。

1.3.2 研究方案设计

1. 研究范围与样本选择

从基因识别与解析的角度看，相比城市，城镇的结构与形态更为简单，较少受到工业化的影响，容易识别出最为基本的传统空间形态基因。而城市有着不同时代空间形态的拼贴与演替，更为复杂，适于研究城市形态基因的传承与演变。

由此，本书以巴蜀地区（包括四川省部分区域与重庆市域范围）为地理范围，综合考虑历史价值及资料完整度，选取54个国家级历史文化名镇作为样本（其中重庆市域23个，四川省域31个）（表1-4和图1-10），解析该地域城市空间形态基因及形态生成基因（根据研究需要，部分章节选取其中典型名镇作为样本）。选取成都、重庆两个国家级历史文化名城作为样本，研究空间形态基因的识别、生成机制，探讨空间形态基因的传承。

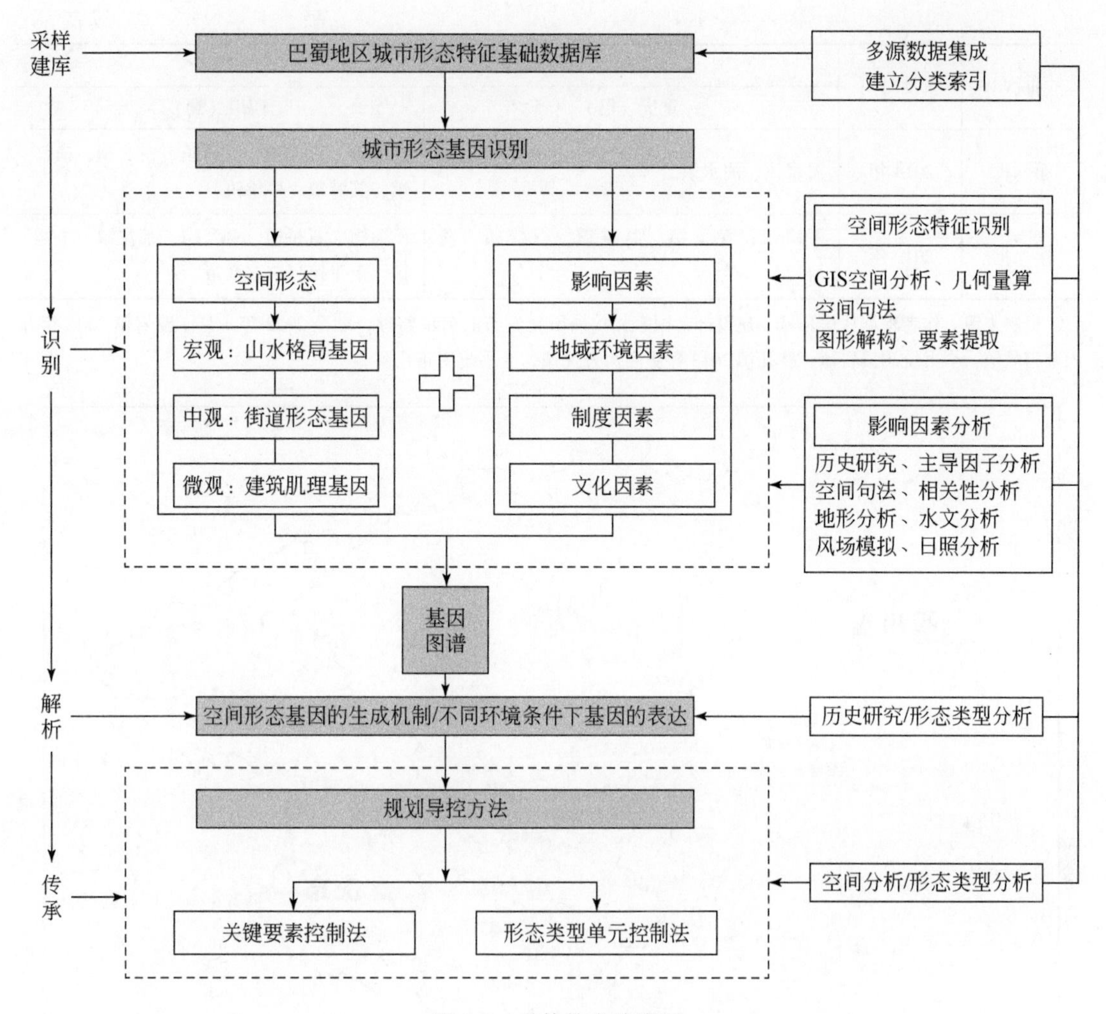

图 1-9　总体技术路线图

表 1-4　四川省域、重庆市域国家级历史文化名镇

批次	获批时间	古镇名称	
		重庆（巴）	四川（蜀）
第一批	2003 年	涞滩镇、西沱镇、双江镇	—
第二批	2004 年	龙兴镇、中山镇、龙潭镇	安仁镇、老观镇、平乐镇、李庄镇
第三批	2007 年	金刀峡镇（偏岩镇）、塘河镇、东溪镇、丰盛镇	太平镇、尧坝镇、黄龙溪镇、仙市镇
第四批	2008 年	走马镇、安居镇、松溉镇	恩阳镇、新场镇、昭化镇、福宝镇、洛带镇、罗泉镇
第五批	2010 年	万灵镇（路孔镇）、白沙镇、宁厂镇	赵化镇、清溪镇、龙华镇

续表

批次	获批时间	古镇名称	
		重庆（巴）	四川（蜀）
第六批	2014 年	温泉镇、濯水镇	二郎镇、五凤镇、云顶镇、白衣镇、横江镇、艾叶镇、牛佛镇
第七批	2019 年	罗田镇、青羊镇、吴滩镇、石蟆镇、龚滩镇	元通镇、石桥镇、柳江镇、鄞江镇、毛浴镇、上里镇、三多寨镇

资料来源：作者根据住房和城乡建设部、国家文物局历年发布的名单整理，截至 2022 年 4 月。偏岩镇 2005 年并入金刀峡镇，全书统用偏岩镇；路孔镇 2013 年更名为万灵镇，全书统用路孔镇。

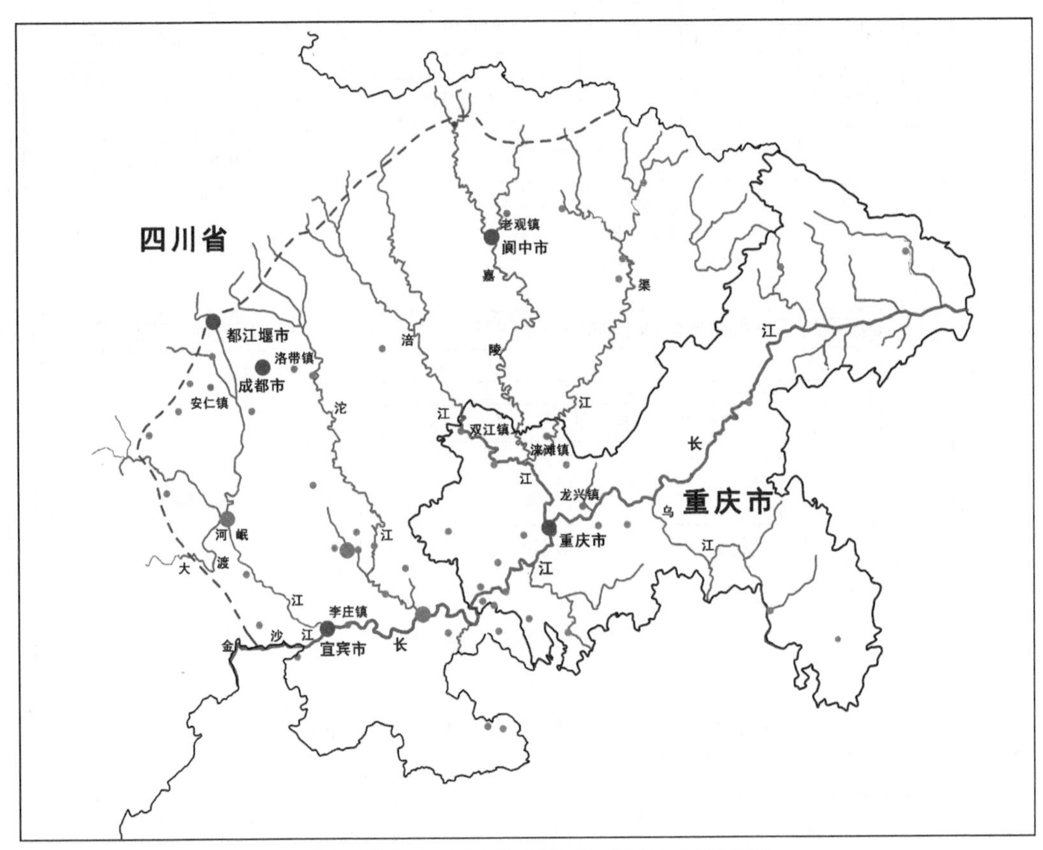

图例

- 样本城市(镇)
- 国家级历史文化名城名镇
- 主要河流
- 巴蜀文化区界
- 四川省、重庆市界

国家级历史文化名城	成都市、都江堰市、阆中市 宜宾市、重庆市	
国家级历史文化名镇	四川省	成都市大邑县安仁镇 成都市龙泉驿区洛带镇 阆中市老观镇 宜宾市翠屏区李庄镇
	重庆市	渝北区龙兴镇 合川区涞滩镇 潼南区双江镇

图 1-10 研究对象及范围示意

2. 分析框架构建

构建兼具多尺度空间与多维度影响因素的城市形态特征分析框架。多尺度层级空间分析框架从宏观格局、中观结构、微观肌理三个层级提炼空间形态特征的关键控制要素。该框架中每一层级的两个要素互为图底关系，低一层级的要素组合后形成高一层级的要素，通过研究各层级要素的特征和它们之间的组构关系，由局部到整体认识城市形态。宏观上可向区域城镇体系拓展，微观上可向建筑及景观细部拓展，实现与相关城市形态基因研究的衔接。多维度影响因素分析框架则包括地域自然环境、社会经济、文化习俗、科学技术等（图 1-11）。

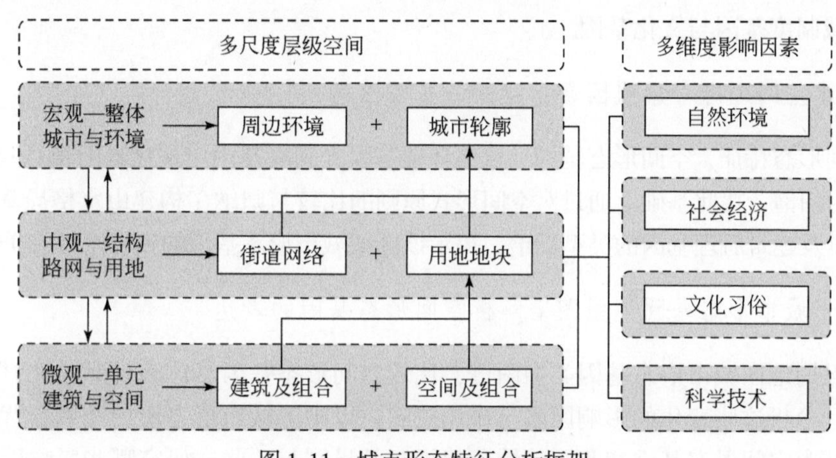

图 1-11　城市形态特征分析框架

3. 城市形态基因研究的基础数据库构建

收集案例城镇的社会经济数据、自然环境、政策制度、社会文化、历史地图、遥感数据、数字高程模型（DEM）数据、影像图等数据，并在 ArcGIS 中实现历史地图转译、遥感解译、坐标校正、影像配准及一部分数据的空间可视化与属性信息关联，形成工作地图和数据集合；建立不同类型、不同区域数据的索引关系，建立城市形态特征基础数据库，方便数据查询、管理与分析。

4. 将空间形态与影响因素紧密联系，识别城市空间形态基因

在宏观格局上，对历史地图进行转译，并综合 DEM 数据、地形图及历史文献信息；结合 GIS 空间分析提炼出地形、水文特点，分析历史时期城镇选址以及用地拓展与自然环境特征的关系，确定其中关键的控制点、线、域，提炼出城市的山水格局模式作为山水格局基因。

在中观结构上，分析街道路网的几何形式特征，结合 GIS 的几何量算功能，分析路网密度、街巷中心性等形式特征；分析地块形状、面积、用地性质等特征及其在城市中的空间分布，提炼出街巷结构基因。

在微观肌理上，分析各时期单体建筑基本形式，通过对空间肌理图底形态的抽象和简化，提炼建筑群体空间的基本组合模式，分析这些模式在城市中的位置分布与数量特点，识别出建筑肌理基因。

5. 地域自然环境基因、制度基因及文化基因识别

协同多种方法与模型，分析地形、水文、风场、日照等自然环境因素对各尺度空间形态基因的影响，识别出形态生成基因。例如，通过 GIS 获取坡向、高程、地形起伏度，以及水文特征，分析自然环境特征与各尺度空间形态特征的相关性。结合历史研究，分析空间形态特征背后的制度影响因素、行为模式；解读古人营建城市的经验智慧及审美观念，识别出地域制度基因与文化基因。

6. 构建空间形态与影响因素相对照的基因图谱

将空间形态特征、空间形态基因、自然环境基因、制度基因与文化基因相对照，构建城镇形态基因图谱，在此基础上通过对空间形式原则的比较与归纳，构建山水格局基因、街巷结构基因以及建筑肌理基因的类型图谱，揭示该区域城市形态基因的独特性与关联性。

7. 基于城市形态基因类型图谱解析空间形态基因的表达

基于巴蜀地区城市形态基因类型图谱，比较空间形态基因具体表现形式在时间、空间上的变化，分析这些变化的影响因素与作用机制；以中国城市形态历史发展为背景，分析巴蜀地域城市空间形态基因和我国传统营建规制的异同与关联；研究哪些影响因子会带来怎样的形式变化，揭示不同环境条件作用下城市空间形态基因的表达。

1.4　研究内容及创新之处

1.4.1　内容组织与框架

本书第 2 ~6 章主要研究巴蜀地区传统聚落空间的形态基因，其中第 2 章以 54 个国家级历史文化名镇为例，研究山水格局特征识别与基因解析；第 3、4 章以巴渝地区（重庆市域）部分重点样本名镇为例，研究用地与街巷特征识别和基因解析；第 5、6 章以巴蜀地区部分重点样本名镇为例，研究建筑类型、组合以及肌理的特征识别与基因解析；第 7 章以成都历史城区为例，研究城市形态基因的生成机理与传承途径；第 8 章以重庆历史城区为例，研究城市形态基因的识别与传承。

1.4.2　创新点

提出了空间形态与影响因素结合进行基因识别的方法。将城市形态基因界定为控制城

市空间形态特征的遗传因子，包括空间形态基因与形态生成基因。建构多尺度空间与多维度影响因素的城市形态特征分析框架，将空间形态与影响因素紧密联系进行分析，识别空间形态基因及形态生成基因。一方面通过形式分析、结构提取识别出控制城市形态特征的宏观格局、中观结构与微观肌理的空间形态基因；另一方面协同多种方法与模型，基于GIS叠加分析和空间统计功能，分析各影响因素与空间形态特征的相关性，揭示关键的影响因素，识别形态生成基因，具有创新性。

构建了空间形态特征生成原则与影响因素相对照的形态基因图谱。将空间形态特征、空间形态基因（空间组织规则）、地域自然环境基因、制度基因与文化基因相对照，形成个案城市形态基因图谱。在此基础上分别针对空间形态基因，将空间组织规则与各种不同的具体表现形式相对照，形成地域城市形态基因类型图谱；揭示基因在不同环境条件下的表达形式与机制。这些图谱由空间表象到空间规则再到影响因素，揭示了空间形态基因的生成，由空间组织规则到不同环境下的表达揭示了基因的应变规律，有助于城市规划与设计者认识该地域城市形态特征形成与演变的本质规律，有助于巴蜀地区样本之外的其他城市快速、准确地找到各自的形态基因类型，具有创新性。

1.5 研究区域概况①

1.5.1 自然环境

1. 地形地貌

自然环境极大地影响着古代城市的起源、选址以及城市建设。巴蜀地区地形地貌的形成经历了漫长的演化过程。距今几亿年前的远古时期，中国总体为南海北陆的格局，华南地区及今西南地区均为大海。大约从2亿年前三叠纪开始的“印支运动”结束了南海北陆的局面，青藏地区开始出水成为陆地，藏北、滇西、川西一带，分别在印支期和燕山期褶皱隆起，昆仑山脉、唐古拉山脉、横断山脉等都是这时形成的，中国大陆环境基本形成。后来经过“燕山运动”到“喜马拉雅运动”等一系列地质变化，巴蜀地区四周的高山逐步突起，形成了被群山包围的“巴蜀湖”（约20万km^2）；又经过一系列沧桑变化，“巴蜀湖”积水由三峡东泄，内陆湖变成了肥沃的成都平原，形成了今日所见山地、丘陵、高原、盆地、峡谷及河谷平原交错分布的独特地理环境（季羡林，2004）（图1-12）。

巴蜀地区地形地貌以四川盆地及盆周山地为主，包括了重庆全域和成都平原，位于我国地势中的第二级阶梯。四川盆地（图1-12）被米仓山、大巴山、龙门山、大娄山等中海拔山地围绕，高度多在1000～2500m。四川盆地西部为成都平原，其由众多河流的冲积扇形地貌组成，平均坡度在3%～10%，地势平坦，用地开阔，古时“蜀”国城邑以成都

① 本节内容改写自：李旭．2010. 西南地区城市历史发展研究．重庆：重庆大学博士学位论文．

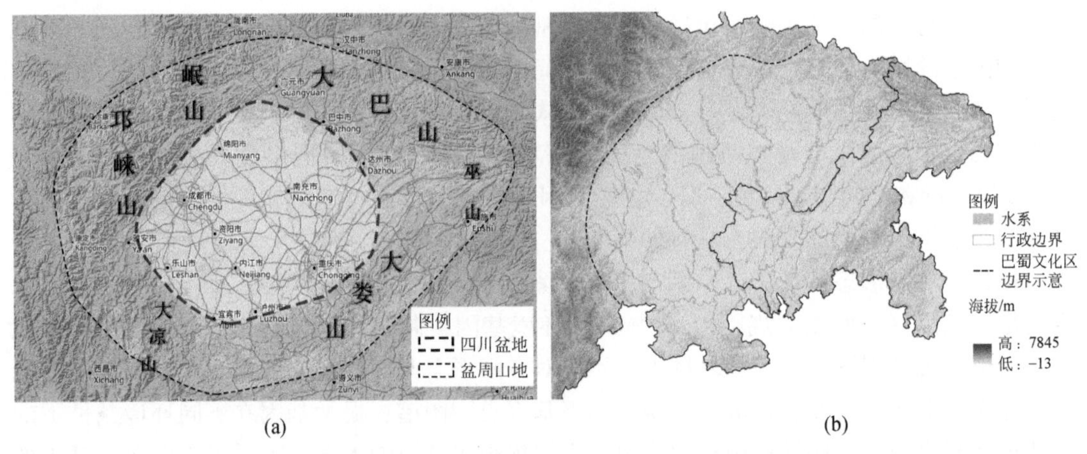

图 1-12 四川盆地范围示意图（a）和巴蜀地区地形高程图（b）

平原为中心呈辐射状分布，利于城市发展与居民生产生活；盆地东部为丘陵和山地的交界地区，地形十分复杂，包括中山（海拔 1000 ~ 3500m）、低山（海拔 500 ~ 1000m）、丘陵、台地、平原（平坝）等多种类型（熊宗仁，2000）。古时“巴”国城邑呈带状分布于长江和嘉陵江沿岸狭长台地上。巴蜀不同的地形地貌条件决定了巴蜀不同的城市发展与形态特征。

2. 气候水文

地形地貌影响下的气候水文条件与微气候有密切关系，对城市选址建设和地域文化习惯等也有重要影响。

历史时期气候冷暖的变化是世界性的，但冷暖期出现有先后、持续时间有长短之别。远古巴蜀地区气候变化的转换时期比竺可桢气候变迁图的西周寒冷期略偏后，与全国略有差异。距今 8000 ~ 3000 年前，我国“仰韶温暖时期”的气温普遍高于现在，到距今 3000 年左右的夏商周时期，巴蜀地区气候仍然温暖湿润，地表水面广阔；到西周晚期，巴渝地区经历了一个向干冷转换的阶段（蓝勇，1993）。而后逐渐形成了冬暖夏热的亚热带季风气候区，东南相对较低、西北相对较高的盆地地形，使得水汽易进难出，区域整体较为湿润。相对闭塞的盆地地形也导致内部空气流通不便，风速较小，易出现多雾的天气。

同时，湿润多雨的气候为该区域带来了充沛的降水。巴蜀地区众多关于“洪水”的传说及历史记载，反映了在陆地环境形成以后，“水”也是一直影响该地区城市建设的重大因素。

我国传说时代的五帝之世，约公元前夏朝建立前后的一二百年间，是整个中国的洪水泛滥时期①。据古气象学研究，距今 3000 年以前长江上游雨量充沛，年均温比现在高 2 ~ 3℃；成都平原又有“西蜀天漏”的气象特点，夏秋雨量集中，5 ~ 10 月的雨量约占全年降水量的 85% ~90%，一旦夏雨集中，洩泄不畅，必酿洪灾。《蜀王本纪》载：蜀王杜宇

① 《孟子·滕文公上》载：“当尧之时，天下犹未平，洪水横流，泛滥于天下，草木畅茂，禽兽繁殖，五谷不登，禽兽逼人，兽蹄鸟迹之道，交于中国。”《诗经·商颂·长发》：“洪水芒芒，禹敷下土方。”《庄子·秋水》：“禹之时，十年九涝。”

之时曾遭受“若尧之洪水，望帝不能治”。《华阳国志》记载，蜀王杜宇在位时“会有水灾，其相开明，决玉垒山以除水害。帝遂委以政事，法尧舜禅授之义，遂禅位于开明，帝升西山隐焉”，反映了当时成都平原发生的严重洪水。冰川考察表明，成都平原西面的横断山区当时受高温影响，在各大河流支谷口都形成巨大的由洪积物与泥石流组成的混合型台地，成都平原上的条形高地就是如此积累而成的（林向，2001）。至今，成都平原及盆地中部丘陵内河道纵横，以长江为干流，形成了以岷江、沱江、嘉陵江三大支流构成的水系（图1-13）。重庆地区江河沟渠等共同形成了密集水网。在山地地形的影响下，河流大多水流湍急，暗礁险滩较多，河谷多呈“V”形。巴蜀地区城市多选建在河流两岸的冲积地带，既濒临河流，便于交通、生活、渔业捕捞和商业贸易，周边又有土地相对肥沃的河流冲积地带，便于发展农业生产。

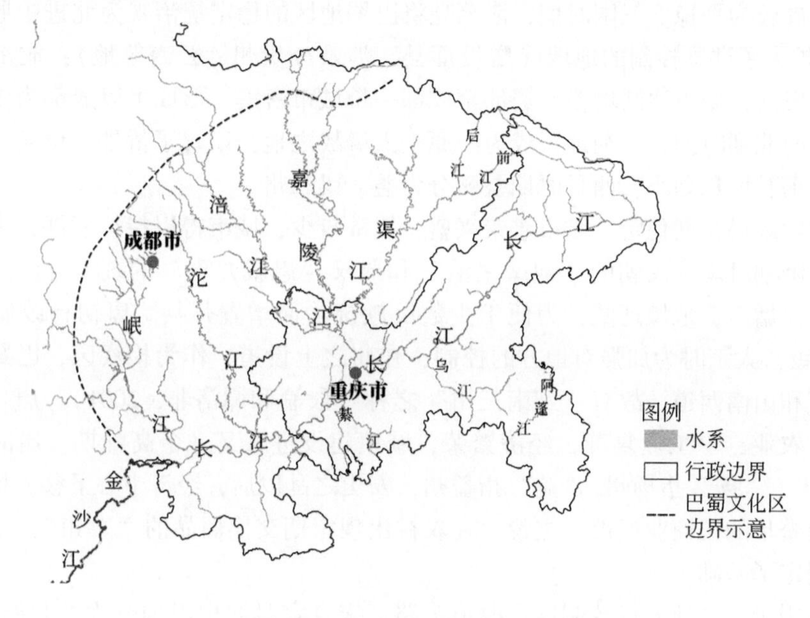

图1-13　巴蜀地区河流水系图

1.5.2　人文环境

1. 建置沿革

巴蜀地区城市建设体系与国家制度表现为互动的关系，城市是国家制度的物化形式，城市体系的结构又维护着国家制度，二者相辅相成。由于不同的区位及统治者治理政策，各地在中央集权统治下根据自身条件发展，呈现出各自的特色。国家制度的多样性、经济因素的逐渐增强形成了城镇体系及城市个体发展多样化、差异化的形态特点。当然，其本质仍然是不同社会历史背景下国家意志赋予不同城市以不同的政治功能以及经济发展条件。

巴蜀地区从原始的氏族发展演变为古老的民族或古蜀文明，循着“部落—酋邦—方国”的轨迹发展，在秦始皇统一全国后，汇入统一的华夏体系。秦在郡县制、羁縻制治策下设立巴、蜀二郡，并通过巴郡、蜀郡经营“巴蜀徼外”的西南夷①，在西南等多民族地区普遍推行“羁縻之治”，以郡县为中心辐射周围夜郎、邛都、滇、昆明等地区。

汉承秦制，由郡县二级制发展为州、郡、县三级制，巴渝各郡纳入蜀益州刺史部管辖。成都平原区域分别形成了蜀、广汉、犍为三郡，号为“三蜀”。“三蜀”各辖数县，成为三个相互接壤、连续分布的城市网络。三蜀郡治地中成都发展快，汉时并列全国“五都”（应金华和樊丙庚，2000）。川东巴郡郡境广大，包括了江州（今重庆市）、阆中等城，下辖县城十余个，水陆艰难，发展较成都有较大差距。

魏晋南北朝时期，中国经历了约400年分裂割据，巴蜀地区偏居一隅，社会相对安定，城市发展较为平稳。三国时期，诸葛亮将巴蜀地区的稳定统治视为北进中原的有利条件②，由此扩大了郡县控制的地域（增设郡县，涉及今贵州、云南等地）；成都周围郡治城市均得以发展，城市逐渐增多，蜀郡至成都一带城市密集，形成了以成都为中心的城镇体系。魏晋南北朝时期，巴蜀地区成为中原士人避战之地，增置了侨郡、侨县。同时为加强统治，将郡县面积划小，西晋时期益州分为益、梁二州。

隋唐时期政局长期稳定，城市繁荣兴盛，战乱较少，城市得以持续发展，宋代经济进一步发展。隋朝继承了汉朝的“羁縻之治”和蜀汉“恩威并重”的统治方法。唐代因生产发展，户口增多，地域辽阔，为便于少数民族统治而增置州县。唐初行政制度仍为郡（州）县两级，太宗时为加强对地方的控制，在州之上设道，作为检察区，巴蜀地属剑南东、西两道和山南西道，故有“剑南三川”之称（段渝和谭洛非，2001）。唐代，都江堰灌区扩大，农业、手工业复苏，经济繁荣，城镇建设进入又一个高峰期。唐时，成都有“扬一益二”（“扬”指扬州，“益”指益州，安史之乱以后，经济中心下移，扬州和益州成为全国最繁华的工商业城市）之说，在农村出现定期交换商品的“草市”，这为后来的场镇发展奠定了基础。

宋代沿用唐代的地方行政制度，改道为路。宋真宗时期把巴蜀分为益州路、利州路、梓州路、夔州路，渭之“川峡四路”，简称“四川路”（应金华和樊丙庚，2000），四川由此得名。宋代“四川路”文化空前兴盛，经济跃居全国前列，城市较唐代有更大发展，据《元封九域志》载，川峡四路场镇有688个，其中有6个镇以上的县共43个，四川城镇形成农业、手工业、商业平衡发展网络，初具现代四川城镇体系构架。

---

① 西南夷：西南夷是汉代对分布于今云南、贵州、四川西南部和甘肃南部广大地区少数民族的总称。包括滇、夜郎、靡莫、邛都、嶲、昆明、徙、笮都、冉駹、白马等方国和部落。诸族经济发展不平衡，夜郎、靡莫、滇、邛都等部族定居，主要从事农耕；昆明从事游牧；其余各族或农或牧。参见程印学．2005．试论西汉对西南夷地区的经略与开发．理论学刊，(5)：103。

② 根据对蜀汉的态度和力量强弱区别对待南中各派地方势力，尽量削弱这些山地民族的实力，减少其反抗的可能；在南中地区发展社会经济，尤其重视牛马等大牲畜的饲养以及发展矿冶业和经济作物种植业，征收其产品供北进中原之用。

元朝建立行省制度，行省之下设路、府、州、县。至元二十三年（1286年）合并川峡四路，设“四川行省”，行省衙门驻成都路（邹逸麟，2001）。元军南下期间，战事频发，巴蜀地区的社会经济、城市遭到巨大破坏，巴蜀地区州县减并，农业凋残，手工业、商业远不及宋代繁荣，整个四川地区直到明代中期社会经济也未能恢复到宋代的水平（隗瀛涛，1991）。

明王朝建立后，废除中书省与地方行中书省，改置“三司”：“承宣布政使司”掌民事，“都指挥使司”统率卫所，“提刑按察使司”管刑狱（邹逸麟，2001）。全国划分为13个承宣布政使司，四川为其一，辖区除今四川、重庆外，还包括今贵州省、云南部分区域，布政使司衙门驻成都府。同时为控制和稳定边疆局势，继续推行土司制度，朝廷调动军队设屯军进行屯田常驻，逐步形成新的村寨和集镇。

清代在内地与边疆地区实行不同的行政区划制度，在四川、云南、贵州设行省制度，分为省—道—府（直隶州、直隶厅）—县（散州、散厅）四个层级，在西南边远地区一开始沿袭原有的土司制度，后逐渐改为行封建郡县制度。四川经过明末清初的长期战乱，城市损毁严重，至清中叶“湖广填四川”开始逐步走向复苏（应金华和樊丙庚，2000）。

巴蜀地区自秦以来，在发展过程中呈现出宗主血缘关系的分封制、羁縻制、郡县制等封建集权制相互交织的多元特点。总的来看，有这样一个大的演进脉络：部落方国—羁縻制—郡县制与羁縻制并行—中央集权制（包括郡县制、州郡县、州县、行省制等，各朝代变动不定）。1840年鸦片战争开启了中国近现代历史，巴渝地区的行政体系基本沿用了清以来的格局，中间因为经历了民国初期以及抗战时期的混乱时代，行政层级上有微小变动。随着城市发展与经济增长，城镇数量也逐渐增加，但本质上延续了历史上的中央集权制。在工业化和全球化的浪潮下，巴渝地区城镇体系不断完善，城镇化水平不断提高。

2. 人口迁移

巴渝地区历史上历经了多次大规模的迁徙移民活动，移民浪潮促进了巴渝地区的文化发展与经济繁荣，形成了灿烂的民族文化与巴蜀文明。

先秦时期是巴蜀地区各民族起源、形成、初步发展的时期，巴蜀地区由于特殊的地理特点而形成“民族迁徙走廊”①，迁徙而来的氐羌族人、百越族人、百濮人与当地居民融合后形成蜀、巴两个大部落（图1-14）。而后沿着“部落—酋邦—方国”的轨迹发展，直到秦朝建立，汇入了统一的华夏体系。

秦朝建立以后，为巩固巴蜀地区的统治，关中等地大量移民入蜀②，采取郡县制与羁縻制等治理措施来强化巴蜀统治。汉代在巴蜀地区推行移民政策，形成了西南历史上第一

① 南北方向上，巴蜀地区位于长江上游，黄河以南，是南方与中原交通的重要通道，中原文明与南亚文明的碰撞融汇带；东西方向上，巴蜀地区正当青藏高原至长江中下游平原的过渡地带，是西部游牧民族与东部农业民族交往融合的地方。这种地理位置的特点使该地区有众多的民族迁徙生息，在历史上留下了十分丰富的民族文化。

② 《华阳国志·蜀志》载：“戎伯尚强，乃移秦民万家实之。”

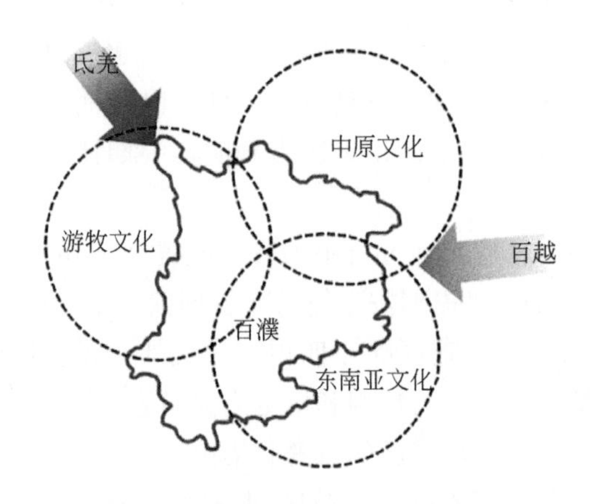

图 1-14　西南地区文化圈示意图

次汉族移民高潮。这一时期的移民以北方中州、山东和秦陇移民为主。大量移民促进了巴蜀地区经济、文化及城市建设的发展，如都江堰水利工程与这一时期庞大的水路交通网络建设。

三国魏晋南北朝时期，整个中国经历了约400年的分裂割据战争时代。巴蜀地区偏居一隅，社会相对安定，成为中原民族躲避战乱之地，频繁的人口流动促进了移民文化与地域文化进一步交融。

唐宋时期政局长期稳定，城市繁荣兴盛，是历史上巴蜀地区发展的又一繁盛时期。这一时期由于生态环境变化、战争影响，北方人口南迁，大量的人口及技术促进了蜀中经济发展，工商业及文化艺术空前繁荣。

宋元交替之际，巴蜀地区因战争破坏严重，部分蜀中士人为躲避战乱而流寓东南。之后移民回迁，形成四川历史上的第一次“湖广填四川”。

明清时期，社会经济恢复，出于经济统筹及恢复考虑的移民政策，促进了巴蜀地区的城市重建与发展。明代为解决驻军给养，实行各种屯田制。镇守各地的军士及其家眷成为明朝强制迁徙的移民，其数量大、分布面广，大规模的屯田客观上推动了西南地区的社会经济发展。清中叶的“招还流移”政策，允许流民入川垦荒，政策层面上将吸引人口流入与土地经济开发结合起来。

不同地区地理环境的差异导致了文化、观念、生活方式、社会组织等的不同，多次移民活动带来了巴蜀地区以外的诸多外来文化，这些文化不断与本地文化融合，形成了兼收并蓄、广为接纳的“多元”文化态势，在不同的社会层面产生了或深或浅的影响。

3. 技术产业

先秦时期巴蜀地区经历了漫长的社会演化，经济形态以原始农业为主，发展相对缓慢。旧石器时代，巴蜀地区主要为依赖自然采集的渔猎经济；新石器时代，生产力水平提高，农业和畜牧业开始发展，同时，人们开始定居生活，制陶与纺织发展起来。到了战国时代，水利兴建促进了成都平原农业发展，并兴盛了酿酒业。巴族工匠在制盐、制丹砂

（即硫化汞，古代常用以作药物或染料）、青铜器合金方面的技艺与中原先进地区无异（段渝和谭洛非，2001）。这些以栽培酿造技术、水利科学、金属熔炼、纺织技术等为代表的农业、手工业门类凝聚了巴蜀人民丰富的技术经验与生活智慧。

秦汉时期，为强化巴蜀统治，大量移民被迁入，他们带来了先进生产技术，都江堰水利工程极大地促进了成都平原的经济繁荣与交通网络的拓展，农业、手工业、金属矿冶加工业均进一步提高，至汉时已有多个城市以盐、铁、铜、砂金、丹砂、雄黄、漆器、金银器等著称；制茶业、酿酒业也十分兴盛；纺织业则"蜀布"（麻布）和蜀锦闻名遐尔（应金华和樊丙庚，2000），成都平原成为全国经济中心的重要组成部分。

唐宋时期，巴蜀地区是全国重要的粮食生产区，其单位面积产量仅次于农业最发达的江浙地区；纺织业、制盐业、造纸业发达，蜀锦、布匹、茶叶等产量在全国领先，茶马互市交易在这一时期颇为繁盛，沿茶马古道形成了一系列的驿站、幺店子，制盐业分布于20余个州，造纸、雕版印刷分布于四川多个州县，以成都及周边地区最为繁荣；商业发达，出现了全国最早的纸币——"交子"，这一时期四川城镇已形成农业、手工业、商业平衡发展的网络，初具现代四川城镇体系构架。

元明清时期，城镇的经济虽然有所停滞，但外来人口的迁移也丰富了当地的经济种类，工商业的发展更加多元化。

近现代以来，通商口岸、租界、码头的设立，促进了近代民族工业的发展，交通、设施、科学技术的应用为现代工业、商业、金融业、文化教育等的发展创造了条件，人民的生产生活以及城市建设发生了巨大变化。

巴蜀地区各阶段产业发展类型如表 1-5 所示。

表 1-5 巴蜀地区各阶段产业发展类型

时期	产业结构
先秦	采集、渔猎、射猎为主，农业为辅
秦汉	两晋南北朝沿江水田农业、农副业（渔业、狩猎、盐业等）
唐宋	沿江水田农业、近山旱田、商业运输、盐业开发、林副业开发并重
元明清	山地旱地垦殖为主，兼营农副业

资料来源：蓝勇，1994

4. 交通运输

交通是区域文化交流、商业交换与运输的重要手段，对城市发展与建设有着重要作用。巴渝地区山脉水系众多，水陆结合的交通成为巴渝地区跨越"盆"周山地与外界联系的重要方式。从对外线路和域内线路划分来看，巴蜀古道可以总结梳理成川陕、川滇、川鄂、川黔、川青、川甘、川康、川藏以及区域内成渝线路（蓝勇，1989）。

由于人口迁徙、商业贸易和战争需要等，巴蜀地区在先秦时期就与西北甘青、中原、南方沿海、东部荆楚地区存在交通通道。陆路交通方面，巴渝地区由于特殊的地理特点而形成了沿横断山脉氐羌民族向南的“民族迁徙走廊”。由于蚕丝等丝制品商业交易，通过远古西山道与秦汉以后的“南丝古道”相连接（管彦波，2000），形成了通达缅甸、印度地区的贸易通道，以及蜀中通向中原的陆路交通古道等（陈仓道、石牛道、褒斜道、子午道、米仓道等）。同时，水路交通比陆路交通更为方便，澜沧江、长江、嘉陵江、岷江、牂牁江（今红水河）等成为巴渝地区连接周边地区的重要交通通道。这些交通道路加强了当时中心城市的联系，也影响到道路沿线城市的建设。

自秦汉时期后，城市建设迎来高潮，交通上构建了以咸阳为中心的放射状的庞大水陆交通干线网，形成了两条南部干线（①关中—汉中—成都；②关中—南阳、江陵—灵渠、漓水—番禺）、“南方丝绸之路”（蜀身毒道）、云南至越南的交州道、通往今西藏地区的松茂古道等。巴蜀地区由于地形起伏，航道运输具有对外交通不可替代的优势，陆续形成了以蜀道、茶马古道、川盐古道、南方丝绸之路、川江水系等为代表的水陆交通网络，也因此在交通线路的接合转运点处，形成了大批基于交通需求衍生发展的聚落。

隋朝开通济渠（沟通河、淮、江三大水系）后，极大地促进了经济发展。唐代商业贸易繁荣发展，进一步完善了全国道路交通。由于海外贸易的需要，还发展了沿海地区与国外贸易的商业通道。这一时期的巴蜀地区南北向以陆路交通为主，东西向则以长江及其主要支流的水运交通为主，共同构成西南地区内部及其与外界的交通网络，内部交通以成都为中心，几条重要驿路联通周边地区。

元代，巴蜀地区的交通与唐宋时期相比变化不大。明清时期，重庆因水运而商盛，商盛而城兴，城市的经济功能日益突出，成为政治、军事、经济、交通等多种功能的区域中心城市，逐渐与成都并驾齐驱，成为当时四川省内两座著名的城市。交通上进一步联通了周边城市，如明代联通了贵阳—重庆—成都—昆明的主要驿路，明中后叶开通川藏道。

近现代以来，当时侵略者由于商品输入和资本输入的需要，开发了川江航道，并把轮船这一近代交通工具以及较为先进的航运技术带到了四川，形成了以重庆为中心的水上交通网，这是当时向广大长江中上游及以远地区辐射的重要交通，沿线城市得以发展。

1.5.3 传统聚落空间分布特征

巴蜀古镇整体散布于四川盆地及盆缘地区，存在若干高密度区，呈现“整体分散，局部集中，南密北疏”的空间分布特征（图1-15和图1-16）。

大多数古镇分布于丘陵低山地区，海拔200～600m，且地形地貌起伏不明显；少数位于盆周山地及渝东南山地。呈现出顺应长江流域、嘉陵江、岷江流域集中分布的特点。在自贡与内江的行政边界、重庆与四川泸州的行政边界，以及四川与贵州的省域交接处形成了数个空间分布核心（图1-17）。

图 1-15　巴蜀地区国家级历史文化名镇分布核密度图

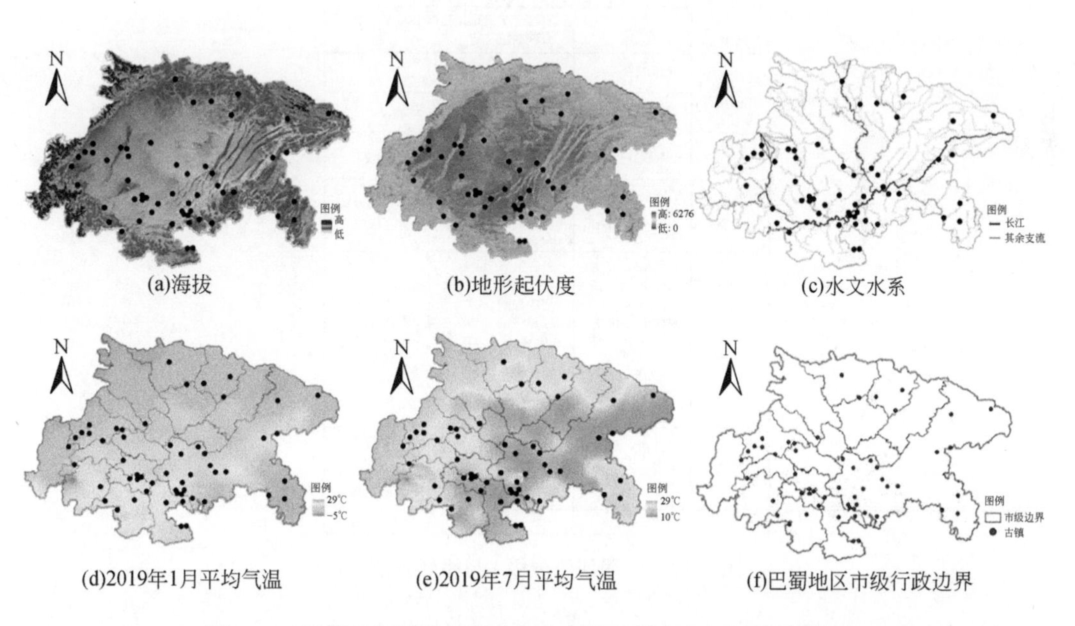

图 1-16　巴蜀地区国家级历史文化名镇空间分布与相关要素叠加

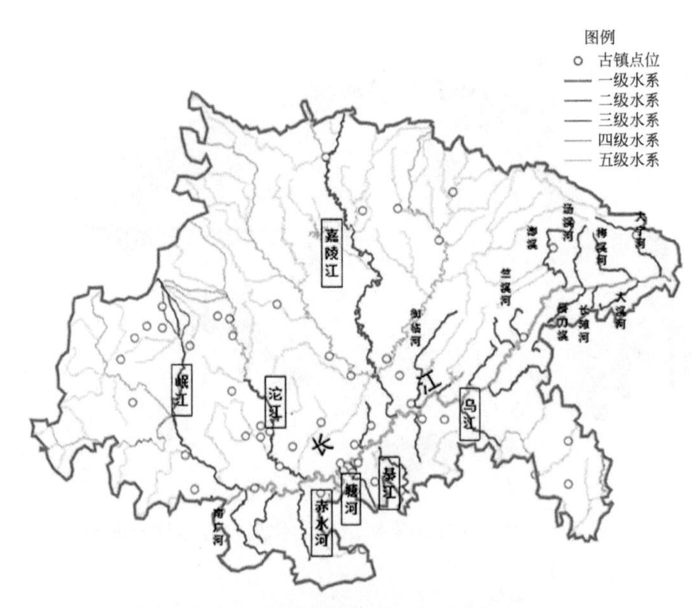

江河级别		聚落名称
一级水系	长江(4)	宜宾李庄、永川松溉、江津白沙、石柱西沱
二级水系	西河(1)	崇州元通
	嘉陵江(1)	广元昭化
三级水系	乌江(1)	酉阳龚滩
四级水系	沱江、赤水河、渠江、巴河、涪江、关河(10)	富顺赵化、古蔺二郎、古蔺太平、合川涞滩、金堂五凤、平昌白衣、铜梁安居、潼南双江、宜宾横江、自贡牛佛
五级水系	恩阳河、马边河、塘河、茶坝河、綦江、阿瞳江、漱溪河、郪江、府河、大通江、后溪河、荣溪河、釜溪河(13)	巴中恩阳、犍为清溪、江津塘河、江津中山、綦江东溪、黔江濯水、荣昌路孔、三台郪江、双流黄龙溪、通江毛浴、巫溪宁厂、自贡艾叶、自贡仙市
五级以下	斜江河、西河、东河、玉带河、南河、陇西河、龙潭河、珠溪河(14)	北碚偏岩、大邑安仁、大邑新场、合江福宝、洪雅柳江、江津吴滩、开县温泉、龙泉驿洛带、屏山龙华、邛崃平乐、万州罗田、雅安上里、酉阳龙潭、资中罗泉

图 1-17　巴蜀河流分级①与相邻古镇统计

① 其中，一、二、三级河道由水利部组织认定；四、五级河道由河道所在省（自治区、直辖市）水行政主管部门组织认定，其余跨省级行政区河道由相关流域管理机构组织认定；本书采用的数据为地理空间数据云提供的全国五级水系数据矢量文件。

第2章 传统聚落山水格局特征识别与基因解析[①]

变化无穷、形意兼备的山水格局是聚落最具辨识度的形态特征。本章以54个巴蜀地区国家级历史文化名镇（以下简称巴蜀古镇）为例，研究山水格局的特征与基因，解析这些基因的生成与表达，分析多样性的形成机制，解析其中的经验与智慧。

2.1 研究思路与方法

2.1.1 风水思想的启示

风水思想对聚落山水格局要素构成与空间组合研究有一定启示。理想的风水格局具有分形、同构的特点。总体上看巴蜀地区是一坐北朝南、四方围合的盆地空间，具有多重围合的特征，可分为内、中、外三圈，三个圈层的格局一致，层层相套，只是山、水、穴的名称略有不同。

由于山水格局千变万化，风水采用取象比附的方式对空间特征进行了高度抽象，以形成普适的风水范式。主要通过将四象方位配情态，即“玄武垂头，朱雀翔舞，青龙蜿蜒，白虎驯俯”来描述理想的风水格局。

理想风水格局和山水格局的基因非常相似，以聚落和山水环境的关系为核心，具有分形同构、多尺度嵌套以及情态兼有的特点，对山水格局基因及表达研究有一定的启示。不过，它抽象模糊的定义和过于复杂的推演，也导致难以对其中原理与方法进行精确、科学的解释。

2.1.2 研究方法

巴蜀地区有着典型的大小盆地嵌套的空间特点，传统聚落的选址具有明显的山水多重围合的特征，既重视在区域层面与山川秩序的和合，也注重对聚落周边山水环境的因借。针对所选样本古镇的特点，本书针对聚落周边最邻近的山体水系这一层级（类似风水的内圈或中圈），将山水格局分解为聚落、山、水这三种最基本的空间要素，结合社会文化分

---

① 本章部分内容改写自：李旭，屈宣孜，韩筱，等. 山水格局基因识别与多样性形成机制研究——以巴蜀传统聚落为例［J/OL］. 城市规划，1-11［2024-09-10］. http://kns.cnki.net/kcms/detail/11.2378.TU.20240528.1528.002.html.

析山水格局基因及其表达（图 2-1）。

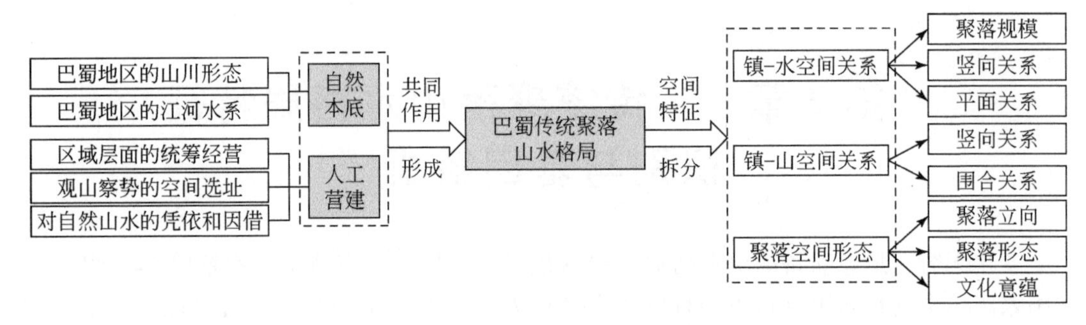

图 2-1　巴蜀传统聚落山水格局空间特征分析思路

（1）构建空间形态和影响因素对照的分析框架：对 54 个古镇进行分类，形成兼具灵活性和开放性的全序列属性表，利用 GIS 空间关联，构成基础数据库，有助于按照不同目的进行分析（图 2-2）。

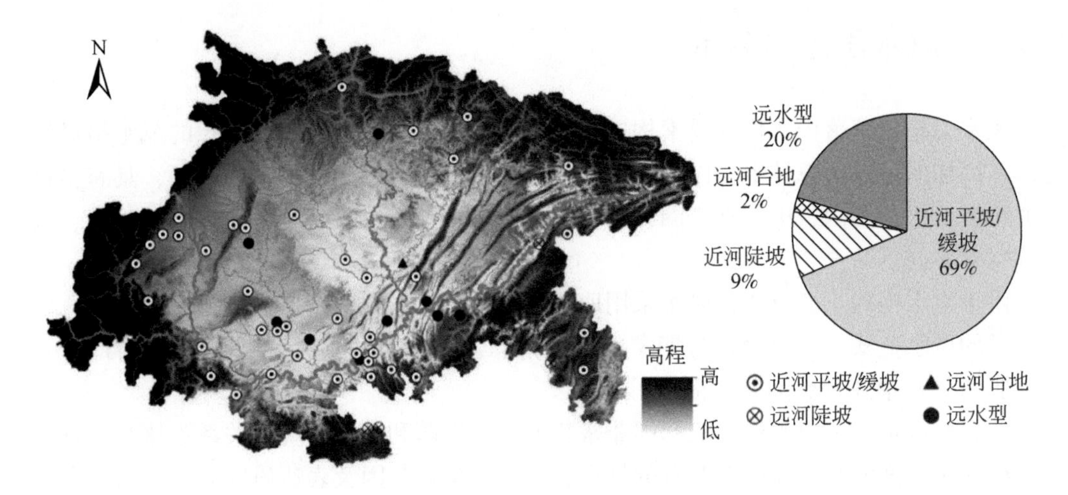

图 2-2　按山水关系划分的巴蜀古镇类型及空间分布

（2）解析山水空间形态特征与关键影响因素：将聚落、山、水作为山水格局的三种最基本空间要素，分析聚落与山体、水体的空间关系和聚落立向特征，结合社会文化的分析揭示聚落山水格局空间形态背后的关键影响因素。

（3）识别提取山水格局基因、构建基因表达图谱：通过对聚落营建的分析，基于“稳定的空间组织与控制形态特征”的原则，识别山水格局的基因，解析其生成与表达，分析多样性的形成机制。建立聚落空间形态与影响因素相对应的基因表达图谱，直观、系统地揭示在不同环境条件下山水格局基因的表达形式与规律（图 2-3）。

总结巴蜀古镇山水格局的各类属性，详见附录 A。

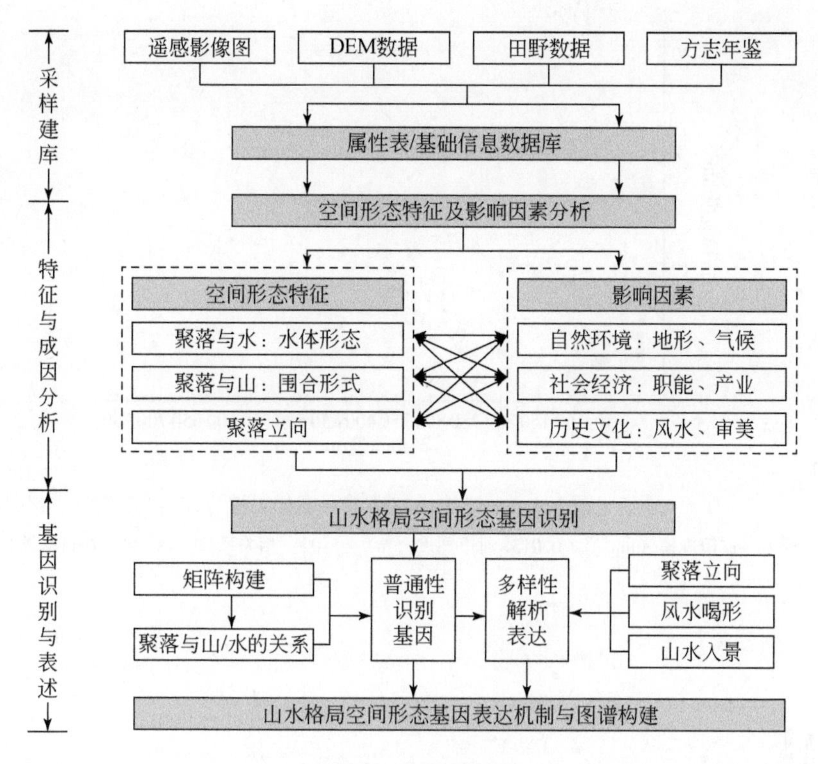

图 2-3　研究框架

2.2　聚落与水的关系

本节分析巴蜀古镇规模与水体宽度的相关性，从镇-水竖向关系、镇-水平面关系两个方面，探索聚落与水体的空间关系。

2.2.1　聚落规模与水文条件

临水的巴蜀古镇有 43 个，占总数的 80%。其中 4 个临近长江干流，8 个临近沱江和乌江等大江大河，31 个临近小河溪流。相关性分析表明：古镇规模与河道宽度二者存在较弱的正相关关系（图 2-4），河道宽度越大，聚落规模越大，并受到地形、功能以及用地条件的影响较大（图 2-5）。这在一定程度上证实了“山水大聚会之所必结为都会，山水中聚会之所必结为市镇，山水小聚会之所必结为村落”（龙彬，2002）的规律。

这些特征与聚落本身的职能密切相关。巴蜀名镇多依托农耕文化形成聚落，具有商贸和驿站的功能。靠近河流可以获得农业生产必要的水源与便利的水上交通，一般情况下河道越宽的地方水量越充沛，水运交通越便利，越易形成大规模的聚落。但也有例外，重庆地区西沱古镇是巴盐古道转运的起点，作为交通驿站择址于长江岸边，由于地形陡峭，规模仅 12hm^2；而成都平原依托都江堰水利工程修建了河道，宽度虽不大，但系统完善，一

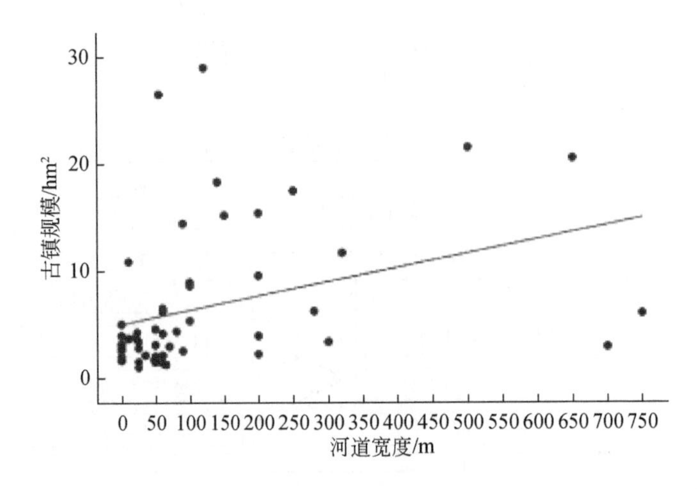

图 2-4　古镇规模与河道宽度相关性

回归方程为：古镇规模（hm^2）= 0.013×河道宽度（m）+5.02；相关系数为 0.344，通过显著性检验

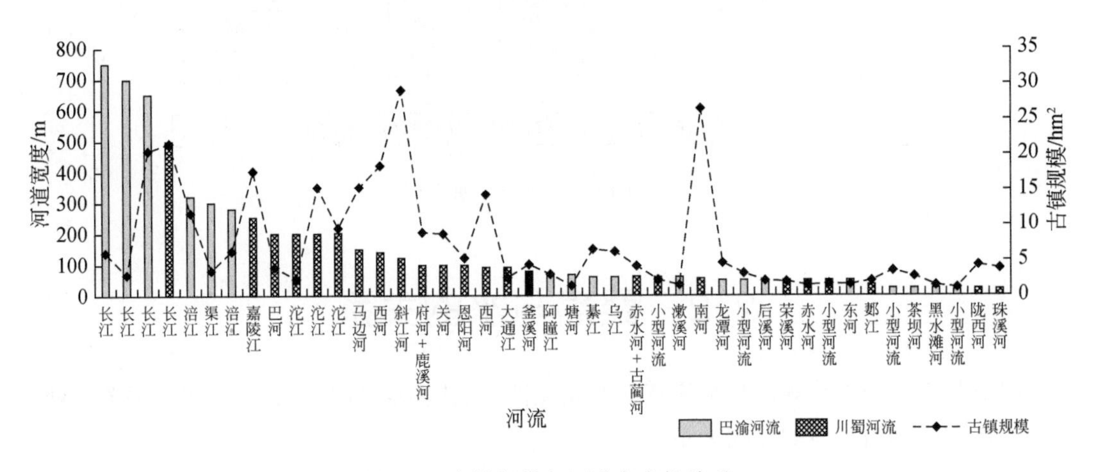

图 2-5　古镇规模与河道宽度的关系

直发挥着防洪灌溉的作用，使得成都平原“水旱从人，时无荒年”，加之地势平坦，土地肥沃，利于聚落发展，因而一些名镇，如安仁、平乐、元通的规模达到 $20hm^2$ 以上。说明聚落的规模与发展受水系规模、可建设用地、职能等的综合影响。

2.2.2　聚落选址与水体的竖向空间关系

按照河岸特征以及古镇在河岸的位置，将镇-水竖向关系划分为以下三种类型：近河平地/缓坡、近河陡坡及远河台地，分类统计结果如表 2-1 所示。

表 2-1　古镇与江河呈现的竖向关系

竖向关系类型	亚类	空间分布	空间特征
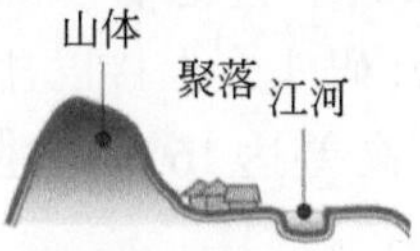 山体 聚落 江河 近河平地/缓坡(39个)	临江河干流的平地或缓坡，22 个	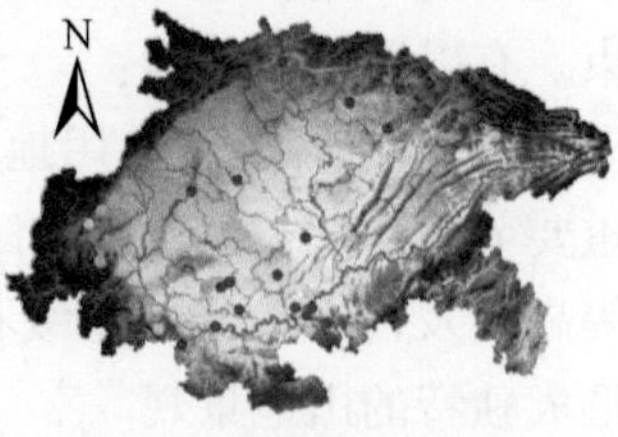 N	聚落依河而建，整体用地平缓，坡度不超过25°
	临支流的平地或缓坡，17 个	普遍分布于盆周山地边缘、川中丘陵、川东平行岭谷；部分古镇地处成都平原的江河之畔及盆周山地区域	
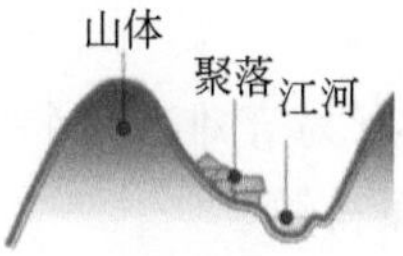 山体 聚落 江河 近河陡坡(5个)	江岸陡坡型，2 个	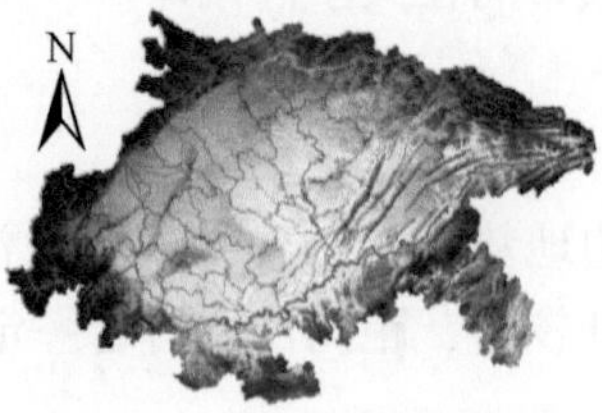 N	江河流经群山之间，形成深切峡谷，聚落坐落于水岸边陡坡，坡度大于25°
	峡谷陡坡型，3 个	多数分布在川南、渝东南盆周山地，个别位于长江与平行岭谷交接的陡坡	
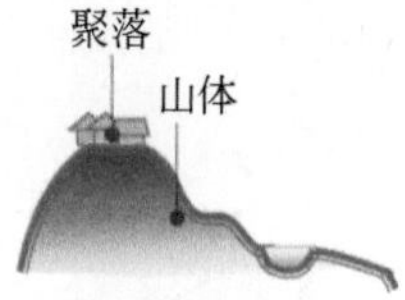 聚落 山体 远河台地(1个)	—	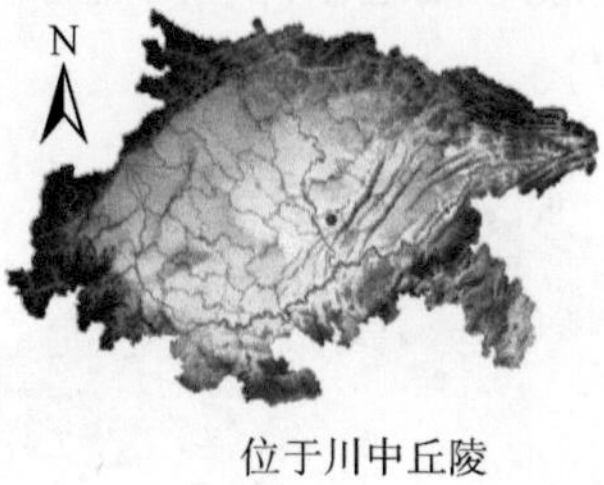 N 位于川中丘陵	聚落选址于河岸边垂直距离较高的台地，和江河保持一定的空间距离，同时也有一定联系

1. 近河平地/缓坡

（1）临江河干流的平地或缓坡。一般临近通航的江河，河道宽阔、径流量大，河岸地质较稳定，古镇依托江河航运码头进行货物转运、交易互市而发展兴盛，聚落规模一般较大。这一空间类型普遍存在于巴蜀山地区域。古镇聚落用地一般沿河岸呈带状展开，主街平行于水系，次街垂直于水系，街巷有石板阶梯，建筑灵活运用错跌、分台等形式因形就势布局。也有部分古镇位于川中浅丘陵地带，周边未见明显山体，河岸平缓，用地开阔。

（2）临支流的平地或缓坡。大部分位于盆周山地，小型支流的径流量小，流速缓慢，水岸周边地势相对平缓，土地适宜耕作，如川西盆缘的上里古镇。

2. 近河陡坡

部分巴蜀古镇坐落于陡峭的河岸，用地坡度超过25°，地形起伏大。用地及街巷走势明显受到河岸地形的约束。有以下两种类型：

（1）江岸陡坡型，聚落位于江岸陡坡，用地及主要街巷垂直于江岸，连通着水陆交通。例如，川盐济楚的重要节点西沱古镇位于长江南岸，古镇下接长江码头，上接巴盐古道的起点，用地垂直于等高线及江岸布局，千级石梯形成的通道上下高差达160m，建筑错落布置在梯道两侧，形成独特的山地景观。

（2）峡谷陡坡型，多受到极端地形的限制，河流在盆周山地的高山峡谷间冲蚀出“V”形江岸，地质坚硬。古镇用地顺应等高线排开，形成与河岸走势相一致的带状形态，建筑以分台、错层、吊脚等接地形式坐落于陡峭的河岸。例如，宁厂古镇坐落于陡峭江岸，民居与公共建筑分散布局在大宁河两岸。

3. 远河台地

古镇坐落在河岸周边地势高峻的台地，临近江河的水岸陡峭，具有易守难攻的特点。上方高地平缓，用地条件较好，距离江水有着一定的竖向距离，如涞滩古镇。

2.2.3 聚落与水体的平面空间关系

结合对地形、聚落职能、用地条件、河流等级与形态的分析（图2-6和图2-7）总结出以下空间类型（表2-2）。

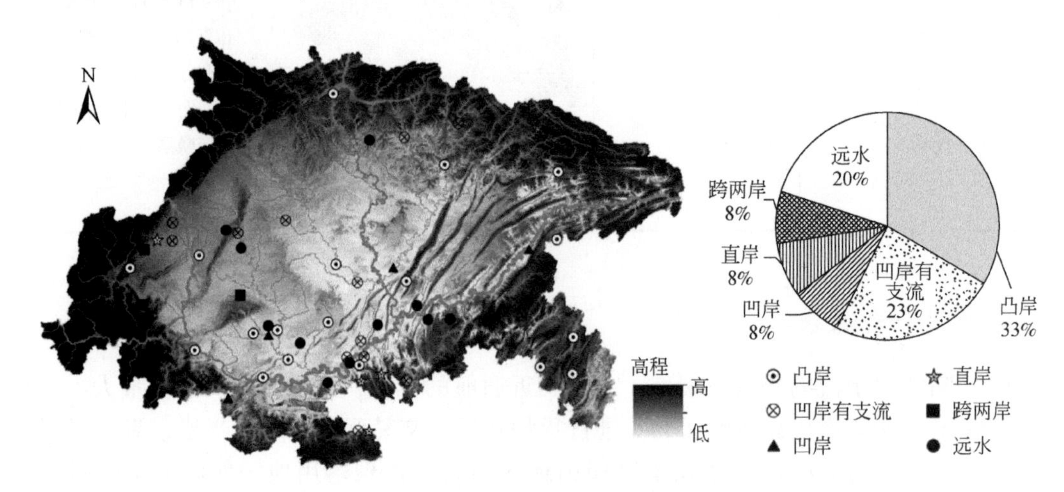

图2-6 镇-水类型的空间分布性

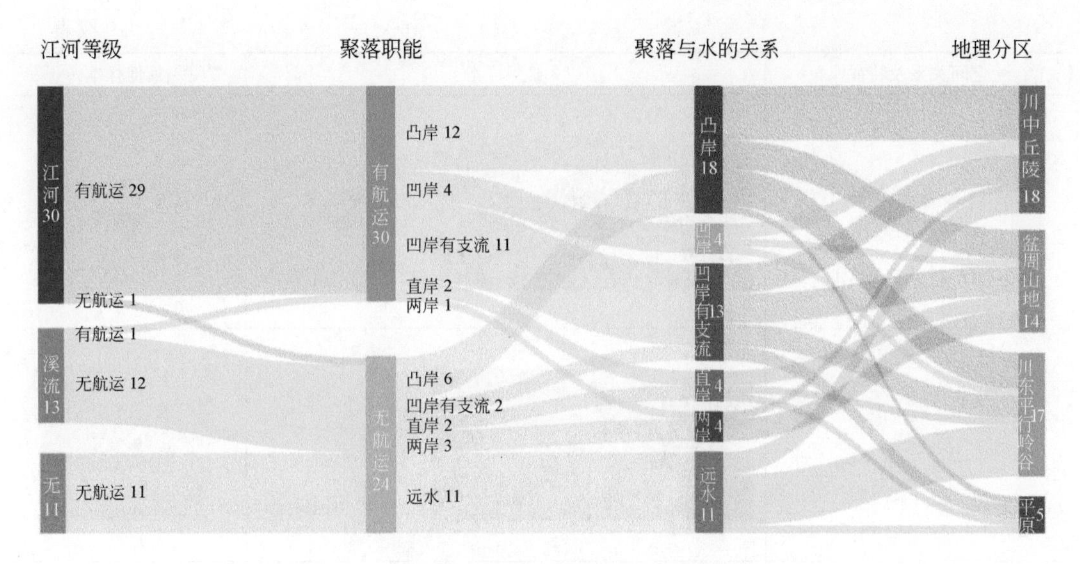

图 2-7 镇–水空间类型及其与相关因素的关系

(1) 坐落于河流凸岸，三面环水（18 个古镇），因凸岸受水流冲刷较少，泥沙易于沉积，用地宜于耕作，利于聚落发展。其中绝大多数为“孤水环抱”型，少数是有小河或者小溪流入的“众水归聚”型，包括临大江大河的古镇都有水码头。

(2) 坐落于河道凹岸有支流汇入处（13 个古镇），凹岸所处河流多是大江大河，普遍水深较大，古镇作航运码头的居多；支流汇入局部改变水流方向，减缓对凹岸的冲刷，具有主河道凹岸航运功能和凸岸相对稳定的优越用地条件，常构成三面环水格局，类似风水中的“众水归聚”型。

表 2-2 古镇与水体的平面空间关系

空间关系及特征	典型样本	其他样本
凸岸(18个) 地基稳固、有利建设	塘河古镇	昭化古镇
凹岸有支流(13个) 港口与沉积岸兼得	毛浴古镇	太平古镇

续表

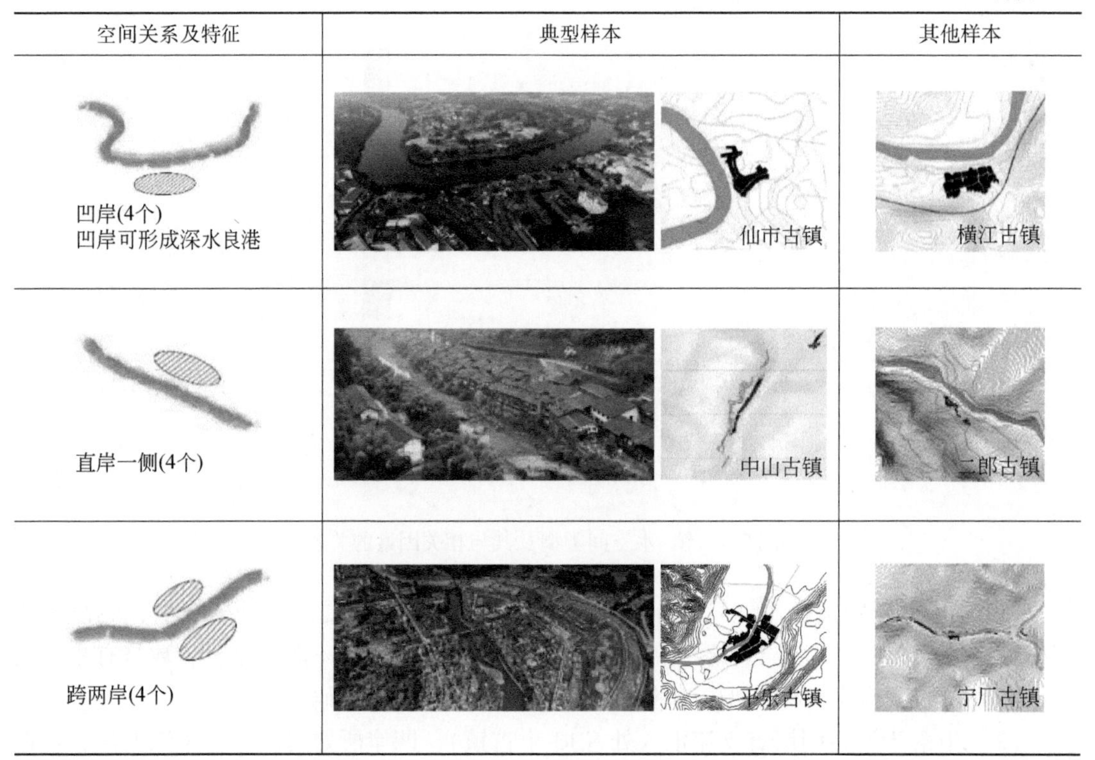

空间关系及特征	典型样本	其他样本
凹岸(4个) 凹岸可形成深水良港	仙市古镇	横江古镇
直岸一侧(4个)	中山古镇	二郎古镇
跨两岸(4个)	平乐古镇	宁厂古镇

（3）坐落于凹岸，皆临大江大河，远离河岸（4 个古镇）。凹岸水流冲刷易形成深水码头，利于船舶靠泊，是水陆交通驿站的理想择址地。为避免凹岸水流冲刷造成潜在伤害，古镇常远离河岸。

另外，受所处地域用地的制约，也有部分古镇沿江河直岸带状布局或横跨两岸布局。

2.3 聚落与山的关系

本节从古镇与山体的竖向空间关系、古镇周边山体围合格局两方面分析聚落与山体的空间关系，并归纳相应特征。

2.3.1 聚落与山体的竖向空间关系

巴蜀地区地形复杂，54 个名镇中，除 4 个位于平原外，有 47 个位于山脚，3 个位于山顶（图 2-8）。位于山脚的部分聚落以盐业为主要产业，为开采方便，靠近水边盐卤；部分有商贸、运输等功能，码头自然位于山脚河流沿岸；作为陆上驿站的古镇也多选址于山脚，以便房屋修建和商贸往来。位于山顶的多为寨堡型聚落，考虑到军事防御及居民生产生活需求，临近水源和交通要道，选址于小山丘顶部，以获得天然优越的防御条件（表 2-3）。

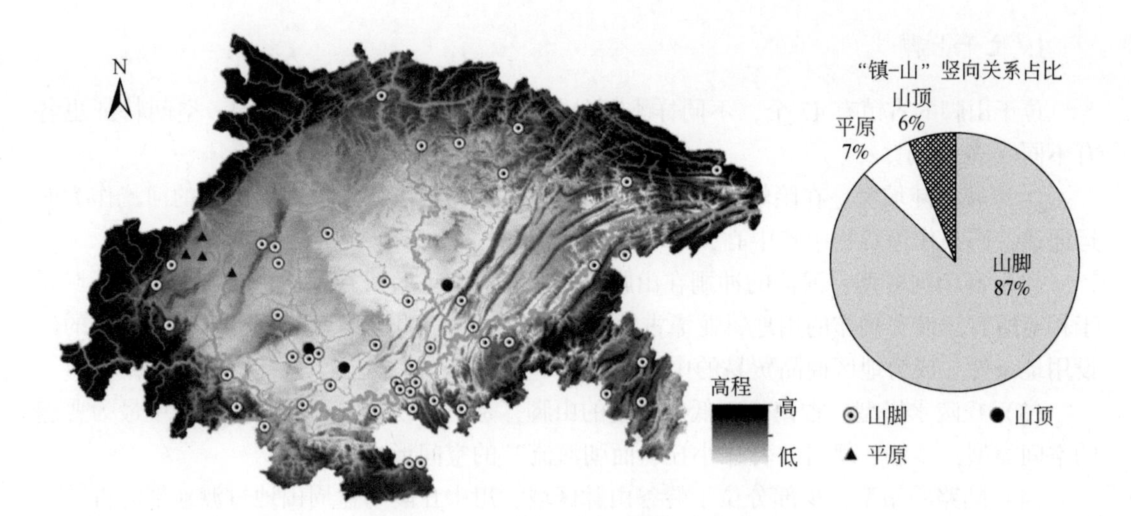

图 2-8　巴蜀历史文化名镇位置与山体竖向关系空间分布图

表 2-3　巴蜀聚落位置与山脉关系

聚落位置	空间亚类	分布	特征解析
位于山脚的历史文化名镇(44个)	峡谷陡坡型	峡谷陡坡型位于川南、川北盆周山地；高山河谷型位于川西、渝东南盆周山地；丘陵水岸型普遍且广泛存在于川中丘陵、川东平行岭谷地带；陆路驿站型则位于川中丘陵和川东平行岭谷地带	古镇所处地势险峻，地貌为峡谷、深切河谷，古镇紧临可通航的水系，以航运作为对外货物、文化、交通联系的渠道
	高山河谷型		古镇周边山脉高耸，但聚落所处用地呈河谷地貌
	丘陵水岸型		是所有古镇与山脉竖向关系中数量最多、最为普遍的空间模式，古镇紧靠江河水系，位于地势低平的山脚
	陆运驿站型		古镇位于陆运驿站节点位置，一般位于山脉的垭口或山脚平缓处
位于平原的历史文化名镇(4个)	平原缓坡型	集中分布于成都平原	古镇位于平原，周边地势平缓
位于山顶的历史文化名镇(3个)	山顶防御型	川中丘陵、川东平行岭谷	追求防御条件，选址山顶，同时保证基础的生产生活需求

1. 位于山脚

位于山脚的古镇有47个，不同样本所处的地貌状态不同、职能不同，空间特征也各有不同（表2-4）。

（1）峡谷陡坡型：在险峻的峡谷之下，龚滩古镇、中山古镇借由山脚下的河流作为航运通道，码头作为货物中转中心，场镇兴盛。

（2）高山河谷型：河流的冲刷在山脚下形成相对平坦的河谷平坝，在典型山地区域属于相对适宜建设和耕作的用地，龙潭古镇即坐落在龙潭河周边平坦的河漫滩，因适宜的建设用地条件，成为地区商品贸易的中心。

（3）丘陵水岸型：古镇位于低山丘陵的山脚，是巴蜀古镇与山脉竖向关系中最为普遍的空间类型，多数呈现出“背靠小丘、面朝河流”的空间形式。

（4）陆路驿站型：少部分位于岭谷山脉区域、川中丘陵与盆周山地过渡地带的古镇不直接临近河流，而是依托于陆运驿站兴场，一般连接着不同地域之间货物转运、商品贸易的重要节点，或是担负着特定空间范围内的村镇经济贸易中心，如龙兴古镇、丰盛古镇。

表2-4　山脚型古镇空间模式汇总

项目	峡谷陡坡型
空间格局	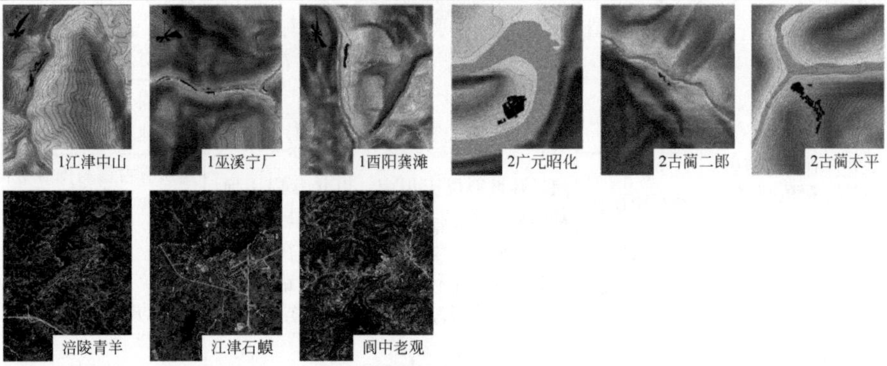 1江津中山　1巫溪宁厂　1酉阳龚滩　2广元昭化　2古蔺二郎　2古蔺太平 涪陵青羊　江津石蟆　阆中老观 地形起伏明显，周边山体高大，聚落一般直接临水
空间分布	分布于川南盆周山地、川北盆周山地
特点解析	在高山峡谷之间凭依水运而兴，崖壁较为陡峭，受地形制约
项目	高山河谷型
空间格局	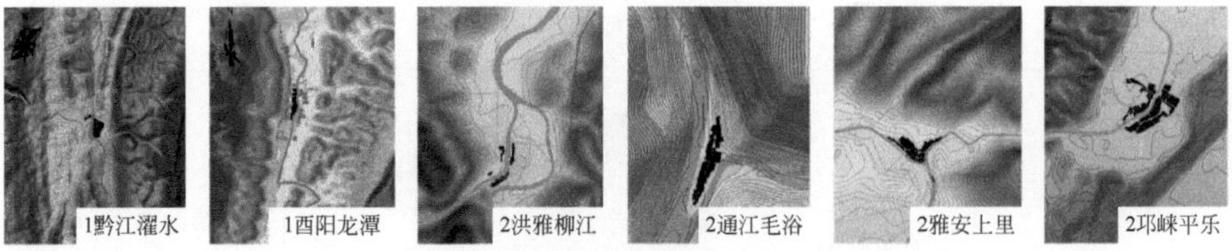 1黔江濯水　1酉阳龙潭　2洪雅柳江　2通江毛浴　2雅安上里　2邛崃平乐 周边山体高耸，聚落处于河谷地貌之中，周边地势相对平坦
空间分布	分布于川西盆周山地、渝东南盆周山地、川北盆周山地
特点解析	在极端地形的情况下，聚落选址择优营建，降低营建的工程和交通组织难度，人居环境更加优越

续表

项目	丘陵水岸型
空间格局	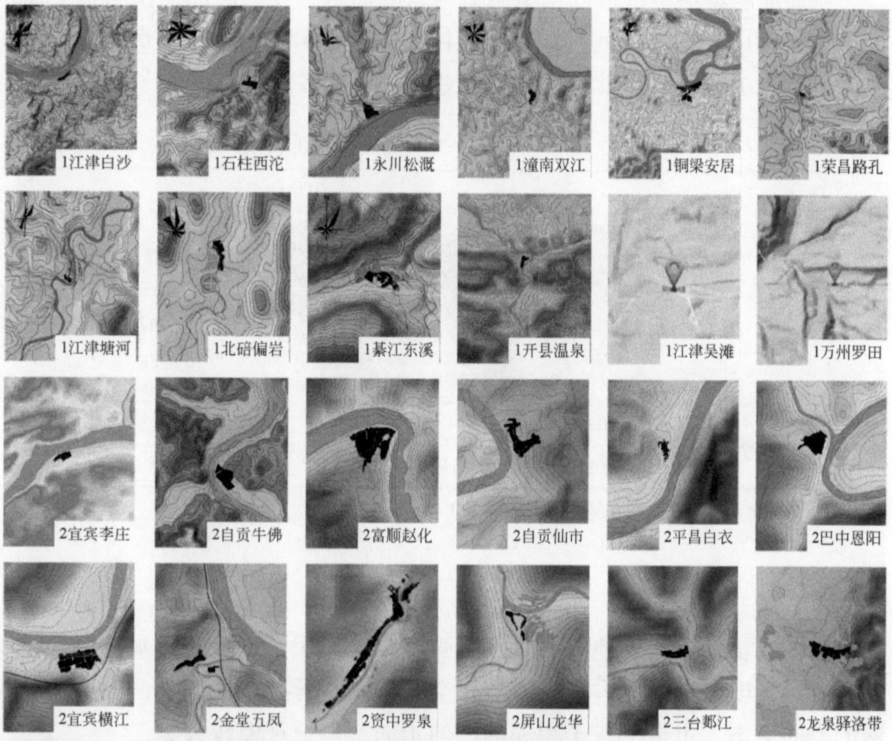 1江津白沙 1石柱西沱 1永川松溉 1潼南双江 1铜梁安居 1荣昌路孔 1江津塘河 1北碚偏岩 1綦江东溪 1开县温泉 1江津吴滩 1万州罗田 2宜宾李庄 2自贡牛佛 2富顺赵化 2自贡仙市 2平昌白衣 2巴中恩阳 2宜宾横江 2金堂五凤 2资中罗泉 2屏山龙华 2三台郪江 2龙泉驿洛带 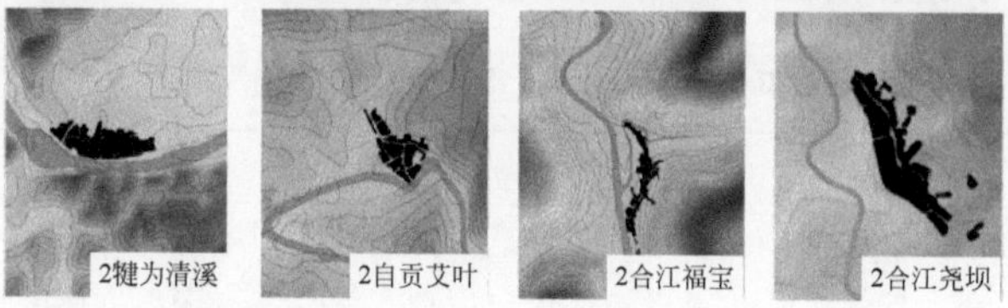 2犍为清溪 2自贡艾叶 2合江福宝 2合江尧坝 周边山体以丘陵低山为主，聚落背朝山体，坐落于面朝河流的缓坡处
空间分布	集中分布于川中丘陵、川东平行岭谷地带
特点解析	地形和缓，有水系
项目	陆路驿站型
空间格局	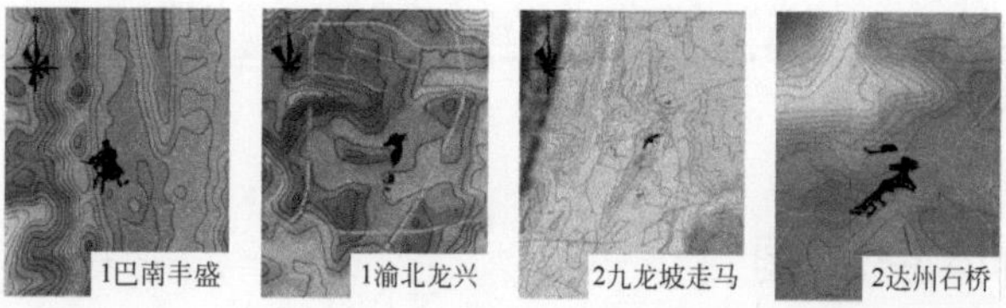 1巴南丰盛 1渝北龙兴 2九龙坡走马 2达州石桥 无水系，有丘陵，因交通驿站产生的聚落
空间分布	分布于川中丘陵、川东平行岭谷地带
生成因素	交通驿站

注：古镇名中 1 表示古镇位于重庆；2 表示古镇位于四川。开县 2016 年设为开州区，温泉镇 2014 年获批国家历史文化名镇，因此书中仍用开县。

2. 位于山顶

巴蜀地区寨堡型古镇以军事防御为首要需求，兼顾商品交换与贸易需求，多选择“易守难攻”的山丘顶端择址，多临近陡崖一侧营建房屋、修筑防御工事，同时也考虑居民的生活生产需求，同时临近水源和交通要道（表2-5）。

表2-5 山顶型古镇空间模式汇总

项目	山顶防御型
空间格局	1合川涞滩　2隆昌云顶　2自贡三多寨　聚落居高，位于小型山丘的顶端，虽然占据高处，但与交通驿道或江河水系的空间距离并不遥远，可以保证通达性
空间分布	川中丘陵、川东平行岭谷
生成因素	因借山势，形成天然的防御格局

注：古镇名中1表示古镇位于重庆；2表示古镇位于四川。

3. 位于平原

川西成都平原整体地势平缓，视野开阔，耕作条件良好，水陆交通发达。位于成都平原、周边无明显山体的古镇有4个，空间特征非常接近（表2-6）。均为背靠缓坡而面朝江河的空间形态，主街平行于相邻的江河走向，用地规模较大。

表2-6 平原缓坡型古镇空间模式汇总

项目	平原缓坡型
空间格局	2大邑安仁　2大邑新场　2崇州元通　2双流黄龙溪　地形平缓，聚落形态呈略微拉伸的团块状，与水系走势平行
空间分布	集中在川西成都平原
特点解析	良好的建设基底，农业灌溉、营建条件优越，水陆对外交流条件良好

注：古镇名中2表示古镇位于四川。

2.3.2 聚落与山体空间围合

聚落和山体的空间关系具有围合环护的显著特点，其原因主要有两个：一是巴蜀地区大盆地与小盆地嵌套特征；二是风水“藏风聚气”的择址原则使聚落倾向于选择周围山体的围合环护的地方。巴蜀地区三面环山、一面开放（即三面围合）的古镇有37个，比例高达69%，分布于各个地理分区中（图2-9），或被小山丘环合围护，或被周围山脉遥相包围，多具有山环水绕、多重围护的空间特征。由于地形制约，9 个古镇只两面围合，4 个古镇一面依山，另外 4 个古镇坐落在周围无山的平地上（表 2-7）。

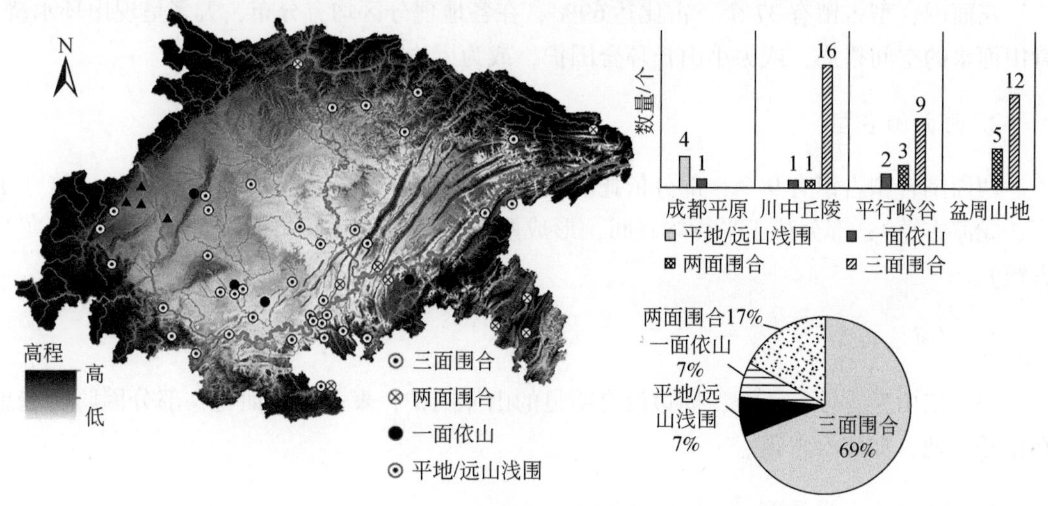

图 2-9　巴蜀历史文化名镇镇–山围护关系空间分布图

表 2-7　古镇与周边山体的空间关系

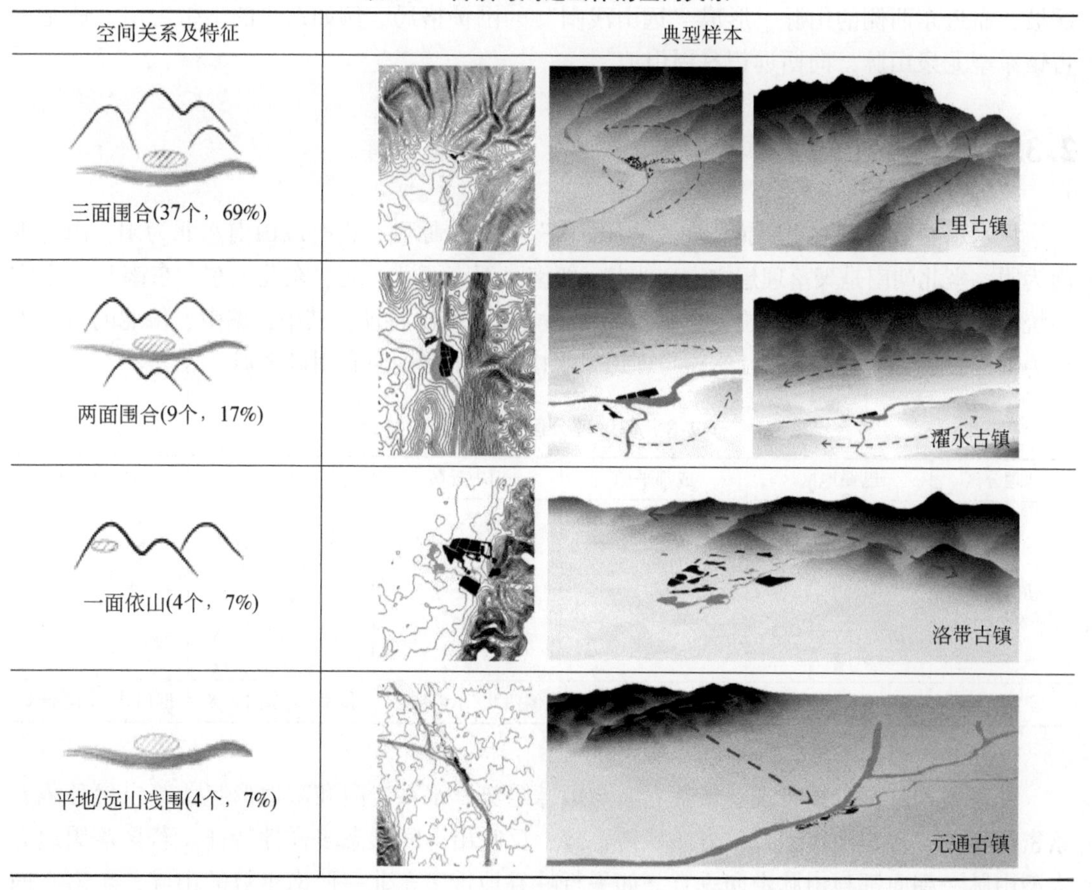

空间关系及特征	典型样本
三面围合(37个，69%)	上里古镇
两面围合(9个，17%)	濯水古镇
一面依山(4个，7%)	洛带古镇
平地/远山浅围(4个，7%)	元通古镇

1. 三面围合型

三面围合型古镇有 37 个，占比达 69%，在各地理分区均有分布，大多呈现山环水绕、背山面水的空间格局，或为小山丘环合围护，或为周边山脉遥相围护。

2. 两面围合型

两面围合型古镇有 9 个，部分依托航运或陆运选址于河流一侧，与山脉走势一致（宁厂、龙潭古镇）；部分位于平行岭谷间，形成两岭夹一镇的空间格局（丰盛、走马、龙兴古镇）。

3. 一面依山型

一面依山型古镇有 4 个，周边没有明显的山体围护，聚落倚山而建；部分因防御选址在山丘高地，如涞滩古镇。

4. 平地/远山浅围型

平地/远山浅围型古镇有 4 个，均位于成都平原，古镇选址几乎均在水系北侧的南向缓坡，靠近东西侧的山脉，形成“远山浅围”的围护格局。例如东缘的洛带古镇、黄龙溪古镇东望龙泉山脉，向西远望盆周山地。

2.3.3 聚落立向

风水思想概括出“负阴抱阳”“背山面水”等择址原则，古时以山南水北为阳，山北水南为阴，坐北朝南是聚落理想立向。“南、西南、西、西北、北、东北、东、东南”八个方向统计表明，背山面水、不拘方位是巴蜀古镇立向的突出特征，其中，偏南、偏北的古镇占比为 13%、6%，东西各为 11%，与理想风水格局中坐北朝南有明显区别（表 2-8）。

表 2-8 各地理分区内古镇立向统计

地理分区	巴蜀地区	成都平原	川中丘陵	川东平行岭谷	盆周山地
朝向统计	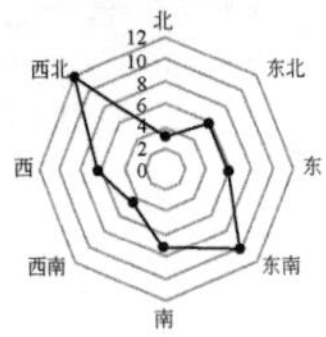	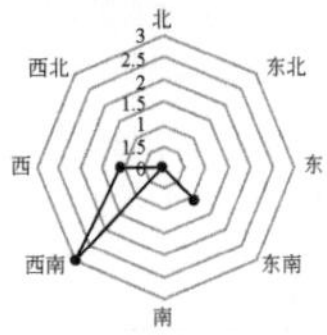	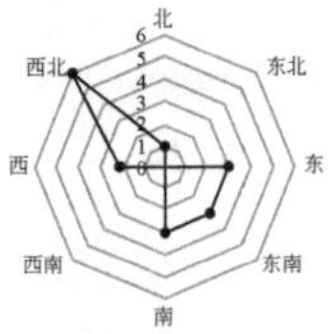	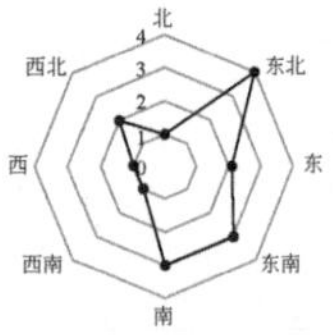	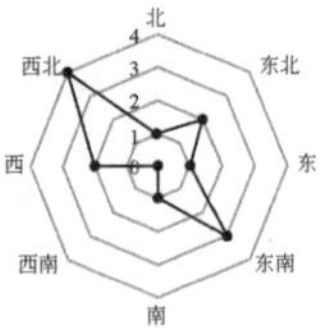
空间特征	偏东南/西北居多	南向居多	偏西北/东南居多	偏南/偏东向居多	偏西北/东南居多

从各地理分区分析发现，聚落立向与山脉走势、水系走向和微地形起伏等自然环境要素密切相关，多与山体围合口方向保持一致，反映出空间形态多样性特征。若聚落周边有大型山脉，朝向都与山脉走向垂直，如平行岭谷地带多东北—西南走势的山脉，聚落立向

与山脉走向呈 90°夹角，整体朝向多东南—西北。若聚落周边有大型水系，朝向大多与水系走向呈垂直或平行关系，如成都平原的河流多发源于都江堰，形成西北方向流向东南的纺锤状水网体系，古镇朝向多南偏东（图 2-10）。

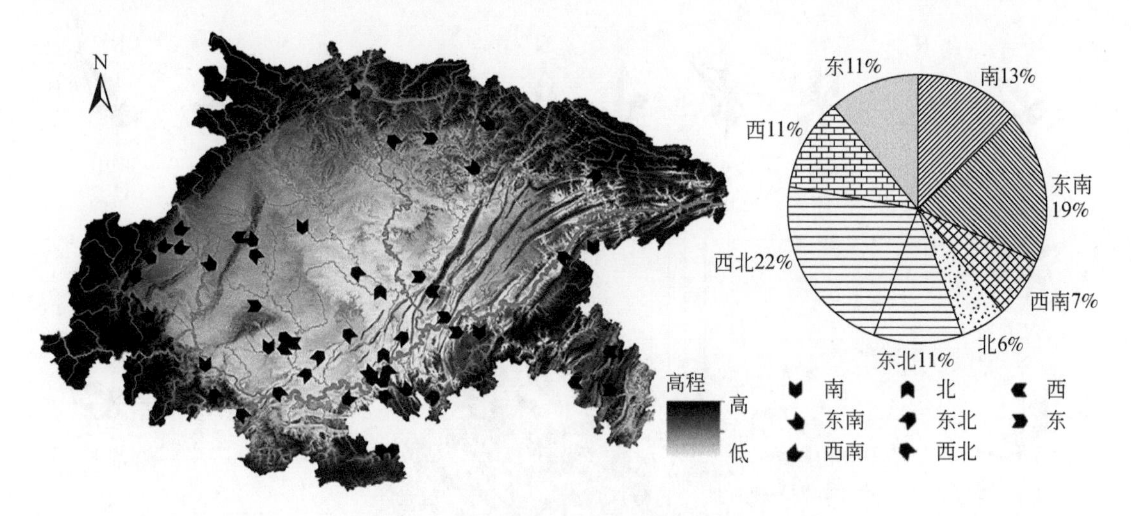

图 2-10　巴蜀古镇立向及其空间分布示意

此外，巴蜀地区夏、冬季主导风向等气候要素也对古镇立向有明显影响。巴蜀地区夏季主导风向以南向风为主，聚落立向与南、东南、西南向的山体围合开口一致时可以较好地适应微气候。但背山面水方向和偏南方向不同时，聚落不受南向限制，首选背山面水与水系走向垂直的方向，与景观朝向相同。

然而这种特征并不意味着聚落不再适应当地气候，不拘于南向所体现的正是对地形及局部微气候的适应（李旭等，2021）。例如，濯水古镇东侧是南北向的山脉与河流，围绕山丘，构成了三面环抱、西向和南向敞开的空间格局。由于地形原因，该镇冬季主导风向为东北风、夏季为南风，这与理想风水模式和夏冬主导风向总体顺时针转动 90°之后的模式基本相同（同时说明局地风环境受地形和水体影响较大）。该镇背山面水向西敞开的空间围合恰好挡住了冬季寒冷的东北风，迎纳夏季南风（图 2-11）；因距东向山体较远，用

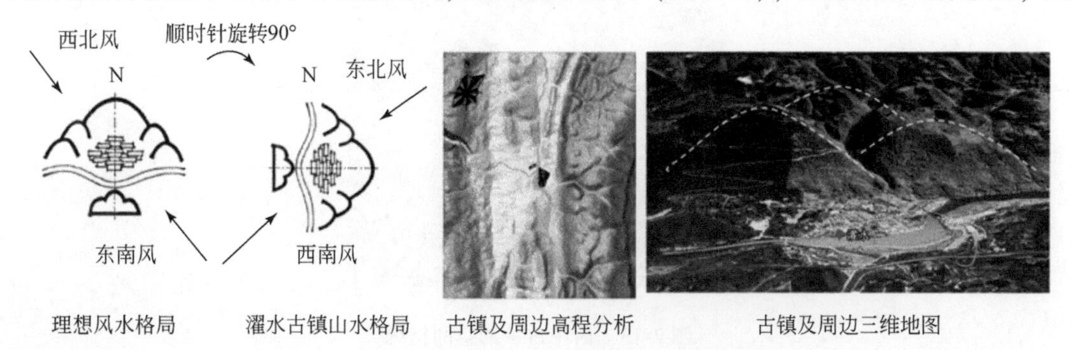

图 2-11　理想风水格局与濯水古镇山水格局的比较分析
根据地图及濯水古镇保护规划图绘制

地坡度相对较缓，冬季日照也不会被遮挡。大多巴蜀古镇立向受夏、冬两季主导风向影响明显（图 2-12）。另外，因巴蜀地区大多处于准静风区，山谷风和河陆风对局地环流影响比较明显，背山面水格局可以借助这些局地环流形成怡人的微气候环境。

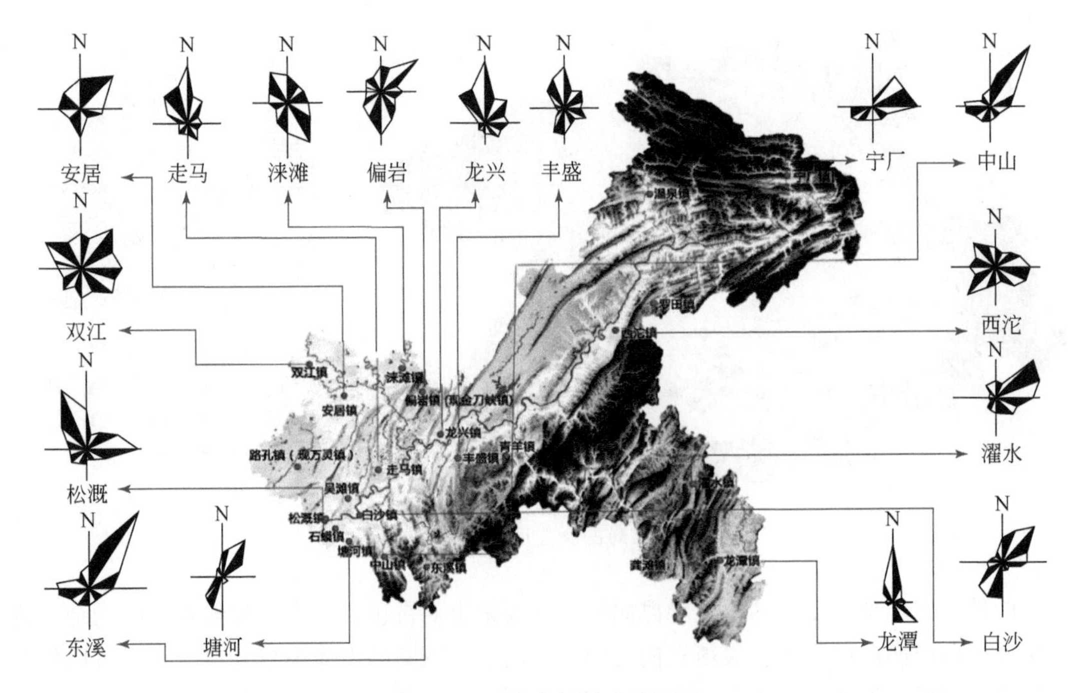

图 2-12　巴渝古镇风玫瑰示意

由于江河航运在山川阻隔的巴蜀地区占有重要地位，古镇大多具有航运功能，部分古镇立向取决于水码头所在方位。例如西沱古镇，自长江码头至方斗山形成运输巴盐的重要通道，商家云集，古镇至今保持着整体朝向水码头（西向）的方位特征（图 2-13）。

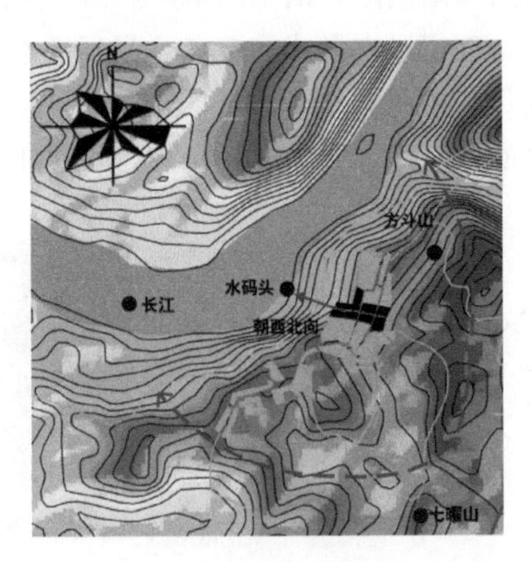

图 2-13　西沱古镇的空间格局

为深入研究巴蜀地区传统聚落空间格局中聚落朝向与影响因素之间的关系，将聚落分为朝南向和其他朝向两组样本进行分析。

1. 朝南向的聚落

朝向为南的聚落（7 个）大多分布在川中丘陵、川东平行岭谷地区，地形一般为低山丘陵，山体三面围合，聚落多坐落于河流凹岸与支流交汇处或河流凸岸处，形成“山环水绕”的经典风水格局。聚落朝向多垂直于水系走向，部分朝向则与水系相关性不大。微地形起伏对朝向影响最大，与夏、冬两季主导风向和微气候形成紧密相关（表 2-9）。

表 2-9 朝南向聚落的全属性列表

古镇名称	地理分区	地形				社会经济	
		山脉走势	山体围合	水系走向	水体围合	气候	聚落职能
三台郪江	川中丘陵	微地形	三面围合	垂直	凹岸+支流	有关	有航运
犍为清溪	川中丘陵	微地形	三面围合	垂直	凸岸	有关	无航运
自贡艾叶	川中丘陵	微地形	三面围合	垂直	凸岸	有关	无航运
万州罗田	川东平行岭谷	微地形	三面围合	无关	凸岸	有关	无航运
涪陵青羊	川东平行岭谷	微地形	一面依山	无关	远水	有关	无航运
江津石蟆	川东平行岭谷	微地形	三面围合	无关	远水	有关	无航运
雅安上里	盆周山地	垂直	三面围合	垂直	凸岸	有关	无航运

2. 其他朝向的聚落

运用标签分析法分析古镇除南向外的其他朝向（47 个）与自然环境因素的关联，将朝向与山的关系、朝向与水的关系作为两个基本自然环境要素，把 7 种聚落朝向（西南、北、东北、东、东南、西、西北）作为指标进行分析。

在朝向与山的关系研究中，确定影响因素为山脉走势、与山体围合关系，将垂直、平行、微地形起伏制作为一级标签，三面围合、两面围合、单面依山、远山浅围制作为二级标签。结果表明，聚落立向大多与山体空间围合及开口方向一致，其首要特征为聚落与山脉走向垂直，山体三面围合，立向以东南、西北为主。

在朝向与水的关系研究中，确定影响因素为水系走向，与水体围合关系，将垂直、平行、无关制作为一级标签，凸岸、凹案+支流、凹岸、跨两岸、直岸、远水制作为二级标签。结果表明，其首要特征为聚落与水系走向垂直，且坐落于河流凸岸处或河流凹岸与支流交汇处。当背山面水的方向与南向不一致时，聚落优选与水系走向垂直的方向（图 2-14）。

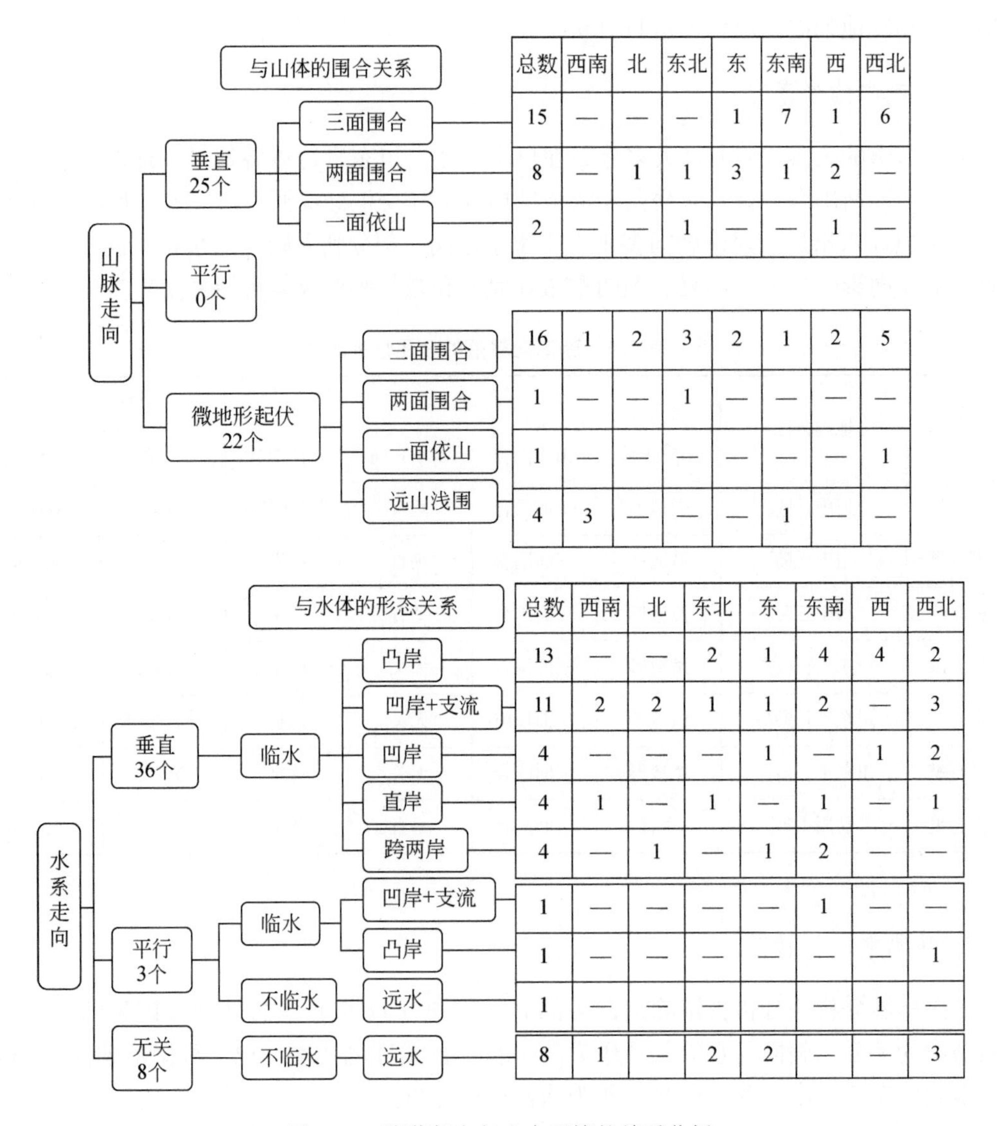

山脉走向	与山体的围合关系	总数	西南	北	东北	东	东南	西	西北
垂直25个	三面围合	15	—	—	—	1	7	1	6
垂直25个	两面围合	8	—	1	1	3	1	2	—
垂直25个	一面依山	2	—	—	1	—	—	1	—
平行0个									
微地形起伏22个	三面围合	16	1	2	3	2	1	2	5
微地形起伏22个	两面围合	1	—	—	1	—	—	—	—
微地形起伏22个	一面依山	1	—	—	—	—	—	—	1
微地形起伏22个	远山浅围	4	3	—	—	—	1	—	—

水系走向	与水体的形态关系	总数	西南	北	东北	东	东南	西	西北
垂直36个	临水—凸岸	13	—	—	2	1	4	4	2
垂直36个	临水—凹岸+支流	11	2	2	1	1	2	—	3
垂直36个	临水—凹岸	4	—	—	—	1	—	1	2
垂直36个	临水—直岸	4	1	—	1	—	1	—	1
垂直36个	临水—跨两岸	4	—	1	—	1	2	—	—
平行3个	临水—凹岸+支流	1	—	—	—	—	1	—	—
平行3个	临水—凸岸	1	—	—	—	—	—	—	1
平行3个	不临水—远水	1	—	—	—	—	—	1	—
无关8个	不临水—远水	8	1	—	2	2	—	—	3

图 2-14　聚落朝向与山水环境的关系分析

2.4　聚落的形态

基于遥感影像图，结合古镇保护规划、总体规划等资料确定传统聚落边界，分析古镇用地形态，可分为条带状、团块状、离散状三类（表 2-10）。分析表明，这些聚落在发展过程中部分延续了原有形态，部分则改变了原有形态，如条带式发展到一定阶段形成团块状。因此，多样化的用地形态并不一定具有稳定性，具有较高稳定性的古镇主要有分散、集中两种基本形式。

表 2-10　古镇用地形态空间分类

用地形态类型	空间亚类	主要空间分布	空间特征
条带状（34 个，占 63.0%）	直线型条带状(10个)	广泛分布于盆周山地、川中丘陵、川东平行岭谷等各地理区间	古镇形态呈条带状，多与等高线方向、河流走势相一致，整体空间形态较为规则，一条主街串联次街的空间形式
	不规则条带状(24个)		古镇形态呈条带状，整体形态与等高线方向或者河流走势一致，但空间形态呈“T”形或“L”形
团块状（18 个，占 33.3%）	规则型团块状(7个)	分布在成都平原和川中丘陵等地形平缓地带	古镇形态呈现团块状，由横纵交错的街巷构成路网，建筑鳞次栉比，整体空间形态较为规整
	不规则团块状(11个)		古镇空间形态呈现团块状，整体空间形态不规则
离散状（2 个，占 3.7%）	丘间散布(1个)	分布在盆周山地边缘	古镇的空间形态呈现散布状，用地的空间分布较为离散，每一个庄园都倚靠着小型山丘
	峡间散布(1个)		由于峡谷地形的限制，古镇用地跨越两岸，且呈现分散断点状

1. 条带状用地

条带状（33 个）在巴蜀古镇用地形态中最为普遍，结构简单，形态多顺应山形水势形成一条主街，整体规模较小。

近直线条带状：主街呈直线状，整体用地形态呈规整的条带形，虽空间秩序相近，但生成因素各有差异：有的位于高山峡谷间，用地形态与山势一致，主街顺应地势而建，建筑沿主街展开，规模较小，如坐落于茶坝河两侧山峡中的中山古镇；有的位于平原，聚落主轴与水系平行，形态规整，规模较大一些，如元通镇（表 2-11）。

表 2-11　用地呈直线型条带状的古镇

镇名	元通古镇	吴滩古镇	罗泉古镇	二郎古镇	中山古镇	西沱古镇	毛浴古镇	洛带古镇
用地形态								
镇名	濯水古镇	龚滩古镇						
用地形态								

不规则条带状：空间形态呈因山就势的不规则状，一般由一条主街串联建筑群落，次街巷呈树枝状，适应高低起伏的地形环境，用地形态多呈现"Y"或"T"形，街巷多在地形起伏处弯折，如涞滩古镇、温泉古镇、云顶古镇；或是顺应山势水岸形状，整体形态呈曲线形，街巷顺应地形展开，建筑依次排布，如郪江古镇和柳江古镇。另外，有一些古镇由于地形的制约，街区形态不规则，边缘建筑零星分布，如龙潭古镇和三多寨镇（表 2-12）。

表 2-12　用地呈不规则条带状的古镇

镇名	涞滩古镇	白衣古镇	五凤古镇	郪江古镇	龙兴古镇	石桥古镇	温泉古镇	走马古镇
用地形态								
镇名	老观古镇	云顶古镇	龙潭古镇	万灵古镇	三多寨古镇	塘河古镇	仙市古镇	罗田古镇
用地形态								
镇名	石蟆古镇	偏岩古镇	白沙古镇	柳江古镇	太平古镇	福宝古镇	尧坝古镇	东溪古镇
用地形态								

2. 团块状用地

顺应山形水势，部分古镇（19 个）的空间形态呈纵横交织的网状结构，由一条主街向两侧延伸形成，多出现在地势平缓的成都平原和川中丘陵。选址于河岸平坡、沿岸地形限制较小的古镇，往往用地边缘平直规整，如昭化古镇、李庄古镇（表 2-13）。当用地条件受地形、江河形态的制约较大时，团块状用地多呈现出依山就势、不规则的自由形态，街巷结构顺应地形及江河岸线，如黄龙溪古镇、赵化古镇和牛佛古镇（表 2-14）。

表 2-13　用地呈规整型团块状的古镇

镇名	昭化古镇	清溪古镇	双江古镇	李庄古镇	横江古镇	新场古镇	平乐古镇	
用地形态	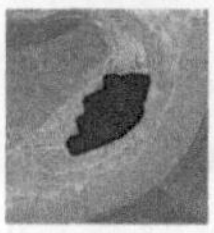	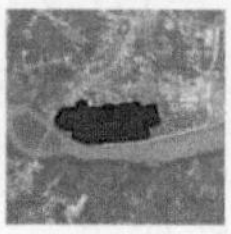	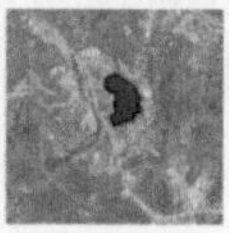	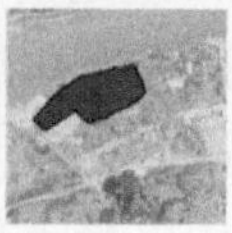		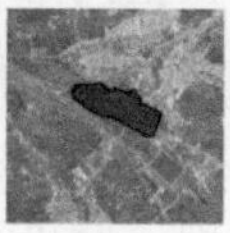	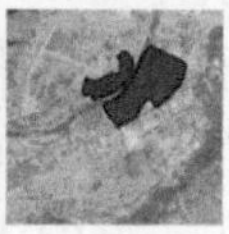	

表 2-14　用地呈不规整团块状的古镇

镇名	黄龙溪古镇	安仁古镇	安居古镇	恩阳古镇	丰盛古镇	艾叶古镇	牛佛古镇	龙华古镇
用地形态	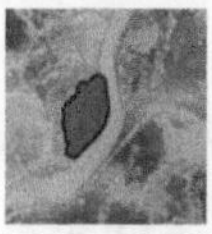	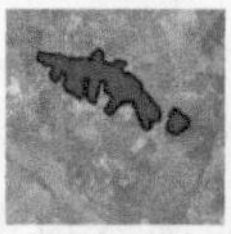	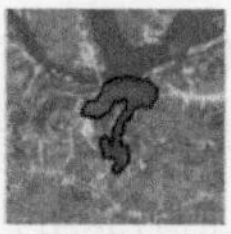	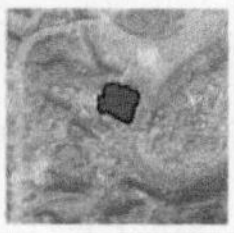	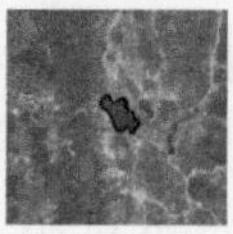	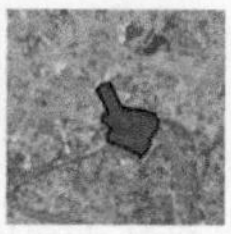	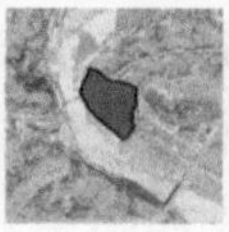	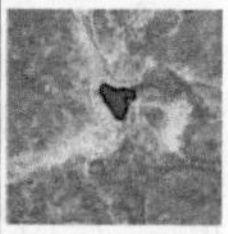
镇名	赵化古镇	松溉古镇	上里古镇					
用地形态	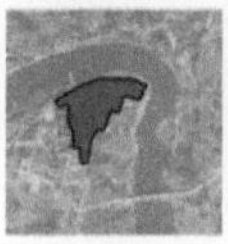	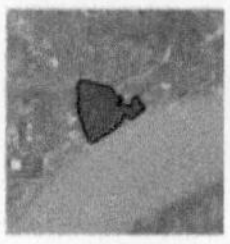	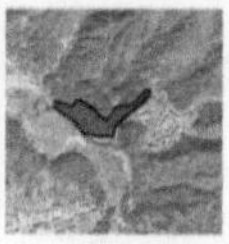					

3. 离散状用地

少数古镇（2 个）用地呈离散状，用地分散不连续，是巴蜀古镇中较为特殊的空间形态。例如位于渝东南的宁厂镇，紧邻巫溪支流后溪河，坐落于陡峭的峡谷之中，建设条件十分有限，古镇的用地散布在河流两岸，民居多以吊脚楼形式嵌入山崖，梯道、坡坎连接各分散空间（表 2-15）。

表 2-15　用地呈离散状的古镇

镇名	宁厂镇	青羊镇						
用地形态	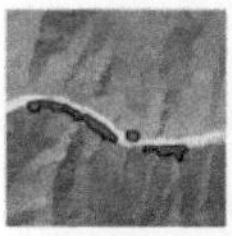	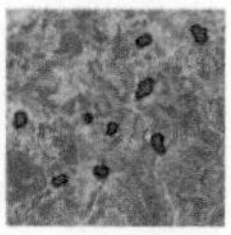						

2.5　聚落空间形态的文化意蕴

地域自然环境、聚落功能等复杂要素塑造了聚落的空间形态，山水审美观与风水思想则赋予传统聚落深厚的文化意蕴与深远的意境。城市山水风景“基因”的营建实践包括建城之初山水风景的发掘以及建城之后山水风景的再发现（王树声，2016）。

2.5.1 风水喝形

将山水环境和人文空间融合是中国城市规划的鲜明特点（王树声等，2019）。喝形是根据龙穴砂水的具体形态做出的比喻或寓意。有单纯的比喻，如笔架山，有的在比喻的基础上还饱含意蕴，如“五马归巢”“九龙捧胜”等。风水中正平和的特点在这些比喻、意蕴中得到了很好的体现。此外，还有一些用以趋吉化煞的标志性建筑，表达了人们祈福求平安的愿景。

1. “五马归巢”——龙兴古镇

“五马归巢”是风水堪舆用语。龙兴古镇以商贸、交通为主要功能，坐落于太洪江附近的丘陵槽谷地带，四座山体（龙珠岩、吴家山、蒋家坪、龙脑山）环绕在北、西、东三面，开口朝向东南；低处有五条来自东、西、南、北方向的通衢大道汇聚于此，被称为“五马归巢”之宝地（图2-15）。

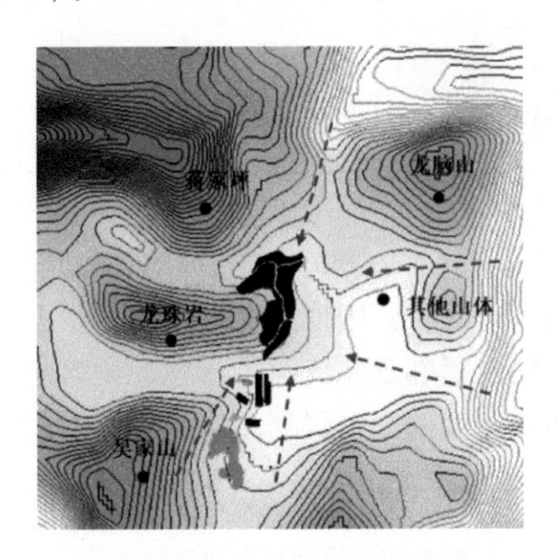

图2-15　龙兴山水格局在现代地形图示意

2. “九龙捧胜”——安居古镇

“九龙捧胜”也是风水中的用语。安居古镇有安居乐业之意，历来商贾云集，贸易繁荣，且为兵家要塞。古镇东、西、南三面环山，北有涪江、琼江、乌木溪三水交汇之处，地势南高北低，因而坐南朝北，依山而筑，面水而居（图2-16）。民间称其为“九龙捧胜”的风水格局，古镇周边许多山体以龙命名，对应城门：南方龙透山朝向安庆门；西南方龙归山朝向西门；龙冠子山进入挹爽门在引凤门外结穴；东南方迎龙山朝向星辉门，东方化龙山朝向紫气门。在城内则化为两大山峰，左峰居城内中央，形似卧虎，上建有文庙，右峰居城内中后部，形如蟠龙，上有神仙洞，故呈虎踞龙盘之象，也有龙凤呈祥、星月同辉之说（图2-17）。

图 2-16　古安居地域图

改绘自安居古镇国学馆地域图

图 2-17　安居山水格局在现代地形图示意

民谣“魁星朝北斗、玉皇坐高楼、三足鼎立后、塔伴琵琶洲”还反映了古镇标志性建筑与山水相映生辉之景象，并且具有祈福化煞的愿景。古镇西、北两面涪江畔的象鼻山上，有五层魁星阁，上临天星；古镇对面的琵琶洲似砚台，琵琶嘴似笔尖毫尖，泉溪里的泉水有“文如泉涌”之意，建有魁星阁，意为学子求学有成；涪江水急浪高，航船在此易生事故，建魁星阁在此还有镇水之意。

3. “九龟寻母”——丰盛古镇

丰盛古镇商贸发达，古代有“长江第一旱码头”之称。古镇坐落于两条东西向平行岭的槽谷地带，槽谷中间由北向南依次分布九座小山丘。山丘突起呈椭圆形，植被茂盛，形似乌龟，其中有一座山体较大似母龟、四周小丘状如小龟朝向母龟，古镇则位于两座大山中间，民间称为“九龟寻母”（图 2-18 和图 2-19）。

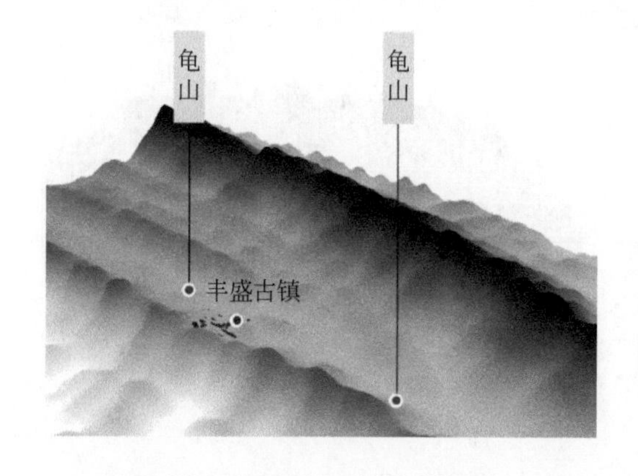

图 2-18　丰盛古镇三维地形图

图 2-19　丰盛古镇实景图

从风水角度看，古镇以西的接龙山为龙脉，龙脉从北向南延伸，在接龙山处降下，作为古镇背靠之山，并以母龟山（3 号山）为朱雀、清远楼处山体（4 号山）为白虎、宝顶山（5 号山）为青龙，形成较为理想的风水格局（图 2-20）。

图 2-20　丰盛山水格局在现代地形图示意

4. “十八罗汉朝观音”——上里古镇

雅安上里古镇是古代南方丝绸之路上的重要驿站，也是重要边茶关隘和茶马司所在地。古镇北面为观音山（红豆山），陇西河和黄茅溪交汇于古镇南面，古镇建在山脚溪岸的缓坡台地上，三面环水，北面是大片竹林，溪南耕地连片。因其座山巍峨，案山逶迤有数十个山头，东西两侧山峦起伏形似莲花，形成“十八罗汉朝观音”的风水喝形格局（图 2-21 和图 2-22）。

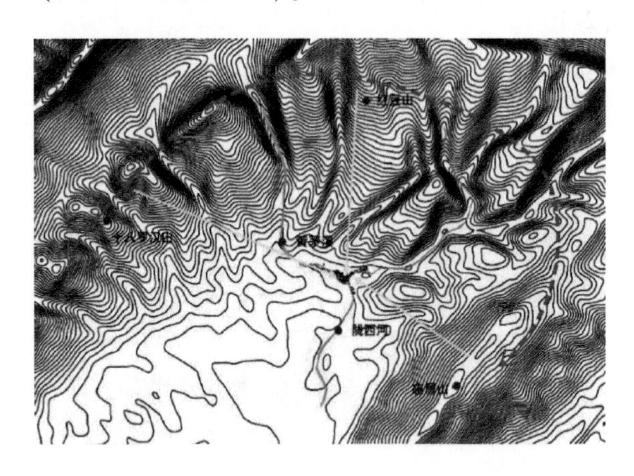

图 2-21　上里古镇山水格局在现代地形图示意

图 2-22　上里古镇三维地形图

此外，古镇重要节点处多建有风水建构筑物，如在古镇下游百米处建有磐安桥辅以树木遮蔽水口，桥头建文峰塔提势。石板街巷呈“井”字形，寓意以水克火，有防火患之意

（图 2-23 和图 2-24）。

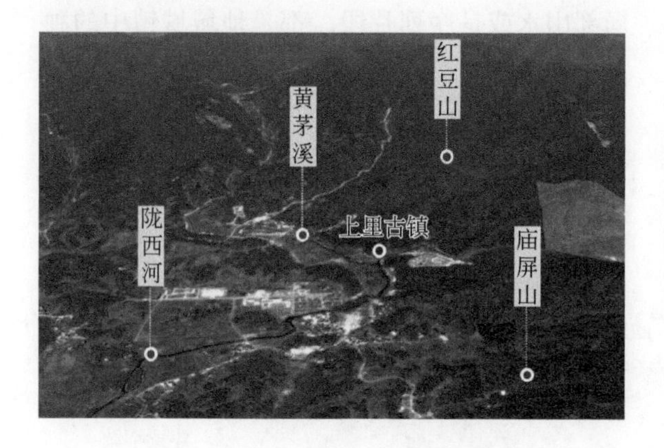

图 2-23 上里古镇山水格局示意图

图 2-24 磐安桥与文峰塔

2.5.2 山水入景

中国传统文化讲究山水比德，形成了独具特色的山水审美文化，并表现于山水画、山水诗词、园林景观中。山水入景，饱含文化意蕴，共同塑造了独特而丰富多样的巴蜀传统聚落景观。

安居八景是山水入景的典例。八景中有五景就是古镇周边山体：化龙钟秀指化龙山，自城东迤逦而来，迴翔起伏，势若蟠龙；飞凤毓灵指飞凤山，在安居东南，有突起巨石如台；紫极烟霞指紫极山，竹树蒙密，钟楼隐隐，如展楚江清晓图，有天然画意；玻仑捧月指镇东 1km 地外的玻仑山上的波仑寺，涧鸟飞鸣，寺后山石嶙峋，下方仰视，似捧月也；石马呈祥指城东临江峭壁上的石嶕峣，形如石马，岩间落石曾被前人称为科第之石，自然景点与民俗文化相融合。此外，琼花献瑞指绕城两江交汇处之奇景，涪江水急而浑浊，琼江水静而清澈，两江交汇后，涪江水从江底贯入，直冲水面，层层涌出，似琼花怒放；关溅流杯指关溅溪附近前人凿流杯池引上游水入池，曲折而归溪，平旷幽洁可坐而休，吟诗作对，饱含地域文化（图 2-25）。

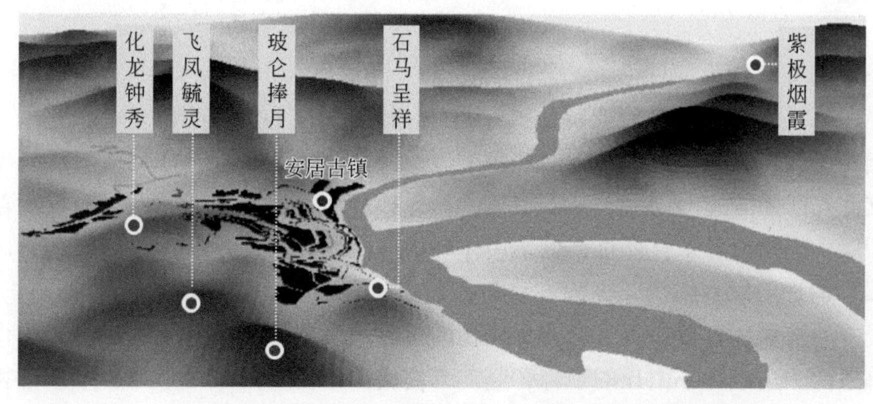

图 2-25 安居八景中有关山水的景点及其空间分布示意

山水景观的品题与意象反映了自然与人工的融合，折射了天人合一的哲学观，体现着自然和人工的交融。不管是整体山水格局、局部山水或是序列片段，都是地域城镇中的独特景观，增添了山水审美（图 2-26）。

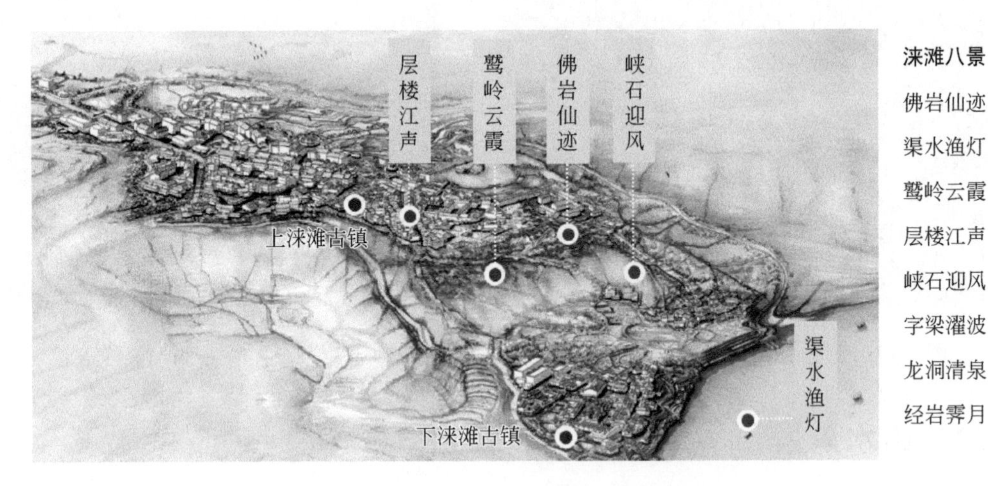

图 2-26　洣滩八景中有关山水的景点及其空间分布示意

2.6　空间基因识别、解析及图谱构建

2.6.1　山水格局基因与表达解析

结合聚落职能及营建过程分析，基于聚落-山体-水体空间关系，识别出三种具有普遍性和稳定性的空间模式。这些模式具有山体围合环护、背山面水和不拘朝向的共同特征，本质区别在于聚落和水体的空间关系不同，体现了巴蜀先民因势利导、善用能量的智慧。

（1）聚落分布在大江大河或小河溪流汇集的凸岸，四周有水体和山体环绕（13 个古镇）。

（2）聚落分布在大江大河凹岸（4 个古镇）。

（3）聚落分布在河流凹岸，有支流流入，山体包围环护（11 个古镇）。

聚落职能和地域自然环境决定着空间基因类型及其具体表达形式。江河或溪流绕聚而成的凸岸，支流入江而成的凹岸，是大多古镇的理想择址地；水陆交通驿站型古镇则首选大江大河的凹岸，如果地形条件许可，周围山体环护、坐北向南之处最优，形成“背山面水、负阴抱阳”的理想风水格局。少数古镇则依据特定的环境形成了山体两面围合、一面依山或远山浅围的格局。具有商贸、交通等职能的聚落大多选址在山脚下；也有为获得天然优越的防御条件，选址在小山丘的顶部，竖向维度增加丰富山地聚落形态，形成独特山地景观。在背山面水的景观朝向和向南不统一的情况下，绝大部分优先选择背山面水和水系走向垂直的方向。风水喝形，山水入景，更增添了山水格局诗画审美意趣。形式和意义相结合，共同形成了巴蜀传统聚落丰富的空间形态（图 2-27）。

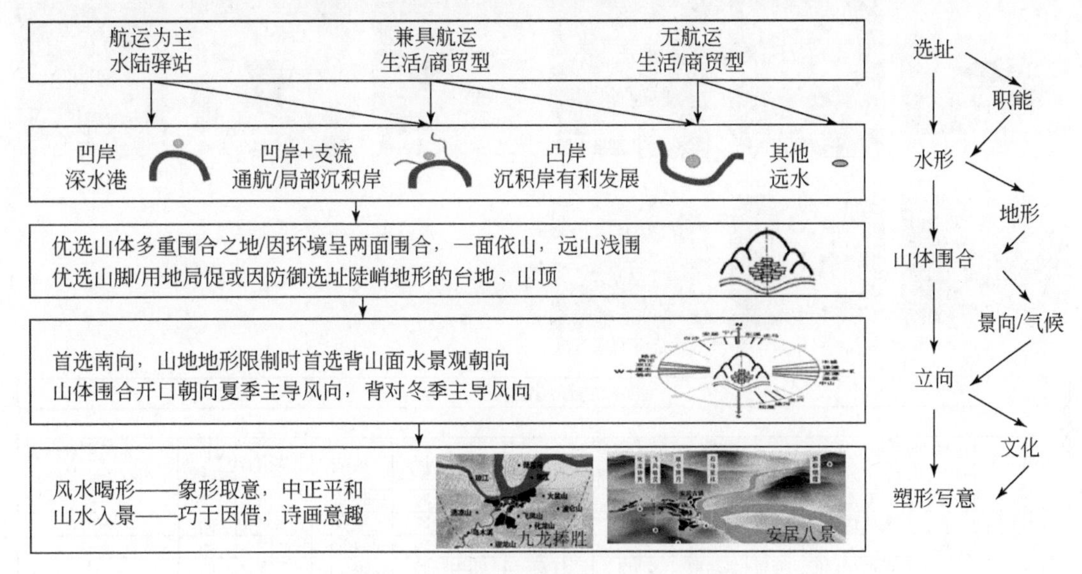

图 2-27　山水格局的生成与表达解析

2.6.2　山水格局基因及其表达图谱

综合上文分析，将山水格局总结为“位于河流凸岸，山体三面围合”“位于河流凹岸有支流汇入，山体三面围合”“位于河流凹岸，山体三面围合”三种空间基因，并构建基因及其表达图谱（图 2-28）。

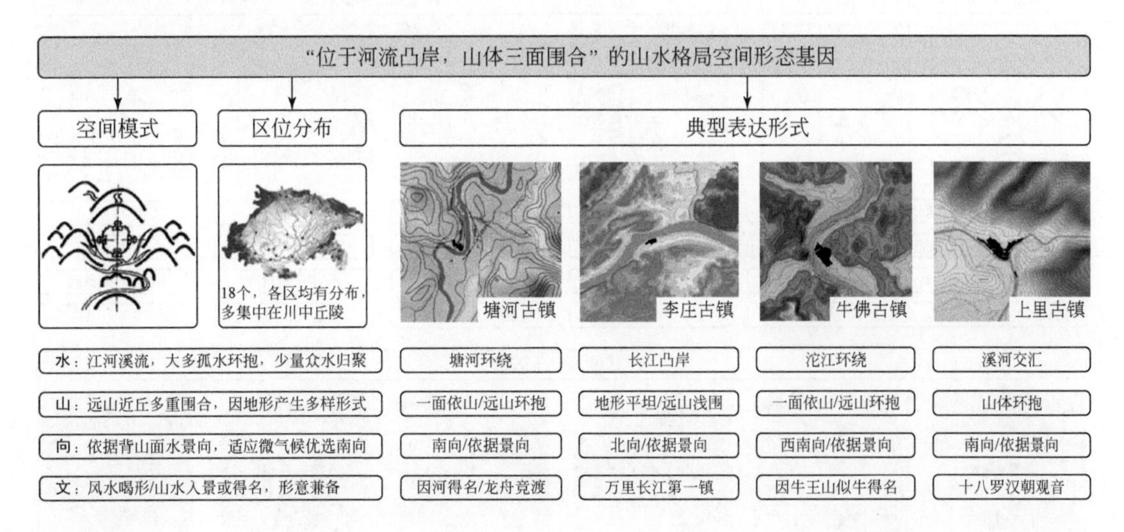

其他表达形式

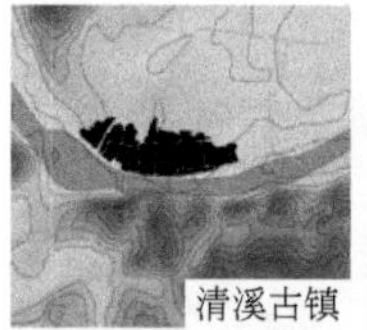
清溪古镇

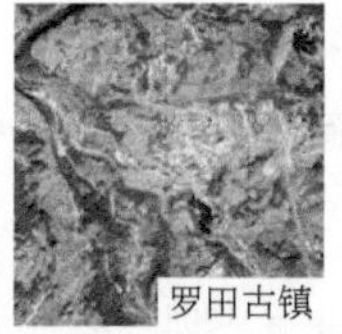
罗田古镇

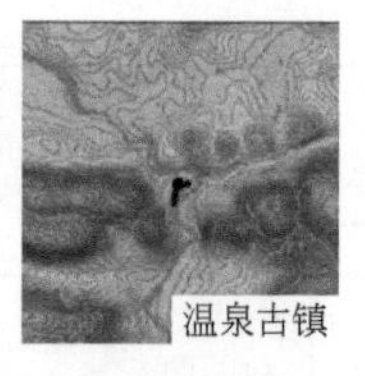
温泉古镇

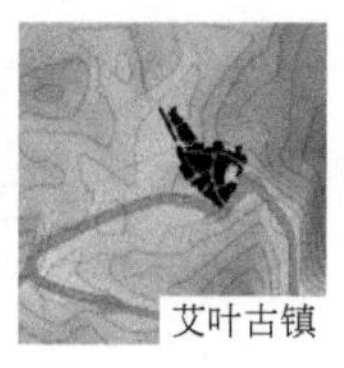
艾叶古镇

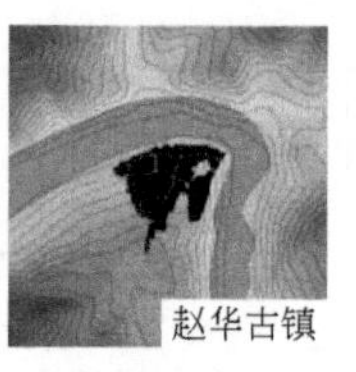
赵华古镇

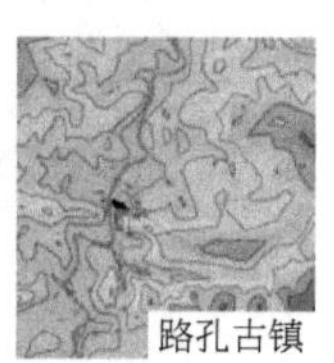
路孔古镇

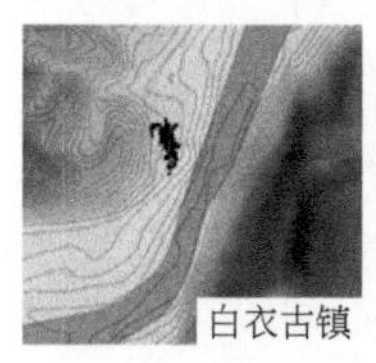
白衣古镇

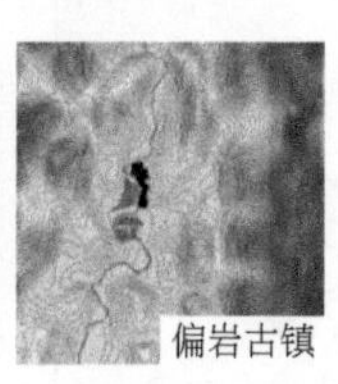
偏岩古镇

双江古镇

古镇属性表

古镇名称	巴蜀文化分区	职能	水体围合方式	河流等级	地理分区	地形	山体围合	立向–八维	风水思想社会文化—写意
平昌白衣	蜀	无航运功能的商贸+生活型	凸岸	江河	川中丘陵	丘陵低山	三面围合	东南	—
犍为清溪	蜀	无航运功能的商贸+生活型	凸岸	江河	川中丘陵	丘陵低山	三面围合	南	—
自贡艾叶	蜀	无航运功能的商贸+生活型	凸岸	江河	川中丘陵	丘陵低山	三面围合	南	—
自贡牛佛	蜀	无航运功能的商贸+生活型	凸岸	江河	川中丘陵	丘陵低山	三面围合	西	—
潼南双江	巴	无航运功能的商贸+生活型	凸岸	江河	川中丘陵	丘陵低山	三面围合	西北	—
开县温泉	巴	无航运功能的商贸+生活型	凸岸	溪流	川东平行岭谷	平行岭谷	三面围合	东北	—
富顺赵化	蜀	无航运功能的商贸+生活型	凸岸	江河	川东平行岭谷	丘陵低山	三面围合	东北	—
荣昌路孔	巴	有航运功能的商贸+生活型	凸岸	江河	川中丘陵	丘陵低山	三面围合	西北	—
江津塘河	巴	航运为主的交通(商贸)型	凸岸	江河	川东平行岭谷	丘陵低山	三面围合	东南	一河之澳，群山围绕
宜宾李庄	蜀	航运为主的交通(商贸)型	凸岸	江河	川中丘陵	丘陵低山	三面围合	西北	江导岷山，峰排桂岭
万州罗田	巴	无航运功能的商贸+生活型	凸岸	溪流	川东平行岭谷	平行岭谷	三面围合	南	—
北碚偏岩	巴	无航运功能的商贸+生活型	凸岸	溪流	川东平行岭谷	平行岭谷	三面围合	西	—
雅安上里	蜀	无航运功能的商贸+生活型	凸岸	溪流	盆周山地	典型山地	三面围合	南	十八罗汉朝观音

“位于凹岸有支流汇入，山体三面围合”的山水格局空间形态基因

空间模式

区位分布

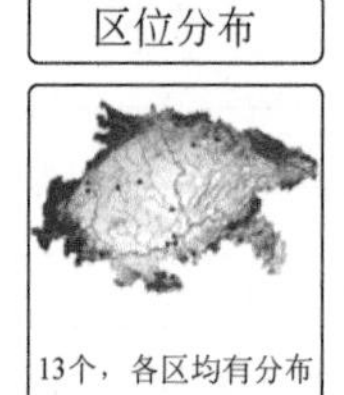
13个，各区均有分布

典型表达形式

松溉古镇

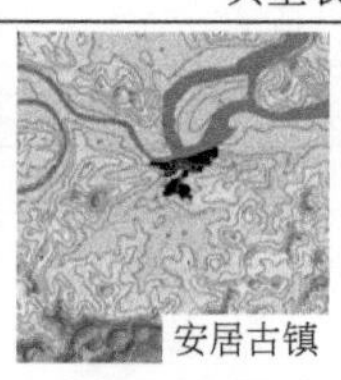
安居古镇

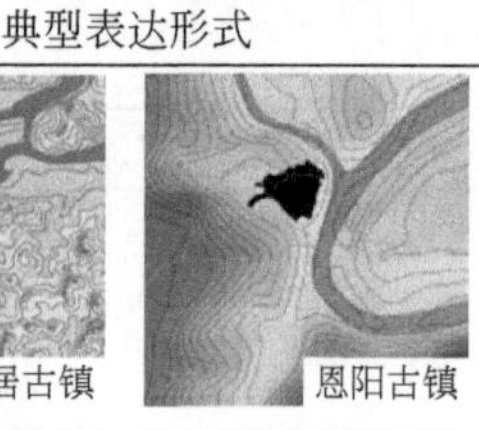
恩阳古镇

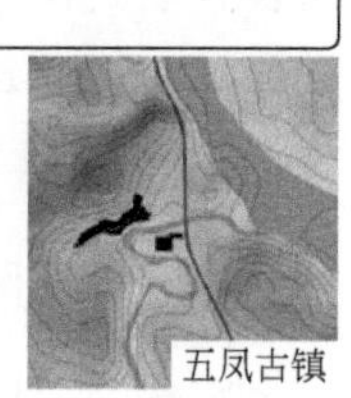
五凤古镇

水：支流汇入，众水归聚，可通航，有沉积岸

山：多为近处山体三面围合

向：依据背山面水景向，适应微气候优选南向

文：风水喝形，山水入景或得名，形意兼备

	松溉古镇	安居古镇	恩阳古镇	五凤古镇
水	两侧均有支流入江	琼江河入涪江凹岸	支流入恩阳河凹岸	支流入沱江处
山	山体三面围合	多重山体环抱	山体环抱	山体环抱
向	东南向/依据景向	北向/依据景向	东向/依据景向	南向/依据景向
文	因松子山/溉水得名	九龙捧胜/安居八景	因恩阳河得名	形似冲霄之凤得名

其他表达形式

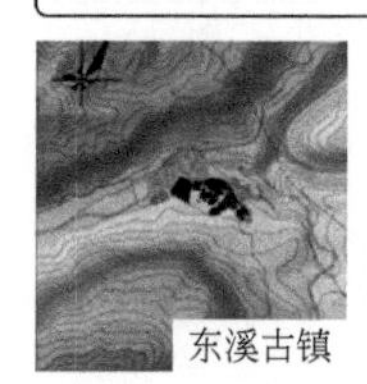
东溪古镇

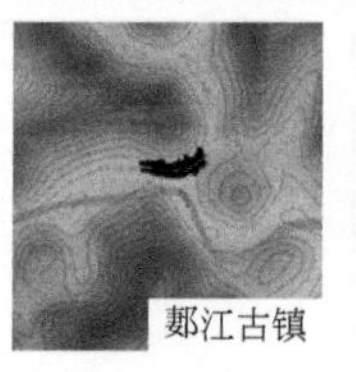
郪江古镇

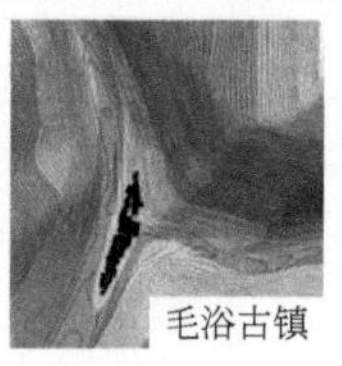
毛浴古镇

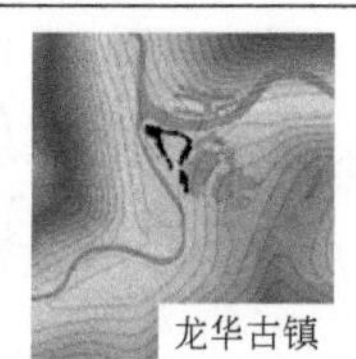
龙华古镇

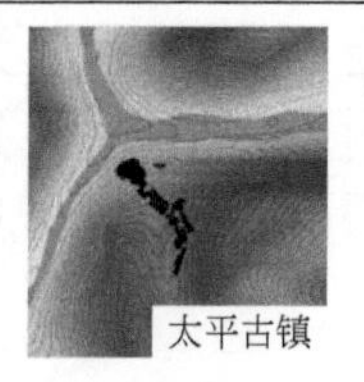
太平古镇

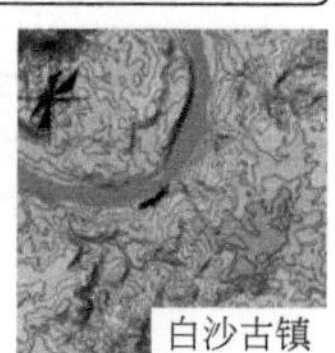
白沙古镇

古镇属性表

古镇名称	巴蜀文化分区	职能	水体围合方式	河流等级	地理分区	地形	山体围合	立向–八维	风水思想社会文化—写意
江津吴滩	巴	航运为主的交通(商贸)型	凹岸+支流	溪流	川东平行岭谷	丘陵低山	三面围合	北	—
綦江东溪	巴	航运为主的交通(商贸)型	凹岸+支流	江河	盆周山地	丘陵低山	三面围合	东北	三山拱翠，三水共融
铜梁安居	巴	航运为主的交通(商贸)型	凹岸+支流	江河	川中丘陵	丘陵低山	三面围合	北	危城三面水
巴中恩阳	蜀	航运为主的交通(商贸)型	凹岸+支流	江河	川中丘陵	丘陵低山	三面围合	东	—
金堂五凤	蜀	有航运功能的商贸+生活型	凹岸+支流	江河	川中丘陵	丘陵低山	三面围合	东南	—
三台郪江	蜀	有航运功能的商贸+生活型	凹岸+支流	江河	川中丘陵	丘陵低山	三面围合	南	—
永川松溉	巴	航运为主的交通(商贸)型	凹岸+支流	江河	川东平行岭谷	平行岭谷	三面围合	东南	四水绕镇流，四山围镇聚
江津白沙	巴	有航运功能的商贸+生活型	凹岸+支流	江河	川东平行岭谷	丘陵低山	三面围合	西北	—
通江毛浴	蜀	航运为主的交通(商贸)型	凹岸+支流	江河	盆周山地	典型山地	三面围合	东南	—
古蔺太平	蜀	航运为主的交通(商贸)型	凹岸+支流	江河	盆周山地	典型山地	三面围合	西北	—
屏山龙华	蜀	有航运功能的商贸+生活型	凹岸+支流	溪流	盆周山地	丘陵低山	三面围合	西北	—

“位于河流凹岸，山体三面围合”的山水格局空间形态基因

空间模式

区位分布

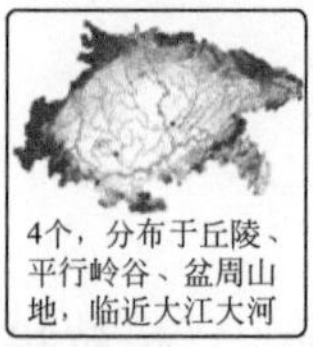

4个，分布于丘陵、平行岭谷、盆周山地，临近大江大河

典型表达形式

西沱古镇

涞滩古镇

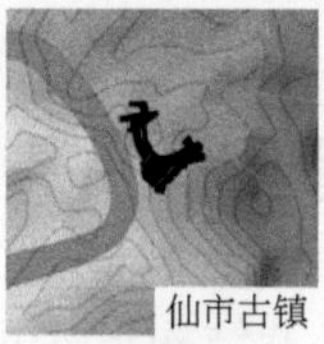

仙市古镇

横江古镇

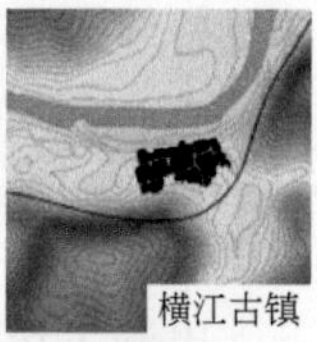

水：江河凹岸，深水良港，通航为主

山：多为近处山体的三面围合

向：依据背山面水景向，适应微气候优选南向

文：风水喝形，山水入景或得名，形意兼备

西沱古镇	涞滩古镇	仙市古镇	横江古镇
长江上游深水良港	下涞滩为水码头	井盐出川的水码头	川滇咽喉/水码头
山体三面围合	多重山体环抱	山体起伏环抱	山体环抱
西北向/依据景向	东南向/依据景向	西向/依据景向	北向/依据景向
因回水沱名/云梯街	涞滩八景	因山形似仙女得名	因横江得名

古镇属性表

古镇名称	巴蜀文化分区	职能	水体围合方式	河流等级	地理分区	地形	山体围合	立向–八维	风水思想社会文化—写意
合川涞滩	巴	航运为主的交通(商贸)型	凹岸	江河	川中丘陵	丘陵低山	三面围合	东	崖江相生，分片发展
自贡仙市	蜀	航运为主的交通(商贸)型	凹岸	江河	川中丘陵	丘陵低山	三面围合	西	——
石柱西沱	巴	有航运功能的商贸+生活型	凹岸	江河	川东平行岭谷	平行岭谷	三面围合	西北	云梯直上，串江连山
宜宾横江	蜀	航运为主的交通(商贸)型	凹岸	江河	盆周山地	丘陵低山	三面围合	西北	——

图 2-28　山水格局基因及表达图谱

|第 3 章| 传统聚落街巷形态特征识别与基因解析

街巷形态是反映聚落特征的重要空间形态要素。相比山水格局，街巷的构成更为复杂，基础数据收集与处理的难度更大，本书选择巴渝地区 7 个规模较大、形态较复杂的名镇，研究街巷结构、街巷格局、街巷走向、街巷空间围合等空间形态要素特征，分析其成因，提炼并解析街巷空间形态基因。

3.1 街巷平面形态特征

3.1.1 街巷结构

巴渝古镇街巷结构形式可归纳为“一”字形、“T”字形、“树枝状”、“格网状”、“混合型”五类（表 3-1）。

表 3-1 案例古镇传统街巷结构类型

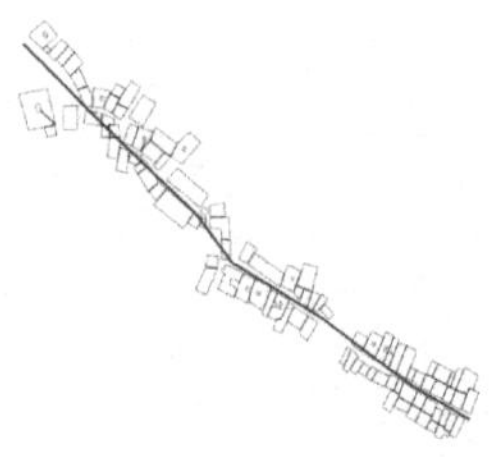 西沱镇“一”字形	 安居镇“T”字形	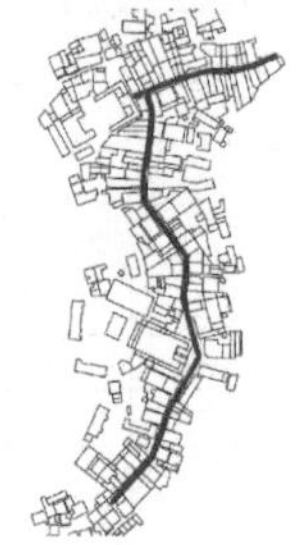 龙兴镇“T”字形	 上涞滩镇[①]“T”字形
 松溉镇“树枝状”	 双江镇“树枝状”	 丰盛镇“格网状”	 东溪镇“混合型”

① 上下涞滩合起来称涞滩古镇。

1. "一" 字形

西沱镇、塘河镇街道呈现"一"字形结构，一条街道贯穿整个古镇，应对不同地形及用地条件，主街呈直线、折线或曲线。

2. "T" 字形

安居镇、龙兴镇主街呈现"T"字形结构。其中，安居镇的西街、十字街沿江而行，构成东、西走向的街巷；火神庙街、大南街依山而建，由北向南向上延伸；龙兴镇南北向的藏龙街与东西向的回龙街在龙藏宫处交汇形成"T"字形街巷；涞滩镇顺城街和回龙街在瓮城门口交汇形成类似"T"字形的结构。

3. 树枝状结构

树枝状结构是指以一、两条主干路（主街）为城镇的骨架系统，向外呈树枝状延伸形成的层次分明的街巷类型。双江镇传统街巷呈现"枝干状"特征，双江镇正街作为主干，上西街、下西街构成多条枝干。松溉镇选址在长江北岸的台地上，形成明显的主街—次街—巷道的树枝状路网。

4. 格网状结构

用地地形起伏不大时，古镇街巷多形成格网状街巷布局。丰盛镇所在地较为平坦，以福寿街、十字街、江西街为主街，主、次街巷共同构成古镇格网状结构路网。

5. 混合型结构

混合型结构路网依山就势，顺应地形变化，呈现不规则、自由状。安居古镇街巷路网整体格局是典型的自由式路网格局，新街（兴隆街）顺应等高线布局，地形高差较大的南北两片区由古街（火神庙街、下南街；多为坡道和梯道）联系。

3.1.2 街巷局部线型

从局部街巷的角度看，不同的地形条件下，一个古镇的街巷局部中会存在多种平面线型，可分为直线型、曲线型、折线型三种。曲线型街巷和平直型街巷是巴渝古镇中占比最大的线型类型，在古镇发育初期，街巷沿江沿河展开，形成一条主街贯穿全镇；发展到后来，往往会形成网状、自由式的街巷路网结构。

1. 直线型街巷

古镇选址于水岸，因顺应江河水势会沿河岸出现平直型的街巷，也有一些古道在延伸过程中出现小范围的平直型街巷。例如下涞滩选址在渠江岸边，地势低平，主街呈直线型，沿渠江走向，长度不过300m；松溉镇临江街也是沿江而建，长江岸边具有一定的高差，总体上是古镇中保留较为完整的直线型古街；双江镇正街、上下西街为古镇的主干街道，因地势平坦也容易形成直线型的平面线型；东溪镇传统镇区规模较小，书院街的局部也呈现此类线型，安居镇大南街也有局部的直线型街巷（表 3-2）。

表 3-2 案例古镇直线型街巷

项目	安居镇	东溪镇	松溉镇	双江镇	双江镇	涞滩镇
形态示意图		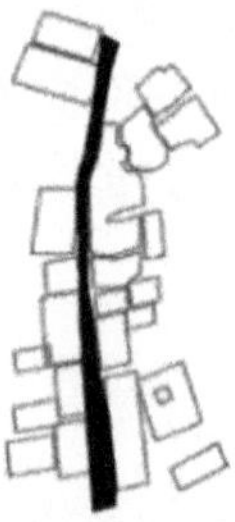	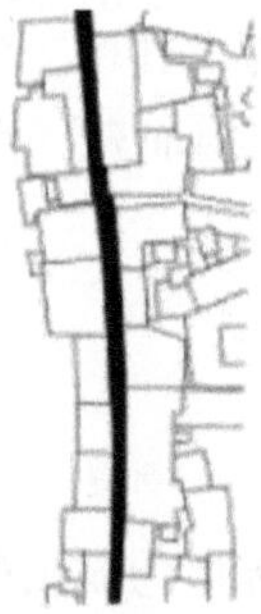	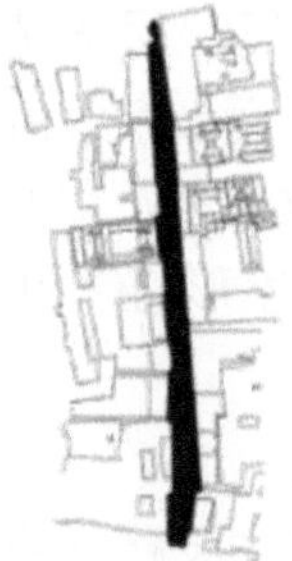	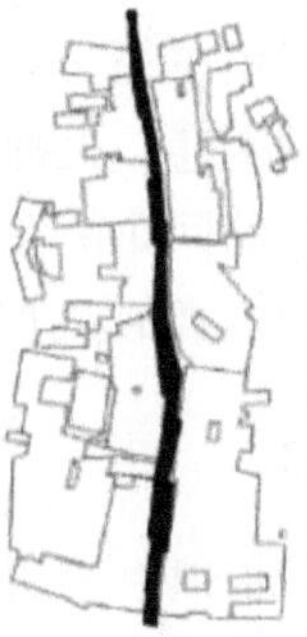	
街名	大南街	书院街	临江街	正街	上下西街	下涞滩古街

注：表中街巷平面线型并非正南北向，而是便于排图和对比，调整了图纸的方向（下同）。

2. 曲线型街巷

巴渝古镇传统街巷中，曲线型的街巷比较普遍，如表 3-3 所示，街巷随形就势，顺山形就水势，曲折蜿蜒。街巷随着地形而富于变化，两侧的建筑也依地形而建，从而形成了曲折的街巷空间。安居镇、东溪镇、松溉镇都具有典型的曲线型街巷；安居镇的十字街、西街处于涪江水岸地势较高的位置，顺应涪江走向向南岸凸出，火神庙街沿山而行，平面形态接近“S”形；东溪镇正街的平面形态与十字街类似，南面连接历史街区，北面为现代街区；松溉镇正街由北到南，地势降低且通往长江北岸码头；松溉镇半边街位于镇区北面，顺应地形，盘旋而上。

表 3-3 案例古镇曲线型街巷

项目	安居镇	安居镇	东溪镇	松溉镇	松溉镇
形态示意图		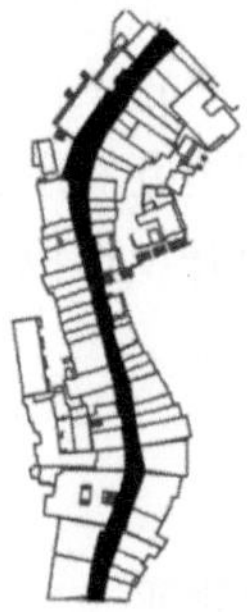			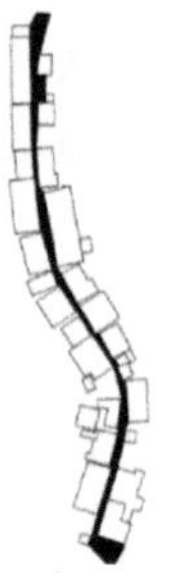
街名	十字街	火神庙街	正街	正街	半边街

3. 折线型街巷

街巷遇到大型公共建筑或沟、湾、丘、坎、崖等自然地形时，会出现转折变化（表 3-4）。龙兴镇祠堂街在禹王宫处出现轻微转折而出现大的公共空间；松溉镇不规则格网中存在较多折线型的街巷，大阳沟街前后出现两次转折，一则是沿背面小山坡出现转折，另一则在通向张家祠堂广场，连接松子山街时出现转折；丰盛镇福寿街、龙兴镇祠堂街的入口处以及涞滩镇的回龙街平面形态上均呈现转折型的街巷平面线型。

表 3-4　案例古镇折线型街巷

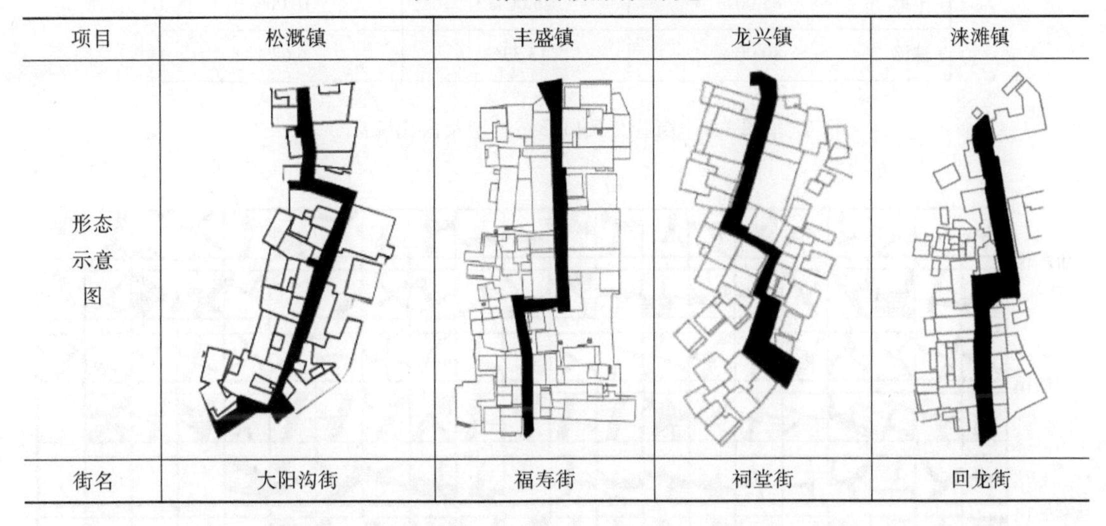

项目	松溉镇	丰盛镇	龙兴镇	涞滩镇
形态示意图				
街名	大阳沟街	福寿街	祠堂街	回龙街

3.1.3　交叉口形态

将重点案例古镇的街巷交叉口按相同比例罗列在图 3-1 和图 3-2 中，可以发现不同古

镇名	A类(街巷“T”字形相交)			B类(街巷“十”字相交)		C类(相交于公共空间)	
东溪							
双江							
安居							
松溉							
龙兴					—		
丰盛					—		—
涞滩							—

镇名	A类(街巷“T”字形相交)	B类(街巷“十”字相交)	C类(相交于公共空间)
东溪	71.43%	9.52%	19.05%
双江	85.36%	7.32%	7.32%
安居	60.61%	12.12%	27.27%
松溉	66.67%	8.33%	25.00%
龙兴	85.19%	3.70%	11.11%
丰盛	85.00%	5.00%	10.00%
涞滩	80.00%	13.33%	6.67%

图 3-1　街巷交叉口形态类型及占比统计

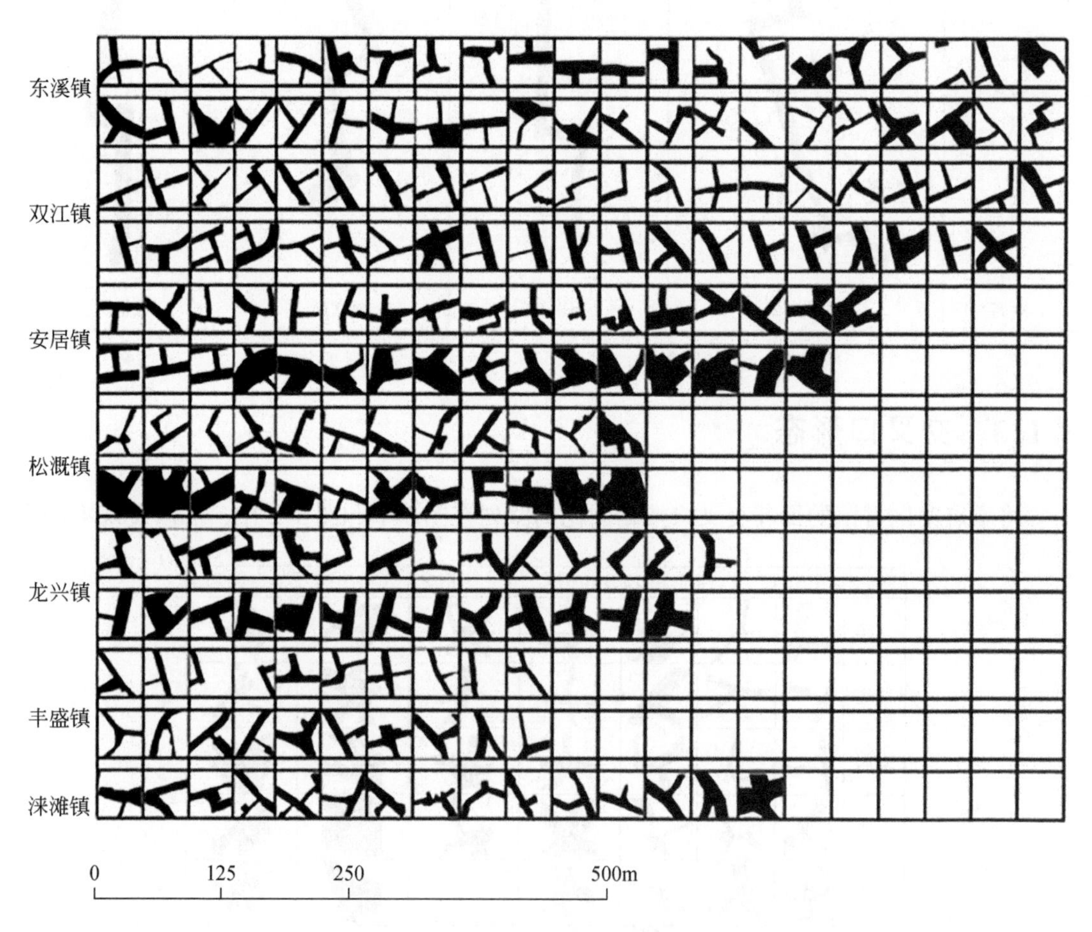

图 3-2　案例街巷交叉口形态类型

镇街巷交叉口在数量、尺度、形态上有所差异。巴渝古镇交叉口多不规则，可分为三类：类“T”字形、类“十”字形、类“井”字形（即街巷相交于公共空间节点）。

统计三类交叉口形态分别在各镇中的比例可以发现，七个古镇中“T”字形交叉口占比最大；基本不存在完全规整的“十”字形，均为有一定变形的“十”字形，并且占比较小；围绕公共空间节点的“井”字形交叉口最为独特。

3.1.4 街巷走向

巴渝古镇街巷与山水环境及重要建构筑物关系密切，它们或平行于河流水系，或垂直于河流水系，或与山体形成对景，或通向码头、城门，可归纳为以下五种类型（表 3-5）。

表 3-5 案例古镇街巷走向类型

走向	形态示意图		
平行或垂直于河流水系	 渠 江	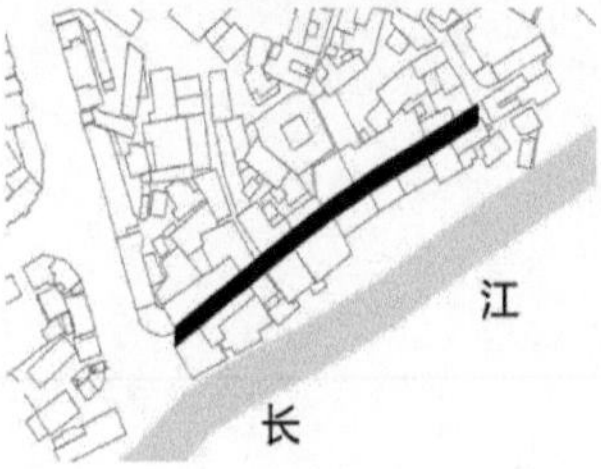 江 长	 浮 溪 河
	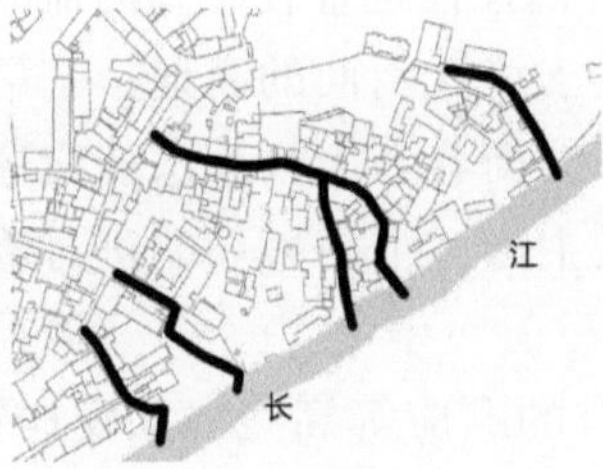 江 长	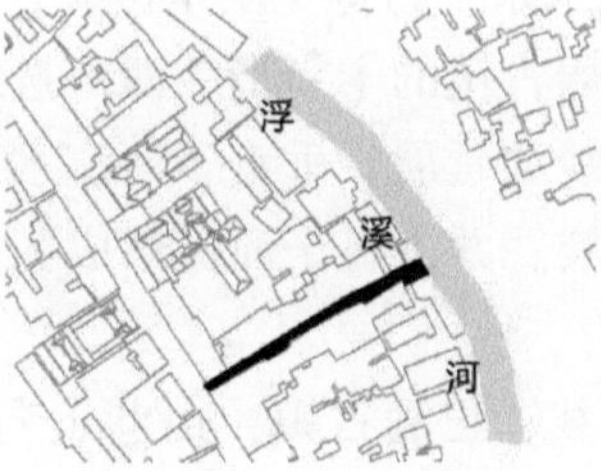 浮 溪 河	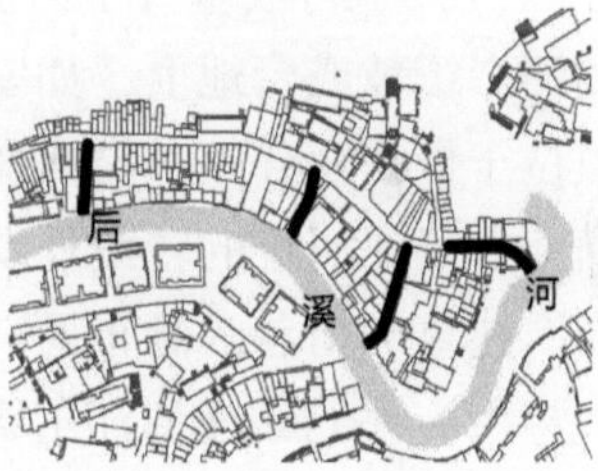 后 溪 河
平行或垂直于等高线	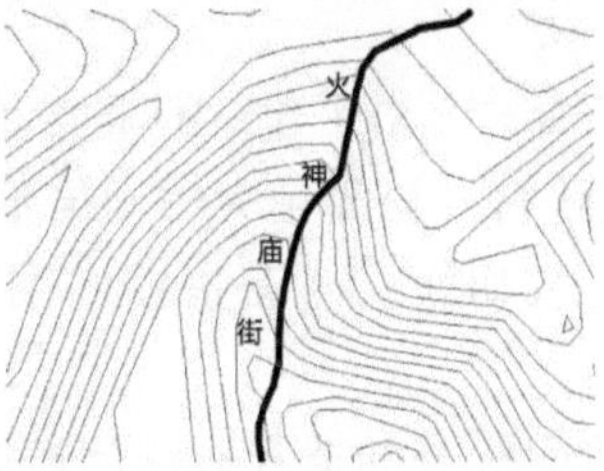 火 神 庙 街	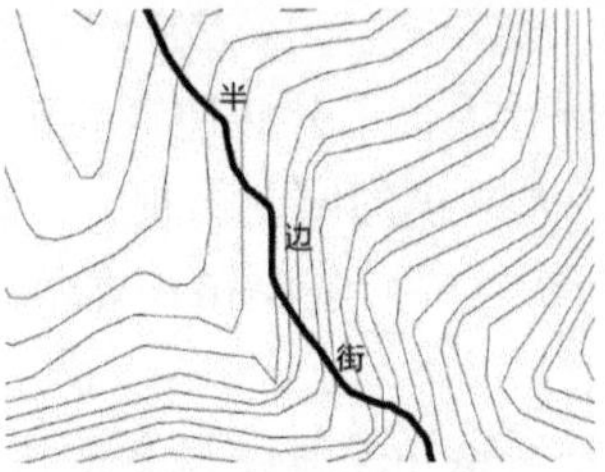 半 边 街	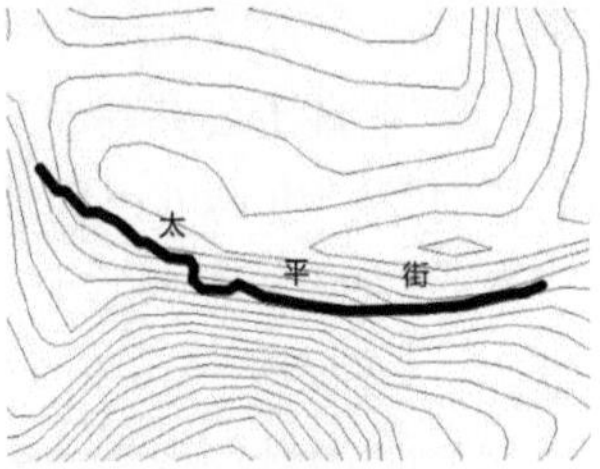 太 平 街
垂直于公共建筑	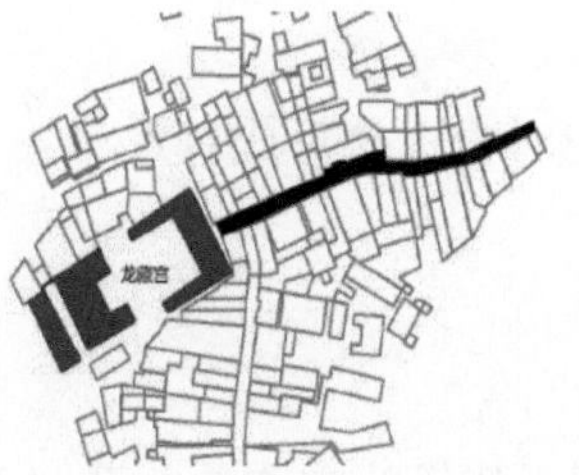	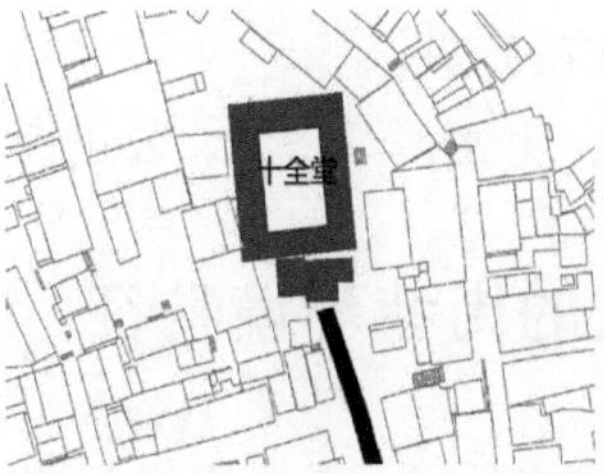 十全堂	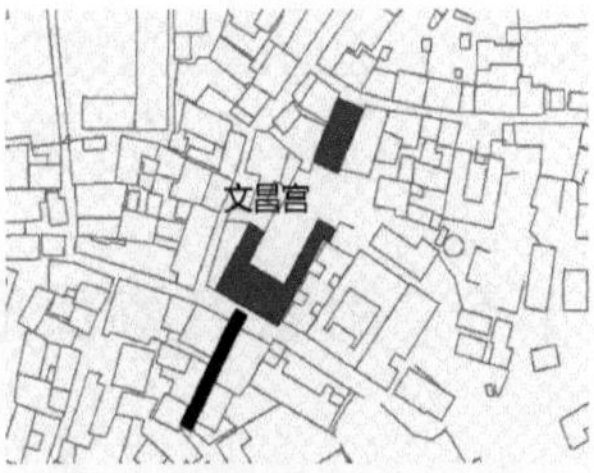 文昌宫

续表

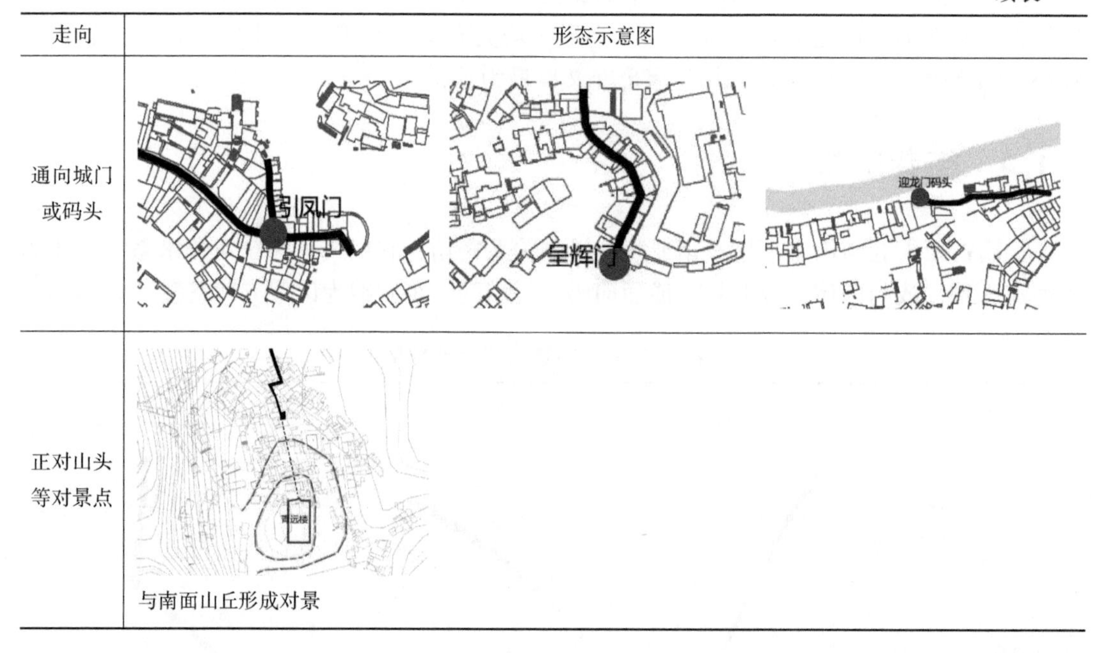

（1）平行或垂直于河流水系：为避免洪水侵袭，古镇往往选址在距离河流有一定距离的河岸缓坡或台地上，如安居古镇的十字街、西街选址于涪江南面的高地；宁厂镇、龚滩镇位于带状峡谷中，沿河道线型延展。垂直于河流水系的街巷多为联系水陆交通，如江津塘河古镇在河流的转角处发展，并垂直于河流形成一条主街，主街另一端正对着古镇土主庙，建筑沿街巷两侧布局。

（2）平行或垂直于等高线：巴渝古镇，街巷走向有的顺应等高线，如安居镇太平街；也有的垂直等高线，形成爬山梯道，如西沱云梯街、松溉镇的半边街和安居镇的火神庙街。

（3）垂直于公共建筑：街巷垂直于公共建筑的正立面，突出了建筑的重要性，也使街道有了对景，更具可识别性。龙兴镇的回龙街垂直于龙藏宫，松溉镇大阳沟街垂直于文昌宫，丰盛镇的半边街垂直于十全堂，东溪镇南华宫坐东朝西，西面正朝向书院街的转折处。

（4）通向城门或码头：安居镇和涞滩镇是案例古镇中仅有的遗存有城门城墙的古镇，顺城街、大南街、十字街分别通向小寨门、呈辉门和引凤门。安居镇的街巷通过迎龙门（古城门）通向涪江边的迎龙门码头。

（5）正对山头等对景点：丰盛镇寿字街、公正街正对青远楼形成对景。

3.1.5　街巷名称反映的街巷环境特征

街巷名称反映了街巷与山水环境、街道等级与功能、建筑标志物的关系（表3-6）。

表 3-6　街巷名称的由来

项目	松溉镇	丰盛镇	安居镇	东溪镇	双江镇	涞滩镇	龙兴镇
山水要素相关	松子山街、大阳沟街、坳上街、塘湾街、临江街	响水街	后河街、庙沟湾街	朝阳街、双桥坝街	水巷子、田坝后街、田坝前街、连江路、浮溪路	—	—
街巷功能相关	核桃街、马路街、明清码头街、正街	—	油坊街	竹木街、正街	老猪巷、正街	—	马号街
建筑标志物相关	诸家巷子	—	火神庙街	书院街、水口寺街、六角亭街	—	礼堂巷、二佛巷	藏龙街、祠堂街、三井巷
历史文化相关	解放街、建设路	福寿街、江西街	兴隆街、太平街、会龙街	永乐路、新街、文广路	文南、文北、文西街、双智路	涞兴街、涞发街、回龙街	龙华路、回龙街、迎龙路、天龙路、民俗街
街巷形态相关	半边街、横街子	十字街	顺城街、西街、小南街、大南街、十字街	背街	上西街、下西街	顺城街	单边街

以山水要素命名的街巷名中有“河”“沟”“湾”“山”“坝”“江”“溪”；以当地宗教、官署、会馆或大户人家建筑命名的有诸家巷子、火神庙街、二佛巷、礼堂巷、书院街、水口寺街、六角亭街等；也有一部分街巷名反映了功能业态，如竹木街（以前为竹木市场）、码头街、油坊街、马号街（以前为养马、贩马之地）。

当然也有一部分古镇的街巷名称有各自突出表达的主题，如龙兴镇的街巷、建构筑物命名均具有“龙”的主题，在龙兴镇周边新建的路网也延续了这种主题，如藏龙街、龙华路、回龙路、迎龙路、天龙路等；安居镇的兴隆街、太平街，丰盛的福寿路都反映了当地百姓追求平安福寿、生意兴隆的心理诉求。双江镇以“文”为主题的街巷名称也较为突出，如文南、文北、文西街。

各个古镇的街巷名称也有相似，如半边街、横街子、顺城街、十字街等名称在众多古镇中都能找到。顺城街在历史时期是绕城而建的街巷，单边街和半边街即街巷空间由一面建筑围合而成（单边围合）。除了山水要素、街巷功能、建筑标志物、历史文化、街巷形态方面，街巷方位也是街巷命名的生成由来，如大南街、小南街、上西街、下西街等名称都反映了街巷在整体空间布局中的大致方位。

总之，街巷命名既有独特的一面，又有相似的一面，各个古镇的街巷命名由来虽各具特色，但都大同小异；山水环境突出，则山水环境影响明显，如松溉镇三面临江河、浅丘的地形特征使其现存的 14 条古街巷中有 5 条街巷的名称与山水要素有关，分别为松子山街、大阳沟街、坳上街、塘湾街、临江街；无河流水系经过的丰盛镇，街巷名称更多体现人文属性。

3.2 街巷形态特征成因分析

3.2.1 顺应山地地形

选取案例古镇街巷骨架（主街、次街），在GIS软件中，根据街巷的走向，由北至南、由西至东，创建3D剖面线，生成街巷剖面图（表3-7），统计剖面线的街巷长度，高程最大值、最小值以及每百米街巷高程的变化值。

表3-7　案例古镇各主、次街巷高程变化情况

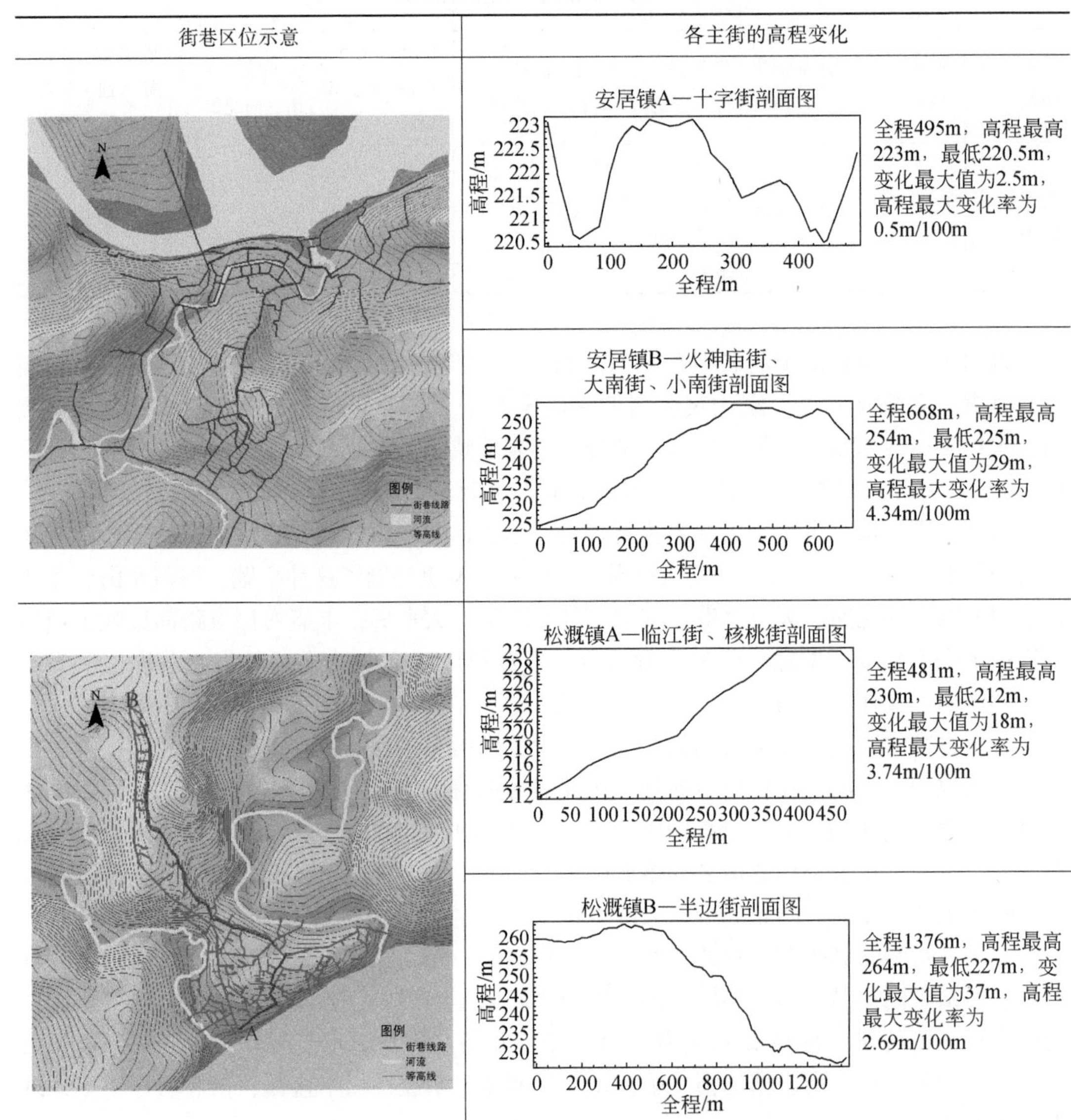

街巷区位示意	各主街的高程变化
	安居镇A—十字街剖面图：全程495m，高程最高223m，最低220.5m，变化最大值为2.5m，高程最大变化率为0.5m/100m
	安居镇B—火神庙街、大南街、小南街剖面图：全程668m，高程最高254m，最低225m，变化最大值为29m，高程最大变化率为4.34m/100m
	松溉镇A—临江街、核桃街剖面图：全程481m，高程最高230m，最低212m，变化最大值为18m，高程最大变化率为3.74m/100m
	松溉镇B—半边街剖面图：全程1376m，高程最高264m，最低227m，变化最大值为37m，高程最大变化率为2.69m/100m

续表

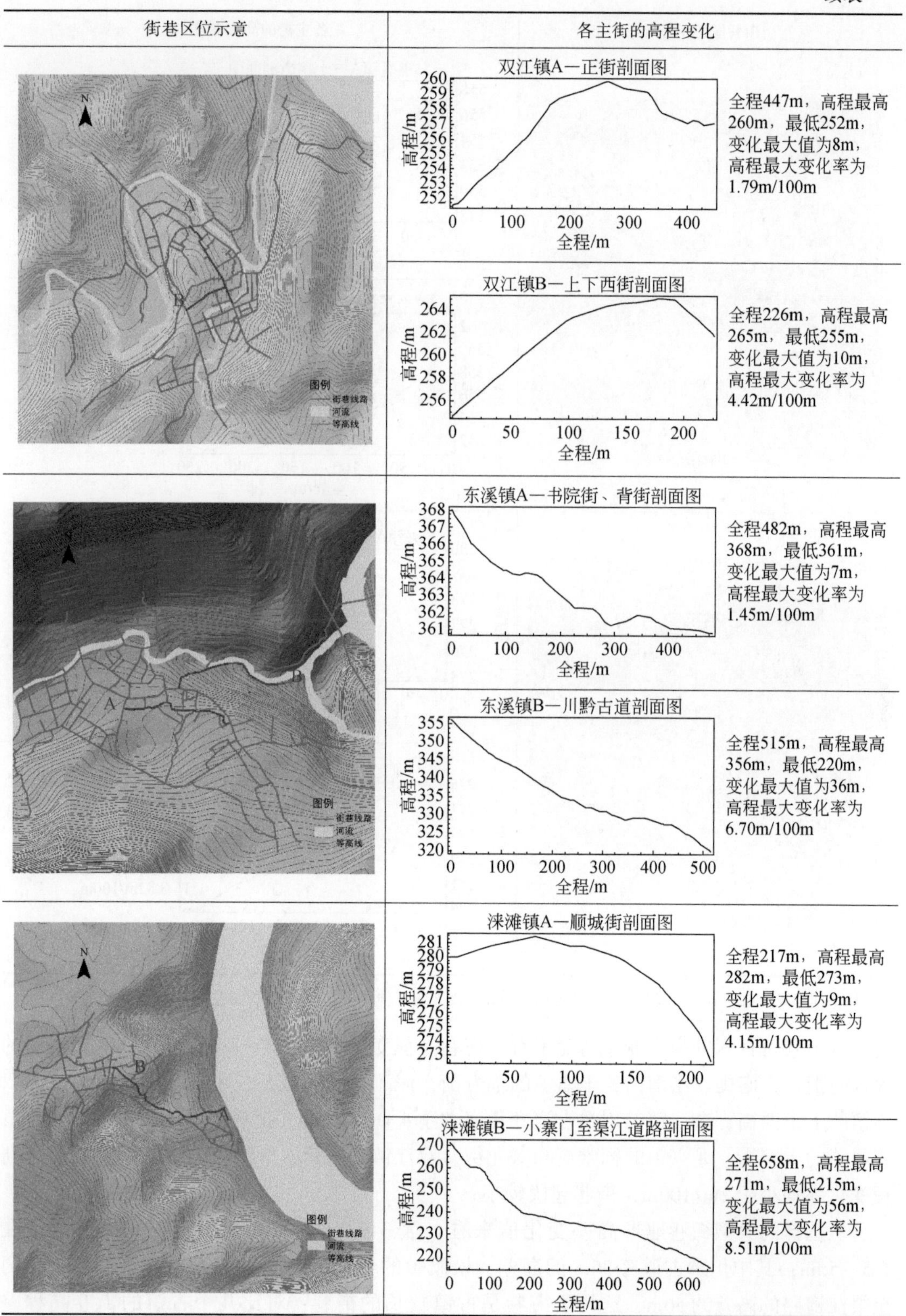

街巷区位示意	各主街的高程变化	
	双江镇A—正街剖面图	全程447m，高程最高260m，最低252m，变化最大值为8m，高程最大变化率为1.79m/100m
	双江镇B—上下西街剖面图	全程226m，高程最高265m，最低255m，变化最大值为10m，高程最大变化率为4.42m/100m
	东溪镇A—书院街、背街剖面图	全程482m，高程最高368m，最低361m，变化最大值为7m，高程最大变化率为1.45m/100m
	东溪镇B—川黔古道剖面图	全程515m，高程最高356m，最低220m，变化最大值为36m，高程最大变化率为6.70m/100m
	涞滩镇A—顺城街剖面图	全程217m，高程最高282m，最低273m，变化最大值为9m，高程最大变化率为4.15m/100m
	涞滩镇B—小寨门至渠江道路剖面图	全程658m，高程最高271m，最低215m，变化最大值为56m，高程最大变化率为8.51m/100m

续表

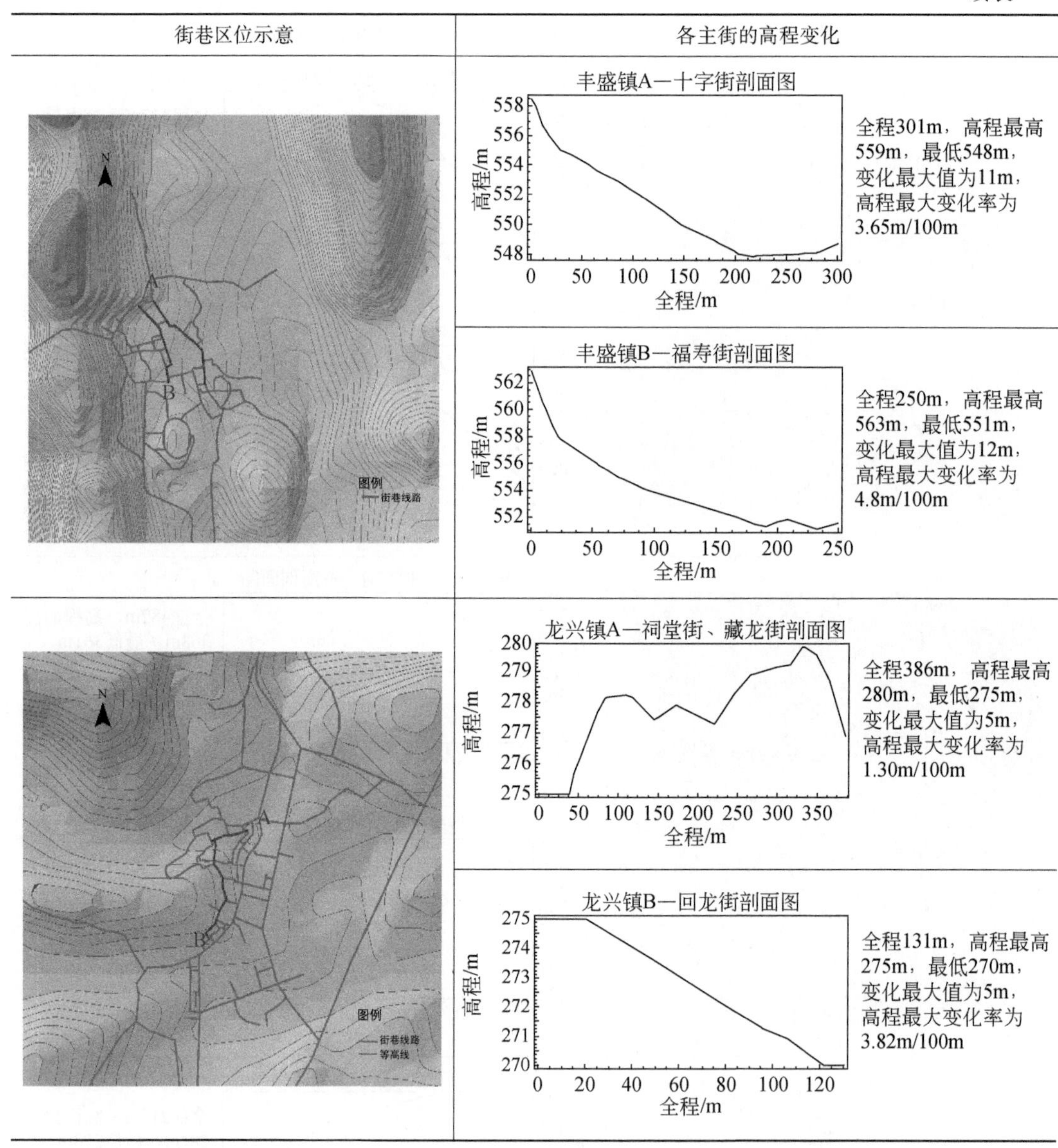

注：剖面线随街巷走向，起点为西、北方向，向东、南方向延伸，街巷为主次街巷或古道。

从街巷每百米的高程变化情况来看，街巷高程变化率在0.5～8.51m/100m，安居镇的火神庙街、大南街、小南街，丰盛镇的福寿街，涞滩镇的顺城街、小寨门至渠江道路，双江镇的上下西街，东溪镇的川黔古道变化率大于4.0m/100m，街巷起伏度较大（图3-3）；安居镇的十字街、龙兴镇的祠堂街和藏龙街、双江镇的正街、东溪镇的书院街和背街的高程变化率均小于2m/100m，街巷起伏较小。

从选择的典型街巷地形高差变化值来看（表3-7），街头街尾高程变化值的范围在2.5～56m；其中川黔古道有36m的高差，松溉镇的半边街有37m高差，涞滩镇的小寨门至渠江道路的高差约56m，这几条街巷是古镇较长的街巷；对比几个古镇的街巷高程差

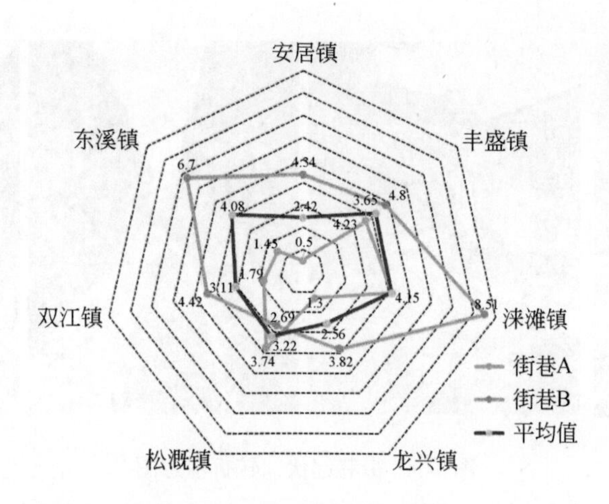

图 3-3　街巷每百米高程变化值（单位：m/100m）

（图 3-4）可发现，丰盛镇、龙兴镇、双江镇三镇的主、次街巷高程变化小（5～12m），说明这三镇的街巷总体分布在地势平坦的地域内；安居镇的火神庙街-大南街-小南街有 29m 的高差，这条街巷沿安居镇化龙山拾级而上，地形起伏大。

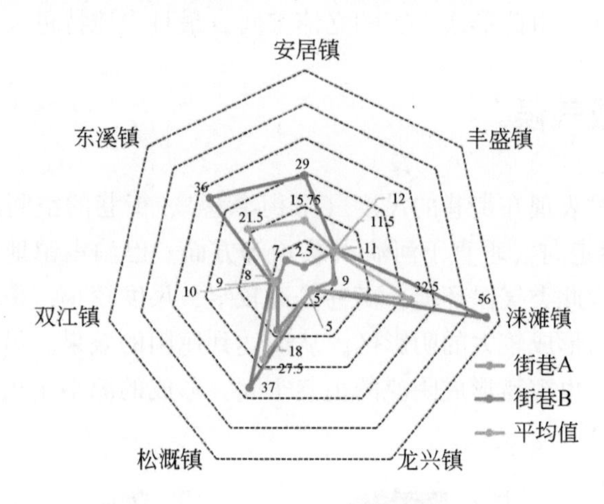

图 3-4　街巷的高程变化值

从街巷与地形环境的关系来看，受到地形条件和技术工艺的限制，街巷整体上顺应地形环境，可以将两者关系总结归纳为街巷与等高线平行、垂直、斜交三种方式，其中斜交的方式最为普遍。例如，松溉镇的松子山街、东溪镇的背街皆与等高线斜交，通过梯道和坡道来适应等高线的变化，形成了起伏、收放、转折、错叠的街巷空间（图 3-5）。

街巷采用坡道和梯道顺应地形起伏，起伏不大的采用坡道，起伏大的用梯道。

街巷空间的收放与地形、建筑布局及古镇功能有关。例如，涞滩镇作为防御性的古镇在瓮城门口平坦地形处形成开阔的街巷空间，顺城街和回龙街在地形起伏处形成较窄的街巷。

街巷网络生长过程中遇到山丘、沟谷、河岸等阻碍因素会发生转折。主街通向宫庙、

图 3-5　街巷起伏、转折示意图

官署等公共建筑，也会改变街巷的走向从而发生转折。例如，龙兴镇的回龙街由镇区北面场口通向龙藏宫，并在龙藏宫门前出现转折，回龙街与藏龙街交会形成“T”字形的街巷格局。

在坡度变化大的区域，通过建筑在不同标高台地设置入口，形成街巷空间的错叠，建筑顶层和底层都临街面，由此形成丰富的立体空间，最具山地特色。

3.2.2　适应地域气候

街巷适应地域气候表现在街巷的尺度（窄街窄巷）、街巷的空间形式（凉亭子街、风雨场、廊檐街）、街巷走向（垂直于河流水系）等方面。巴渝古镇地处山地，常年夏季炎热、降水量大，为适应此类气候环境，街巷普遍较窄，尺度较小，街道底界面被照射的时间短，且多转折，容易形成较大的阴影区，从而达到遮阳的效果。另外，建筑挑檐形成的区域既方便屋顶排水，也容易形成阴凉的街巷空间，形成的凉亭子街、风雨廊桥、廊檐街具有气候适应性（图 3-6）。

图 3-6　建筑屋檐、街巷转折、凉亭子形成的街巷空间

主街走向顺应水系河流，次街和巷道垂直于河流，有利于水陆风通过街巷进行气流交换。松溉镇地处长江北岸，有顺应长江走势的主街，也有垂直于长江的次街和巷道，便于古镇内部与长江水面进行气流交换（图 3-7），调节古镇微气候。

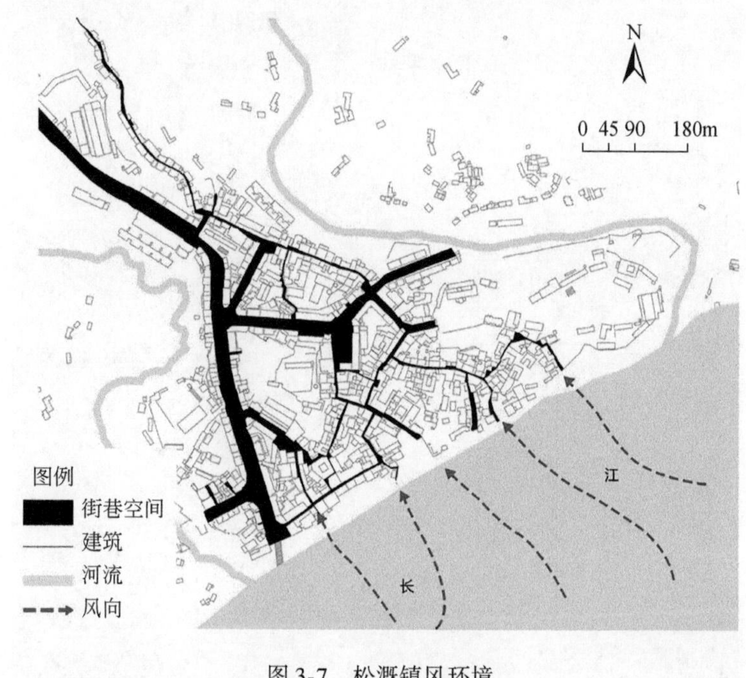

图 3-7　松溉镇风环境

3.2.3　传统营城规制的影响

我国传统城市营建思想中对不同等级道路的尺度有明确规定，如《周礼・考工记》中载有："匠人营国，方九里，旁三门。国中九经九纬，经涂九轨。左祖右社，前朝后市，市朝一夫""经涂九轨，环涂七轨，野涂五轨"（贺业矩，1985）。从周王城形制的复原图来看，街巷整齐划一、方格网状，且街巷均通向城墙城门，这种规划形制对后世影响颇深。

巴渝古镇虽未完全按照中原城市方格网状的街巷营造法则进行建设，但在街巷走向、尺度方面受到传统思想的深刻影响。例如，安居镇的十字街、火神庙街，这两条街巷分别沿江和沿山，安居镇历史时期修建城墙，并设有承恩门、迎龙门、星辉门、安庆门、西城门、引凤门等九大城门，承恩门与十字街相对，大南街街尾正对呈辉门，这符合街巷正对城门的传统街巷布局（图 3-8）。中国传统城市中用地布局、建筑形制强调中轴对称、坐北朝南，虽然巴渝地区城市并未完全遵循坐北朝南，但建筑遵循中轴对称较为常见，而街巷走向正对建筑的这种形态特征加强了建筑的中轴对称，如龙兴镇的回龙街正对龙藏宫、塘河镇的主街正对清源宫，一方面显示出建筑的等级性，另一方面加深建筑的中轴对称感。此外古镇街巷的平面布局，尤其是街巷走向与风水思想有一定联系，常常通过特定的街巷走向与古镇周边的山脉形成对景并根据所对景的山脉名称命名街巷。

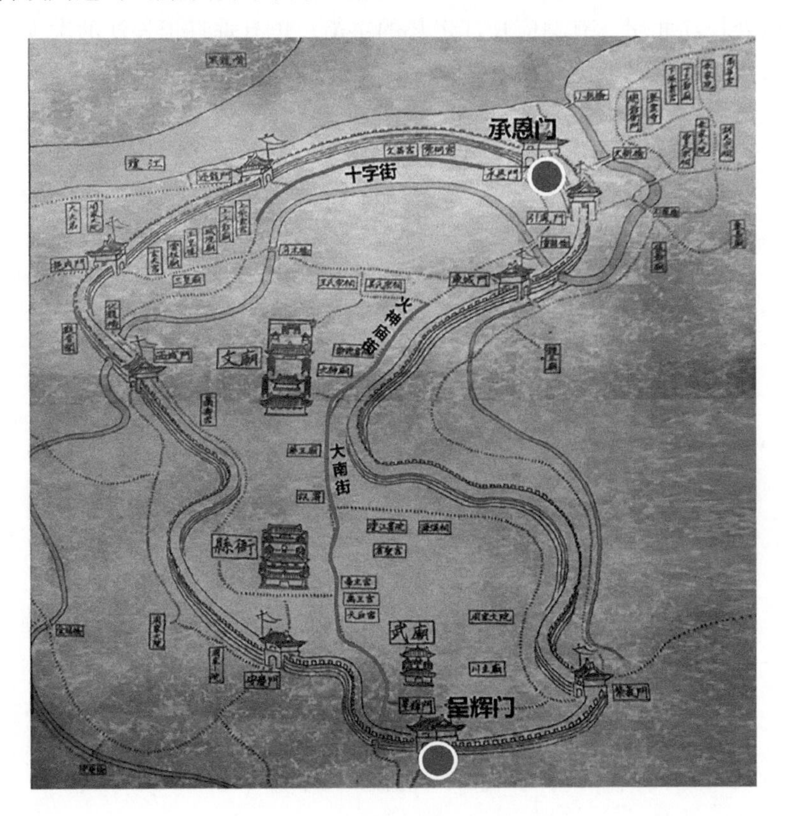

图 3-8　安居镇街巷与城门关系

3.3　街巷空间形态特征与基因图谱

3.3.1　形态特征图谱

从整体布局、平面线型、街巷走向、交叉口形态四个方面归纳案例古镇的共性特征，如图 3-9 所示。

3.3.2　街巷结构基因及图谱

分析案例古镇在整体布局、平面线型、街巷走向、交叉口等方面的形态共性特征后，提炼出“鱼脊状、随形就势”“枝干状、主街为上”“鱼脊+枝干状复合式”三类街巷结构基因。这三类街巷结构基因是几个特征因子组合形成的具有一定稳定性的空间模式。按照空间形态特征（街巷结构特征）、空间形态基因（街巷结构的组织原则和空间模式）、影响因素进行整理，形成街巷结构基因图谱（图 3-10）。

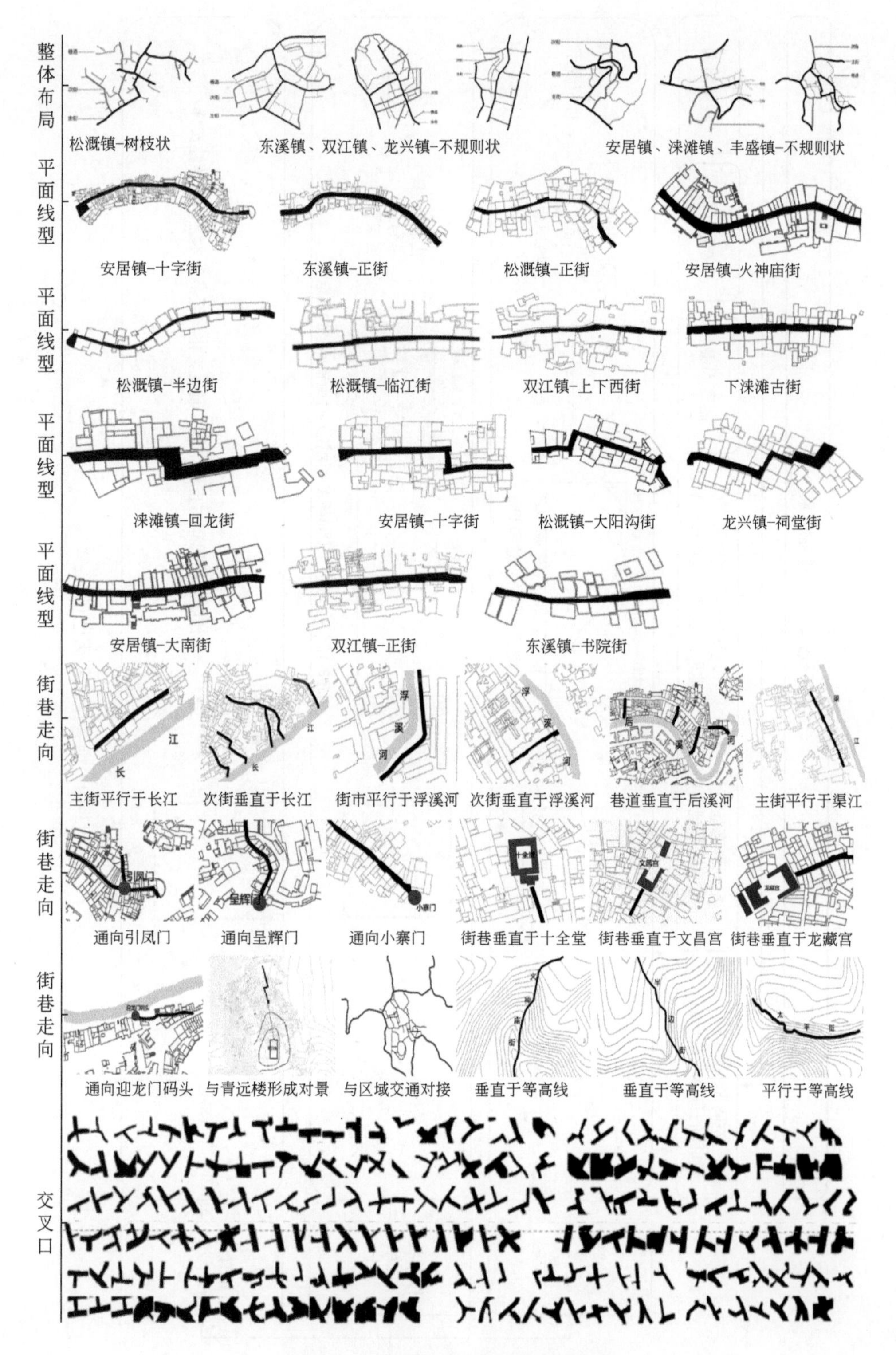

图 3-9　案例古镇街巷形态特征图谱

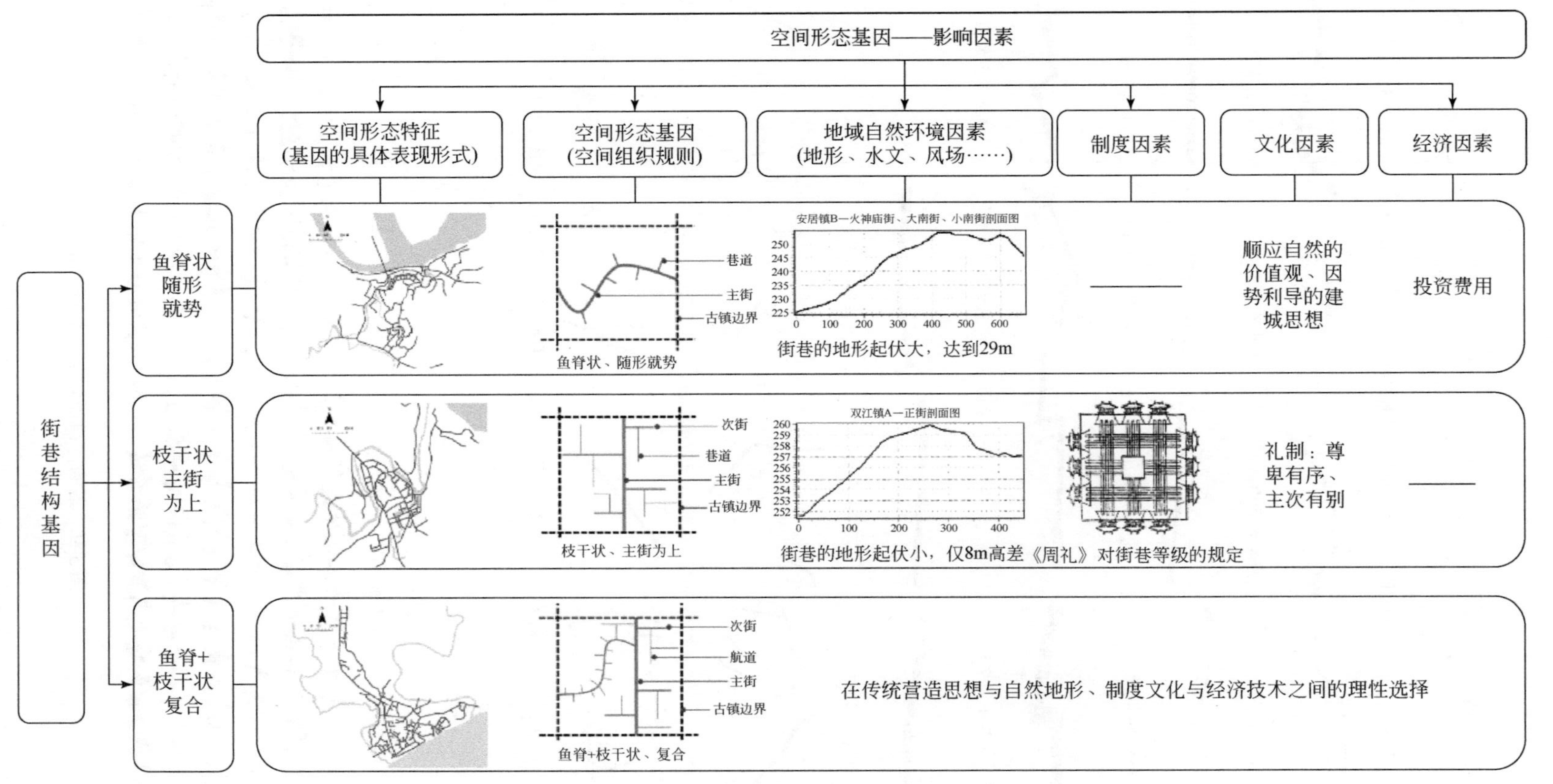

图3-10 街巷结构基因图谱

第4章 传统聚落用地结构基因解析

传统聚落的用地往往分为“治（衙署）、祀（祭祀）、市（市场）、居（居住）、教（教育）、通（道路）、防（防御）、储（储藏）、旌（旌表）”九大功能，不同功能用地的配比反映了城市的性质和深层内涵（王树声，2006）。本书以古镇核心保护区为研究范围，根据街巷、建筑、场地的名称及现有建筑遗存（大户院落、会馆、宗祠、庙宇、衙署），结合历史文献分析文化、行政、商业以及居住用地布局的特征。

4.1 传统聚落用地空间分布特征

4.1.1 文化类用地空间分布

本书研究的文化类用地包括宗祠、寺庙道观、会馆（或商会会址）等建筑的用地，分析表明无论是规模还是布局，文化类用地都占重要位置，在不同古镇的分布各有特点。

总体分散、局部集中的有松溉镇、丰盛镇等。松溉镇的寺庙和宗祠类文化用地呈点状分布，如尊寿寺处于古镇西北角高地、玉皇观和文化宫在古镇中心、紫云宫独临长江。丰盛镇的禹王宫、万寿宫沿街布局，商会会址“十全堂”位于古镇中心，文庙则在古镇东面的山头。

集中布置的有双江镇、龙兴镇、安居镇等。双江镇文化类用地集中布置在镇区中心，位于正街西侧，背靠卫星坡，面朝涪江和浮溪河。龙兴镇集中布局在藏龙街西侧，背靠重石岩，面朝御临河。安居镇集中在镇区南侧的化龙山高地，火神庙街、大南街两侧。东溪镇仅存的两处文化类用地（南华宫、万天宫，当时分别为广东会馆、江西会馆）也位于镇区中心。

4.1.2 行政类用地空间分布

仅安居镇和松溉镇在历史时期有关于行政衙署的记载。安居镇在历史上为商贸和军事要塞，明成化年间，置安居县，清末隶属重庆府。安居镇历史时期建有城墙，并设有多个城门，反映了当时安居镇在城镇体系中等级较高，安居县衙现仅存建筑遗址，坐北朝南，选址于化龙山南端的平坦开阔地带。松溉镇永川县衙地处东南隅的凤凰山，坐北朝南，居高临下、面朝长江（表4-1）。

表 4-1　历史时期各古镇行政类用地布局特征

镇名	行政用地布局	特征	镇名	行政用地布局	特征
松溉镇		规模小，位于凤凰山，偏离古镇中心临江布局	安居镇		位于化龙山南端平坦开阔处

4.1.3　商业类用地空间分布

古镇商业类用地一般为古镇的沿街商业店铺用地（通常为店宅）以及专门用于商品交易的集中场所（定期集市）。沿街分布或围绕场口、码头布局是商业类用地空间分布的典型特征。

松溉镇商业类用地皆沿街分布且集中在临江街、核桃街、坳上街等主街，传统建筑均为一层，沿街建筑形成前店后宅的模式，建筑具有较大的面宽或者较长的进深（表 4-2）。安居镇是等级较高的城镇，沿涪江边有几处码头，迎码头而上则是西街和十字街，商业繁盛，沿街建筑均 2 ~ 4 层，形成下店上宅的商住模式。双江镇为农业型城镇，商贸功能不突出，仅在正街、上下西街两侧有部分商业用地。龙兴镇和涞滩镇的商业用地也是沿主街两侧布局（图 4-1）。丰盛镇的商业用地布局比较特别，因其特殊的“旱码头”交通优势，古镇四个方向形成了洛碛、涪陵、南川、木洞四大场口，各地往来商贾通过场口转运货物至古镇周边乡镇或在场口就地进行买卖，因此在场口形成商业用地，目前在古镇的木洞场口附近仍然存在定期交易的市场，如图 4-2 所示。

表 4-2　历史时期古镇商业用地布局特征

镇名	商业用地布局	特征	镇名	商业用地布局	特征
松溉镇		沿临江街、松子山街、核桃街、坳上街、正街两侧用地为商住混合，前店后宅	双江镇		沿正街、上西街、下西街两侧为商住混合，前店后院

续表

镇名	商业用地布局	特征	镇名	商业用地布局	特征
安居镇		沿涪江、十字街、码头分布，呈条带状，商住混合，上宅下店	丰盛镇		分布在洛碛、涪陵、南川、木洞四大场口附近
龙兴镇		分布在藏龙街、回龙街两侧，正对龙藏宫的次街两侧	涞滩镇		分布在顺城街两侧

图 4-1　涞滩镇顺城街沿街商业

图 4-2　木洞场口形成的定期集市

总之，案例古镇在用地布局方面具有相似性，但用地规模及其占比各有侧重；文化类用地有集中和分散两种模式，集中分布在居住集中的镇区中心或风水要地；行政用地仅存于等级较高的古镇，往往位于高地。商业用地大部分沿街分布或围绕场口、码头，为前店后宅或上宅下店的典型模式。居住用地则作为基底，与文化、商业、行政用地共同构成传统聚落的用地结构。

4.2 传统聚落用地结构特征成因分析

4.2.1 地形环境的制约

巴渝古镇往往由市兴“场”、因“场”成镇。松溉镇和安居镇均沿江布局，松溉镇南面的长江和东、西两面的山丘限制了其用地发展，后期因用地发展的需要，向北面扩展，于是形成了南面镇区集中布局、北面沿半边街两侧呈条带状布局两种用地形态（图4-3）。安居镇北面为涪江，南面为化龙山，涪江岸边的平坦用地有限，于是在十字街两侧用地发展不足时，用地扩展至涪江南岸的化龙山，沿火神庙街两侧随地形延伸（图4-4），形成“T”字形结构。

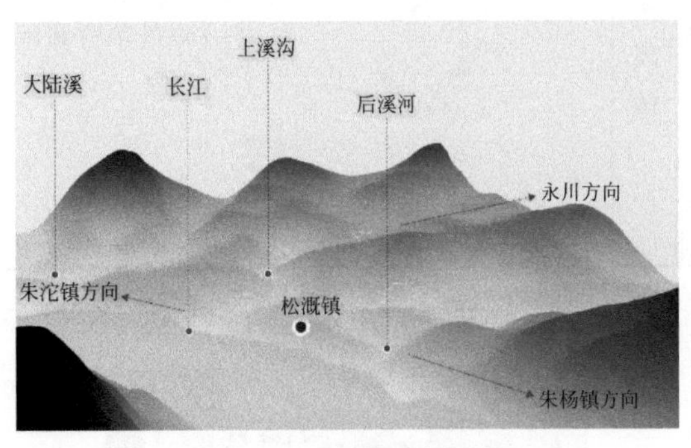

图4-3 松溉镇地理环境

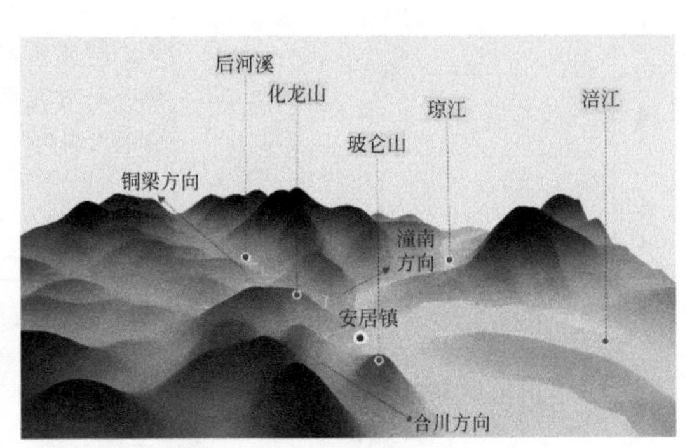

图4-4 安居镇地理环境

比较各古镇整体用地形态与山形、水势，发现三者具有相似性。一方面，山形水势对用地扩展有限制作用，从而成为用地的边界；另一方面，用地布局主动适应和利用山形水势，形成多种适应山形水势的形态。例如，松溉镇东、西两侧的上溪沟和后溪河以及南面的长江作为古镇用地扩展的边界，对古镇的发展起限制作用（图4-5），引导古镇沿北面和西北面发展。双江镇浮溪河形态与古镇用地轮廓十分吻合。安居镇整体处于不平坦、多

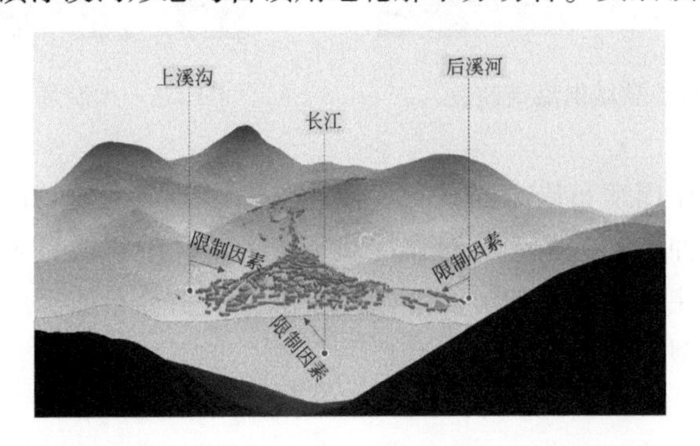

图4-5 地形环境对用地的限制——松溉

山的地形环境，古镇用地则分散而不规则。东溪镇四面高山，地处沟谷，用地扩展和布局都受到四周山形水势的极大限制。涞滩镇的城墙顺应地势条件，沿崖壁修建，地势险峻，易守难攻。

除古镇整体用地外，特定类型的用地也会受到地形环境的限制（表 4-3）。例如，安居镇的行政类用地布局具有一定代表性，既不靠近古镇兴起阶段的沿江沿河地带，也未分布在沿山而行的主街火神庙街，而是位于化龙山南端，独立于周边用地，坐北朝南，俯瞰全镇。

表 4-3　案例古镇用地形态与山形水势一致

镇名	山形	水势	用地	说明
松溉镇	 场镇	 场镇	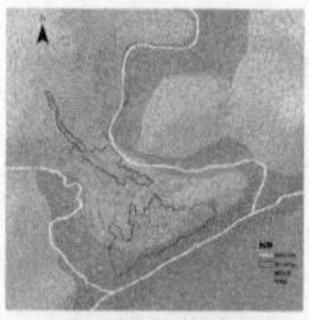	山：青紫山、松子山、凤凰山 水：长江、上溪沟、后溪河、大陆溪
东溪镇	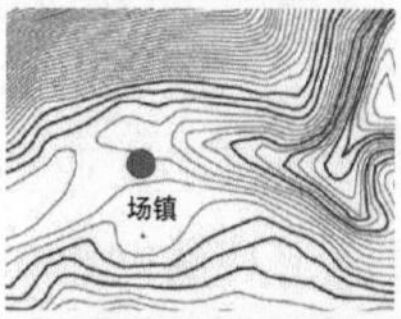 场镇	 场镇	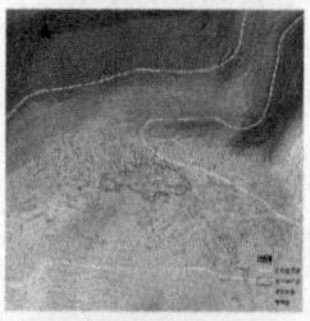	山：牛心山、琵琶山 水：綦江、丁东河、永久河
安居镇	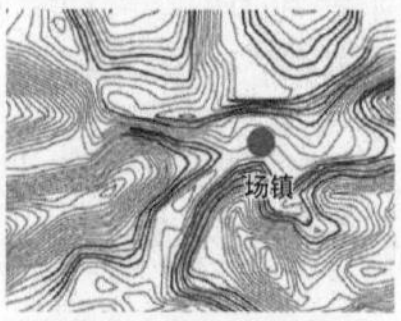 场镇	 场镇	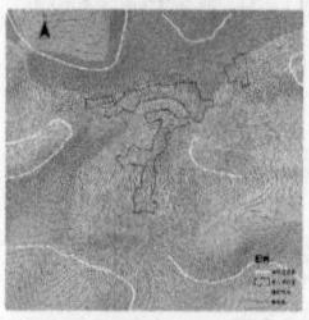	山：化龙山、飞凤山、玻仑山 水：涪江、琼江、后河溪
双江镇	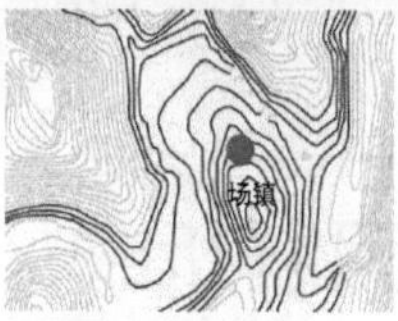 场镇	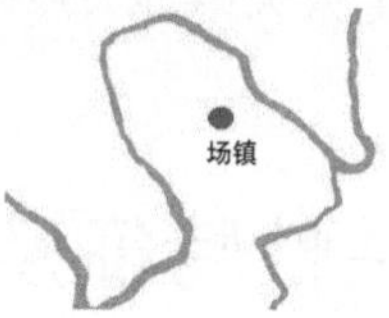 场镇	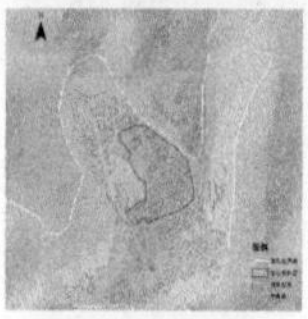	山：卫星坡、金龙山、文家坝、三星堡 水：涪江、浮溪河
龙兴镇	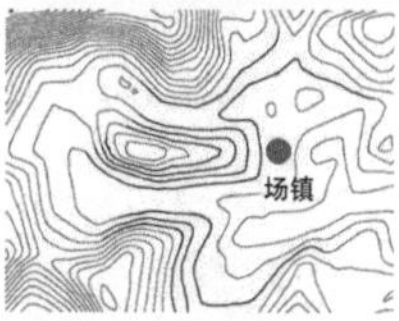 场镇	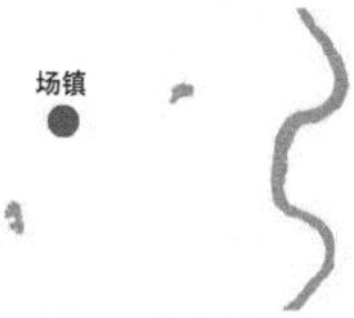 场镇	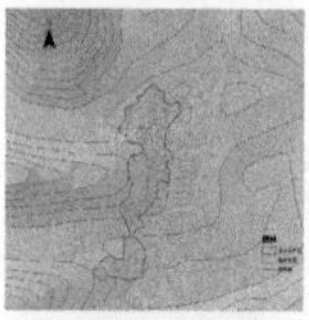	山：重石岩、蒋家坪、吴家山 水：御临河
涞滩镇	 上涞滩 下涞滩	 场镇	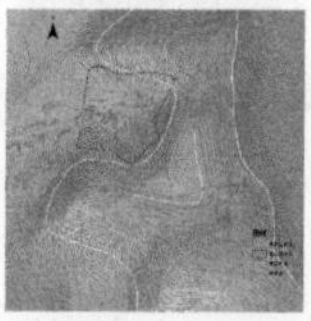	山：鹫峰山 水：渠江、双龙湖（离镇区较远）

续表

镇名	山形	水势	用地	说明
丰盛镇	场镇	—		山：东温泉山 水：响水湖（离镇区较远）

4.2.2 功能性质的影响

城镇等级、功能性质影响古镇用地类型及其占比，因此不同等级、不同性质的古镇在用地上呈现差异化的形态。从所具有的功能性质来看，巴渝地区有商贸型、农业型、手工业型、军事防卫型等古镇。其中，商贸型古镇中商业用地较为突出，往往在街道两侧或沿江、河两岸形成店宅，建筑多为1～3层，或前店后院，或下店上宅，如安居镇十字街、丰盛镇祠堂街和藏龙街，也会在古镇特殊的位置形成商品市场，如“旱码头”丰盛镇在古镇通往周边的场口形成了集市。手工业型古镇产业用地突出，宁厂镇是手工业型古镇，现镇内仍能看到为数众多的古盐场、盐灶，面积上万平方米。具有防卫功能的古镇卫所也具有特定的功能布局，如丰盛镇作为连接涪陵、洛碛、南川、木洞等地的“旱码头”，四周环山，为防匪患，修建碉楼，成为古镇鲜明的形态特征。

古镇的等级对其用地规模与布局影响显著。安居镇置县历史悠久，是巴渝地区的军事要塞和商贸往来必经之地，历史时期曾经修筑城墙，开有多处城门，用地类型丰富，明成化年间镇区内开设有衙署、翰林院等，有上大夫第等大户院落布局在关溅河南岸，遗存的九宫十八庙颇为丰富。

4.3 用地形态共性特征及基因解析

4.3.1 用地形态共性特征图示

商业、文化和行政类用地及居住用地中的大户院落有各自的空间分布规律（图4-6）。用地形态最终呈现的是不同类型用地的空间组合。

1. 文化类用地布局

文化类用地有街道、会馆、商会会址、寺庙、宗祠等。作为传统文化代表的宗祠、寺庙等文化类用地分布在主街两侧或古镇中心位置；散布的文化类用地与居住类用地直接相关，如大户人家的宗祠、独立佛堂，普通人家集中修建的小型庙宇；还有一些等级较高的文化类用地布局在地形高地或要地，以彰显地位（表4-4）。

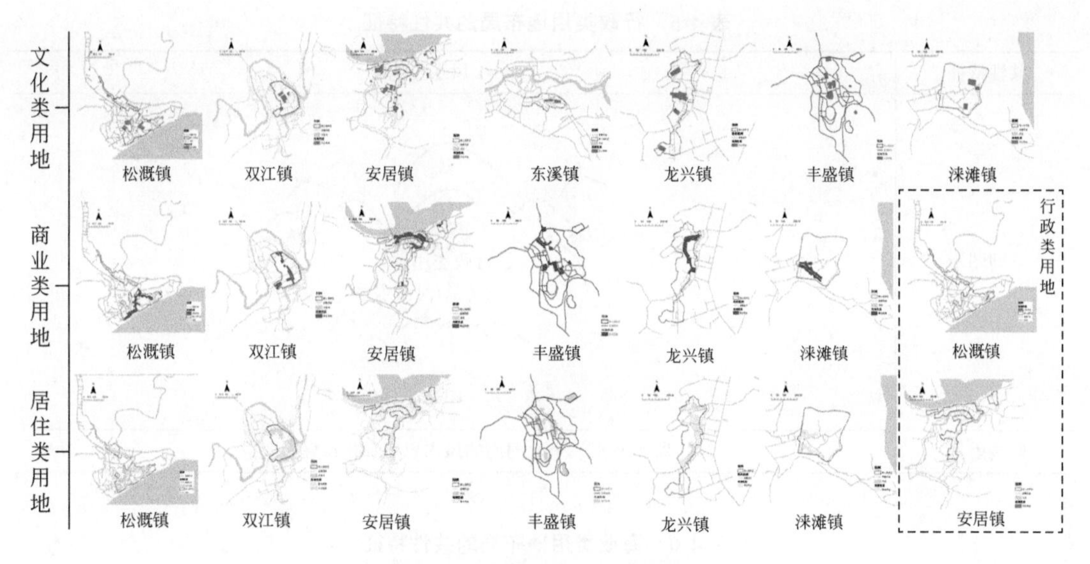

图 4-6 案例古镇用地形态特征图谱

表 4-4 文化类用地布局的共性特征

共性特征	Ⅰ-1 主街两侧	Ⅰ-2 古镇核心	Ⅰ-3 散布在镇内	Ⅰ-4 居高地
空间图示	主街 文化类用地 巷道 次街 其他类用地	文化类用地	文化类用地 次街 巷道 主街	文化类用地
影响因素	礼制秩序	传统营建理念、地形环境	经济生产活动	风水思想、地形环境

2. 行政类用地布局

仅安居镇和松溉镇有行政类用地，两者的行政类用地布局具有相似性，即布局在满足“坐北朝南、背山面水”的风水要地中，如表 4-5 所示。历史时期行政衙署是权力的象征，其用地布局、建筑选址都有明确的规制，安居镇行政衙署选址化龙山南端，坐北朝南，背山面水（溪流而非涪江）；松溉镇选址凤凰山，面朝长江，俯瞰全境。

3. 商业类用地布局

商业类用地多分布在街巷两侧或交通节点。因商贸而兴的古镇重视商业价值，再加上起伏不平的地形环境难以形成集中的用地，故沿街道两侧布局店铺或店宅能获得最大的经济效益；在交通要道、交易活动容易发生的城门口、场口或其他公共空间也形成定期交易的集市（表 4-6）。

表 4-5　行政类用地布局的共性特征

共性特征	Ⅱ-1 风水要地
空间图示	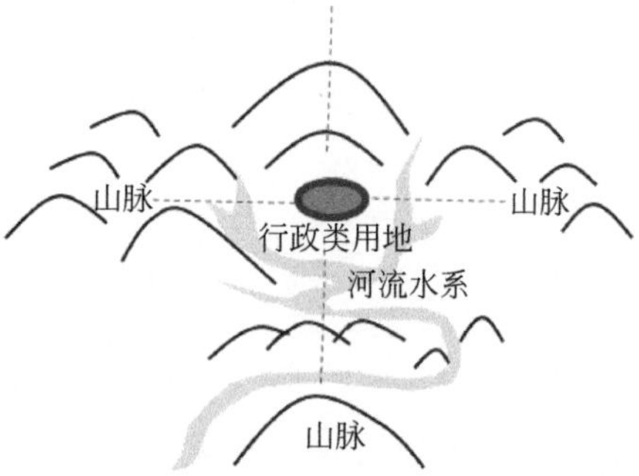 山脉 山脉 行政类用地 河流水系 山脉
影响因素	背山面水、坐北朝南的风水思想和传统营造理念

表 4-6　商业类用地布局的共性特征

共性特征	Ⅲ-1 街巷两侧	Ⅲ-2 其他特殊类（场口）
空间图示	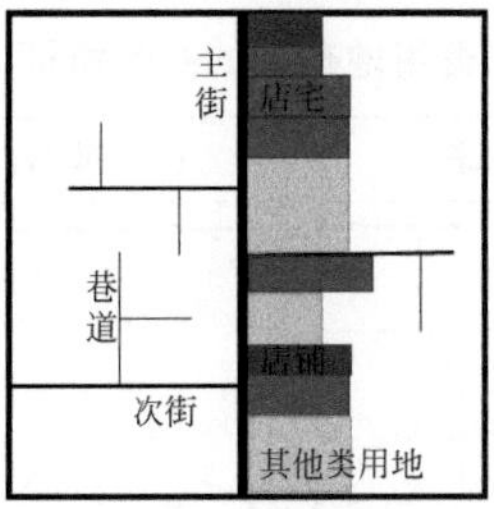 主街 店宅 巷道 店铺 次街 其他类用地	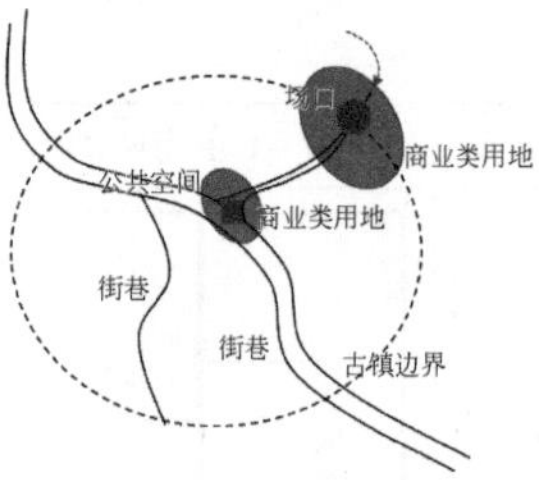 场口 商业类用地 公共空间 商业类用地 街巷 街巷 古镇边界
影响因素	崇商思想、地形环境	经济效益最大化

4. 居住类用地布局

普通住宅布局较为自由，大户院落注重地形地势，通常选址在风水要地或主街两侧，反映了大户人家的地位（表 4-7）。

表 4-7　居住类用地布局的共性特征

共性特征	Ⅳ-1 街区内部	Ⅳ-2 街巷两侧	Ⅳ-3 风水要地
空间图示	 街区轮廓 普通住宅用地	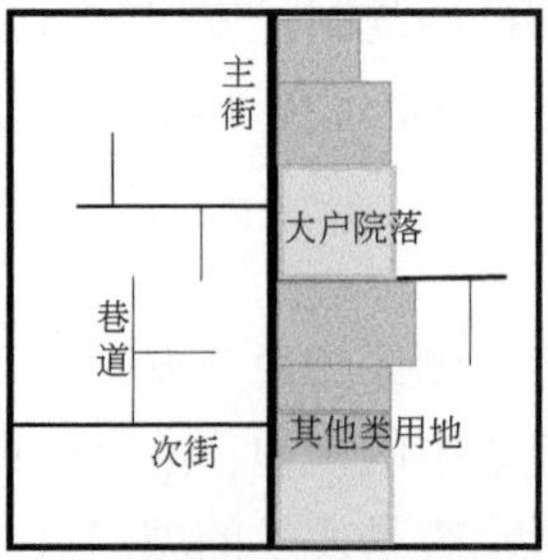 主街 大户院落 巷道 次街 其他类用地	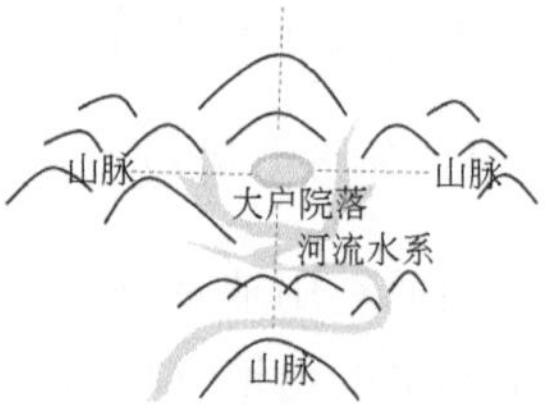 山脉 山脉 大户院落 河流水系 山脉
影响因素	土地效益、传统文化	土地效益、礼制秩序	风水思想、地形环境

4.3.2 用地结构基因及图谱

基于对案例古镇文化类用地、行政类用地、商业类用地、居住中大户住宅用地特征的分析，提炼出择中、居高、寻要、趋便四类用地布局基因（图 4-7）。

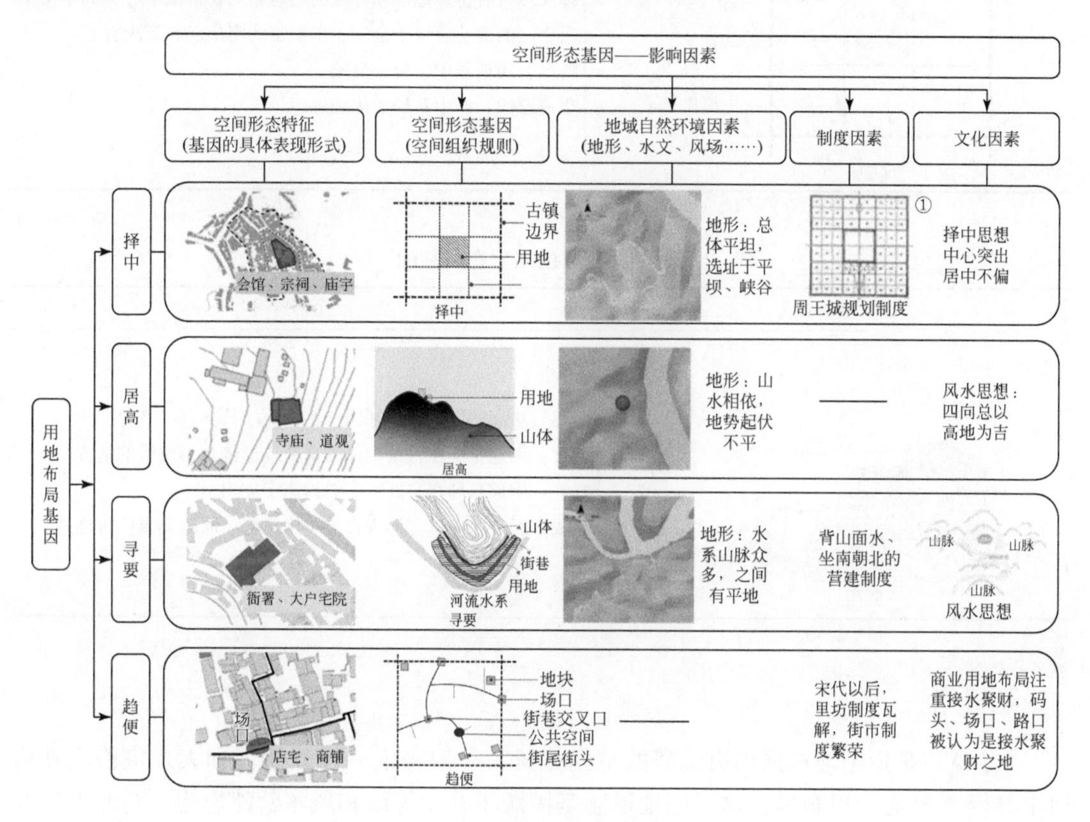

图 4-7 用地布局基因图谱

1. 择中

古镇中具有特殊地位和等级的文化类用地常位于古镇中心或街巷的几何中心，普通住宅或者商业类用地布局在中心周边（表 4-8）。“择中”的空间基因体现了具有特殊地位的用地在空间布局中也占主导地位的原则。

2. 居高

“居高”是指布局在高地，通常是佛教、道观等文化类用地布局在城镇的高地，震慑四方，也体现了古代先民巧于因借、利用自然的智慧（表 4-9）。

表 4-8　择中的用地布局基因

空间组合模式	说明
古镇边界 用地 街巷 择中	名称：择中的用地布局基因 释义：具有特殊地位和等级的用地布局在古镇中心，如丰盛镇的商业会馆十全堂、东溪镇的南华宫和万天宫 特征：用地居中、统领全镇 生成原因：择中布局的传统思想

表 4-9　居高的用地布局基因

空间组合模式	说明
用地 山体 居高	名称：居高的用地布局基因 释义：用地布局在古镇山体的高处或形势较为雄峻的地方 特征：用地布局在高处，一般为庙宇类用地 生成原因：四向以高地为吉的风水思想、居高震慑四方之意

3. 寻要

“寻要”是指用地占据最有优势的空间位置，一般来说，行政衙署和大户宅院会在古镇中寻得“要地”以布局，这一用地形态基因源于礼制等级和风水营建思想，行政衙署和地位、等级较高的大户院落布局在古镇最优的位置，反映了其崇高的等级地位；这一类型的“要地”可能是风水要地，也可能是土地价值最高的要地（表 4-10）。

表 4-10　寻要的用地布局基因

空间组合模式	说明
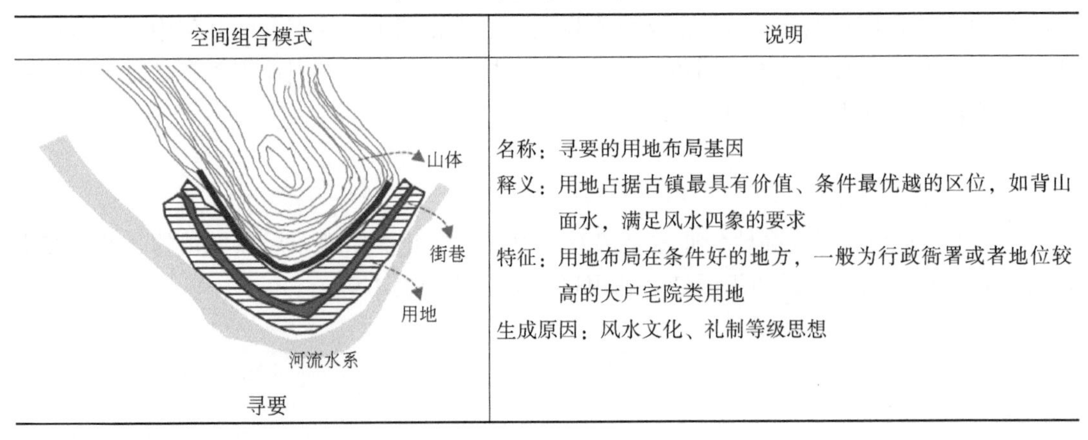寻要	名称：寻要的用地布局基因 释义：用地占据古镇最具有价值、条件最优越的区位，如背山面水，满足风水四象的要求 特征：用地布局在条件好的地方，一般为行政衙署或者地位较高的大户宅院类用地 生成原因：风水文化、礼制等级思想

4. 趋便

“趋便”是指商业类用地趋向布置在交通便利处，一般为古镇场口、桥头、街巷交叉口。加之风水中将街巷视作水，故选址在街巷、水流汇集之处往往还有“接水聚财”之意（表 4-11）。

表 4-11 趋便的用地布局基因

空间组合模式	说明
地块 场口 街巷交叉口 公共空间 街头巷尾 趋便	名称：趋便的用地布局基因 释义：在古镇中随机分布，没有特定的规律 特征：用地布局在古镇场口、桥头、街巷交叉口或人气集聚的公共空间 生成原因：“接水聚财”的风水思想、街市制度、经济成本

第5章　传统建筑类型及组合的特征识别与基因解析

建筑类型学关注建筑空间形态特征，尤其是稳定性的空间形态组织。例如，德·昆西（Q. D. Quincy）认为“类型”是“某物的起源，变化过程中不变的内容”；罗西（A. Rossi）将类型定义为建筑的组织原则。原型（prototype）为事物本体原初的类型及其形态特征（常青，2017）。类型分析不是最终目的，归纳、总结具有生命力的类型，为设计提供参照与指导才是最终目的。

我国传统建筑在漫长的历史演进中，从最初的建筑原型“巢居、穴居、半穴居”发展而来，逐渐形成了一套以“周礼”为核心的营建体系，强调“圜者中规，方者中矩，立者中悬，衡者中水”，建立了一套建筑标准化的营造法式，形成了以梁柱为构造、以间架为基本单元的建筑营建法则。本章从建筑类型学的角度探索该地域传统建筑的类型（组织原则）及其组合规则，揭示其中具有普遍性的类型及其丰富复杂的表达形式与生成过程。

5.1　建筑单体类型

5.1.1　我国传统建筑特征

1. 传统建筑的结构

中国古代木结构营造有叠梁（抬梁）、穿斗与井干三大结构体系。“抬梁式”与“穿斗式”结构是以立柱从纵向支撑房屋。“抬梁式”是指支撑檩条的柱子落于梁上的结构形式；而“穿斗式”结构则由柱（落地柱和童柱）直接承檩，即檩是落在柱头上而不是落在梁上。“井干式”指使用原木层叠的方法构成建筑的墙体、屋顶（刘森林，2009）。整体上看，北方多为“抬梁式”，南方多为“穿斗式”。“井干式”由于结构与形式原始，较为少见。

巴蜀地区早期广泛存在的干阑式建筑在结构体系上多属于穿斗式。而秦并巴蜀后，在中原文化的影响下也出现了抬梁式以及穿斗式与抬梁式相混合的结构体系。“井干式”结构建筑由于建造时木材消耗量大与民族迁徙等，主要分布在川西地区，多见于少数民族民居，如盐源地区的“木楞房”、彝族的“垛木房”等。

1）抬梁式

抬梁式结构的特点是在柱干或柱网上的水平铺作层上，沿房屋进深方向架数层叠架的梁，梁逐层缩短，层间垫短柱或木块，最上层梁中间立小柱或三角撑，形成三角形屋架。相邻屋架间，在各层梁的两端和最上层梁中间小柱上架檩，檩间架椽，构成双坡顶房屋的空间骨架。房屋的屋面重量通过椽、檩、梁、柱传到基础①。由此可见，层叠的梁架构造是抬梁式建筑的主要特征。抬梁式的构造形式有助于建造出大跨度空间，因此多用于宫殿、寺庙等大型建筑（图 5-1）。

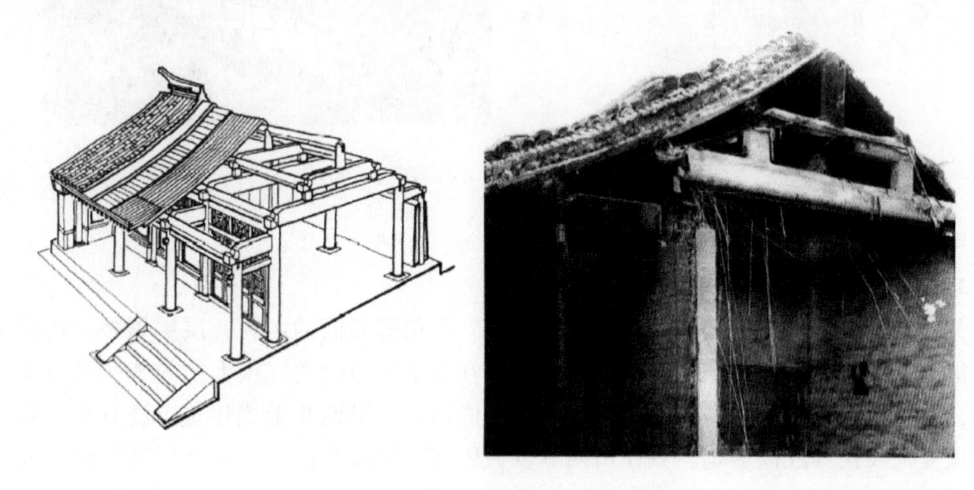

图 5-1　抬梁式结构（孙大章，2004）

四川大式建筑在应用官式抬梁构架之时，也融入了本地的穿斗结构形式，充分强调构件间的整体拉结联系，由此形成了间架结构的若干地方特色，如大纵深间架、非对称屋架、重前轻后与突出前廊、大跨度横额等（陈颖等，2015）。

2）穿斗式

穿斗式结构以柱直接承檩，没有梁。每排柱子靠穿透柱身的穿枋横向贯穿起来，成一榀构架。每两榀构架之间使用斗枋和纤子连接起来，形成一间房间的空间构架。斗枋用在檐柱柱头之间，形如抬梁构架中的阑额；纤子用在内柱之间。斗枋、纤子往往兼作房屋阁楼的龙骨②（图 5-2）。四川建筑中穿斗架的形象最早见于本地的汉代画像砖，建于明中期的平武报恩寺也有穿斗做法——大雄宝殿天花板下露明部分为明显的北方官式抬梁做法，而天花板上看不见的草架部分则采用了穿斗结构，推测为四川本地工匠的习惯做法（陈颖等，2015）。

而在明清时期，四川的大式斗拱建筑逐渐消失，代之的是小式的穿斗建筑，用简洁的挑枋代替过去的斗拱承托出檐。使用这种构造的建筑不仅建造耗时更短，用料也更省。穿斗式结构的开间和进深灵活多变，更能适应当地的环境条件，且相较于抬梁式结构，穿斗式结构具有更好的抗震性。因此，穿斗结构不仅在农宅、民居、街坊中被普遍采用，在寺观、祠堂中也大量地应用（陈颖等，2015）。部分建筑还将穿斗式与抬梁式相结合，在堂

① 参见《中华文明大辞典》。
② 参见《中华文明大辞典》。

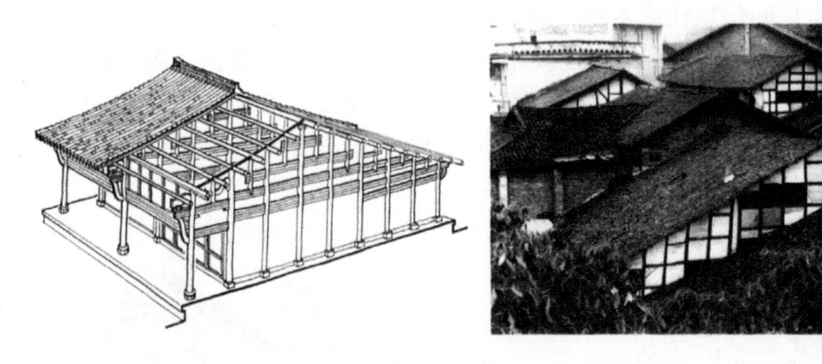

图 5-2　穿斗式结构（孙大章，2004）

屋采用抬梁式构造以获得大跨度的开间（陈颖等，2015）。

3）井干式

井干式木构架是用天然圆木或方形、矩形、六角形断面的木料，层层累叠，构成房屋的壁体（刘敦桢，1980）（图 5-3）。这种结构在力学上可以发挥很大的效能，可以堆叠得较高，曾经可能作高楼或高台等建造的重要构成形式。早期井干式建筑广泛分布，后受生态环境变化及民族迁徙影响，只在川西等少数民族地区有存留，多和“板屋”结合成为井干式板屋形式（杨宇振，2002）。

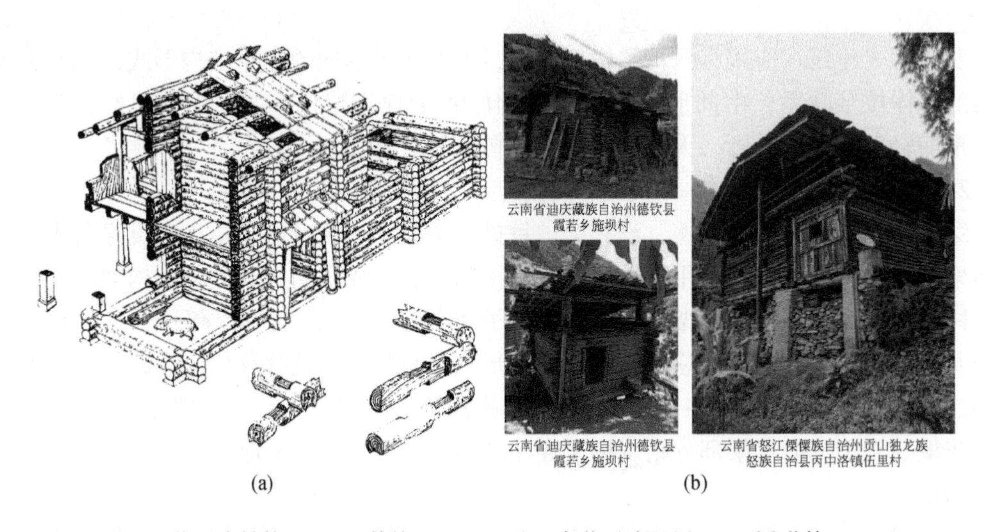

图 5-3　井干式结构（a，王其钧，2008）及云南井干式民居（b，潘曦等，2021）

2. 模数

我国传统建筑以梁柱为构架，以“间”为基本单位，间架结构等皆有模数可循。大体上我国传统建筑采用的模数制为两种：第一种为“材份制”；第二种为“营造尺制”。“材份制”可见于宋代李诫所著《营造法式》中“大木作制度”一节，该节详述了“材份制”结构设计模数的规定，“凡构屋之制，皆以材为祖。材有八等，度屋之大小，因而用之”，

"凡屋宇之高深，名物之短长，曲直举折之势，规矩绳墨之宜，皆以所用材之分，以为制度焉"（潘谷西和何建中，2017）。而结构设计之外则遵循营造尺模数，《宋会要辑稿·礼三三》有文："神门四座，每座三间，各四椽四铺，作事步间修盖，深二丈，平柱长一丈二尺献殿一座，共深五十五尺。殿身三间，各六椽五铺，下昂作事四辅周修盖，李生长二丈一尺八寸……"，文中记录的建筑数据均为营造尺。

除官式建筑之外，民居建造也同样受到营造模数的影响，《鲁班营造正式》记述了江南民间建筑的大木、装修、家具的式样做法，其中关于"曲尺"的使用有如下说明："曲尺者，有十寸，一寸乃十分。凡遇起造至开门高低，长短度量，皆在此上。须当奏（凑）对鲁班尺八寸，吉凶相度，则吉多凶少为佳。匠者但用傚（仿）此大吉。"关于此例，陆元鼎教授 1962 年于朝阳县调研时，曾拜访当地老木匠并尝试推算出了在潮汕地区木工通用的木行尺（陆元鼎，2003）（图 5-4）。

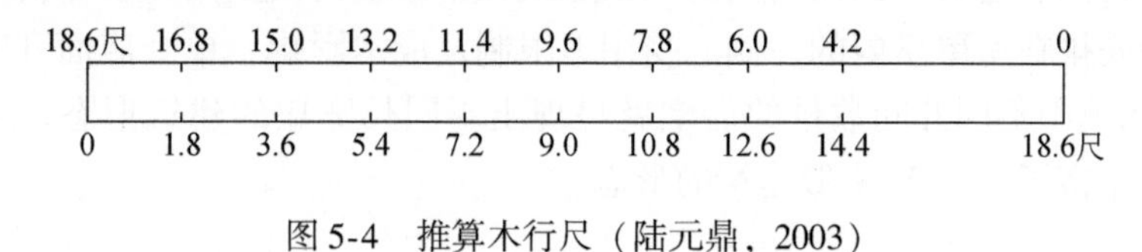

图 5-4 推算木行尺（陆元鼎，2003）

巴蜀地区的构架制作中也有关于模数的要求，木构架制作时对尺寸有"房不离六，床不离五"的口诀，即大木作尺寸尾数要压在六寸上，小木作尺寸尾数要压在五寸上，方为吉利（陈颖等，2015）。

5.1.2 巴蜀传统建筑的平面形态类型

学界在对传统民居的分类研究中主要使用的方法有平面分类法、结构分类法、谱系分类法等，根据不同的研究范围及特征，分类方式众多。其中，平面分类法以其表述直观、适用性强的特点被广泛使用。刘敦桢在《中国住宅概说》中将我国明清时期传统住宅类型按形态特征分为了九类，分别为圆形住宅、纵长方形住宅、横长方形住宅、曲尺形住宅、三合院住宅、四合院住宅、三合院与四合院的混合体住宅、环形住宅、窑洞式穴居（刘敦桢，2018），之后学界的相关研究也大抵遵从此分类。

以这种分类方式进行的研究多寻求地区间的共性，而少详述个性。同时，此类研究样本多选择建筑边界清晰的乡村，乡村地区一般为一户一宅，即使有分家而居的习俗也没有完全脱离此范围，每栋住宅因为权属明确，其建筑由实际需求建造而成，形态整体，功能完善。场镇地区居民大多因商业交流需求发展而来，建筑紧密相连，功能紧凑致密而权属关系复杂。本书结合巴蜀传统聚落建筑的特点，将巴蜀场镇传统建筑的形态归为"一"字形、"二"字形、曲尺形、三合院、四合院五种基本类型。

1. "一"字形

作为传统民居建筑的原型，"一"字形建筑是最为基本的建筑类型，常为三开间，是最古老的“一明两暗”形制，中间为明间，两侧为次间。明间常被称为“堂屋”，是主要的起居活动场所；次间常被称为“偏房”，东侧一间常作为卧室，西侧一间则作储藏、炉灶之用。乡村地区常会将堂屋前墙或门槛后退 1 ~ 2 步架，形成一个内凹的门斗开间（图 5-5）。

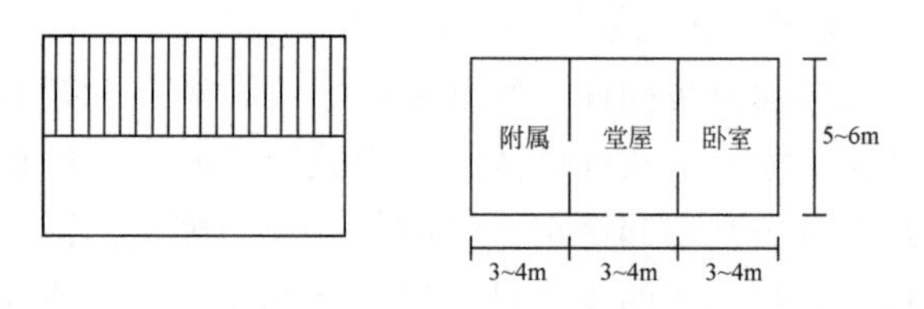

图 5-5 “一”字形建筑

不同于乡村民居建筑，因商而兴的场镇建筑在主要临街面空间大多作为商用，生活空间则通过隔断安排在房屋靠内的一侧。受用地限制及成本影响，单个店面开间宽度一般不超过 5m，在场镇中不同开间数量的店宅就呈现出不同长宽比的建筑形态，下店上宅等功能形态组合也丰富了“一”字形建筑的形态。

2. “二” 字形

“二”字形建筑为两栋房屋的屋面沿进深方向勾连而成，更可延伸为多栋房屋之间相互勾连，以两栋勾连的形式作为该类型的代表，即为“二”字形。“二”字形建筑常见于场镇中，场镇住宅受用地限制而面宽较窄，往往选择向纵深方向扩展以满足生活需求，临街一侧房屋作为门厅或店面，主要功能均置于内侧。部分建筑前后两栋之间隔开，形成内院或天井。此种建筑类型在巴蜀古镇中较为常见，具有丰富的类型演绎变化（图 5-6）。

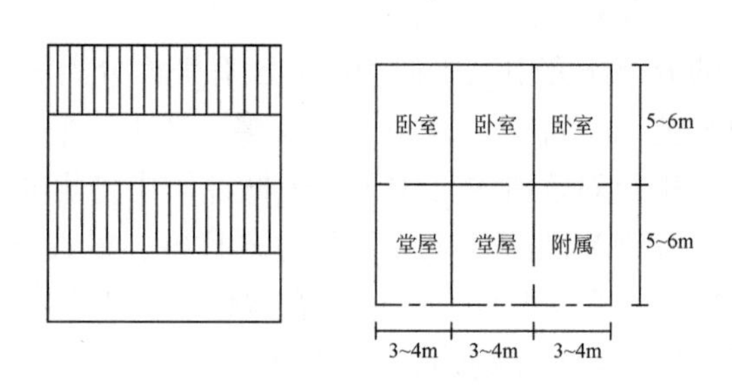

图 5-6 “二”字形建筑

3. 曲尺形

曲尺形也称“钥匙头”“尺子拐”（陈颖等，2015）（图 5-7），在“一”字形的基础上于一侧增加竖向的厢房而成，厢房一般有 2 间或 3 间，常作为辅助用房。正房与厢房转角处被称为“抹角”，位于这个转角处的房间因此也被称为“抹角屋”，因空间相对宽敞，通常作为厨房（冯维波，2017）。

曲尺形建筑中正房与厢房的组合有多种形式，适应不同的地形有梭厢、坡厢、拖厢、

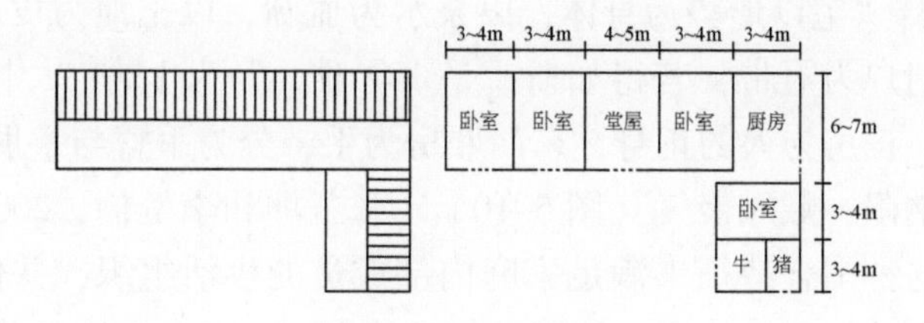

图 5-7　曲尺形民居

“牛喝水”、“吊脚” 等形式。在乡村地区，正房与厢房围合而成的院落一般位于正方前侧，称为院坝；在场镇中则位于正房后侧，形成后院。

4. 三合院

三合院形又称“一正两厢”，指在正房两侧均延伸出厢房（图 5-8）。这种房屋的平面形制一般为正屋 3 间或 5 间，两边厢房 2 ~ 3 间。根据地形条件和生活需求，两侧厢房有多种形式，间数也可不同。其中，东厢房常作为分家子女的住所；西厢房则常为吊脚楼，上层作卧室，下层作杂物间。

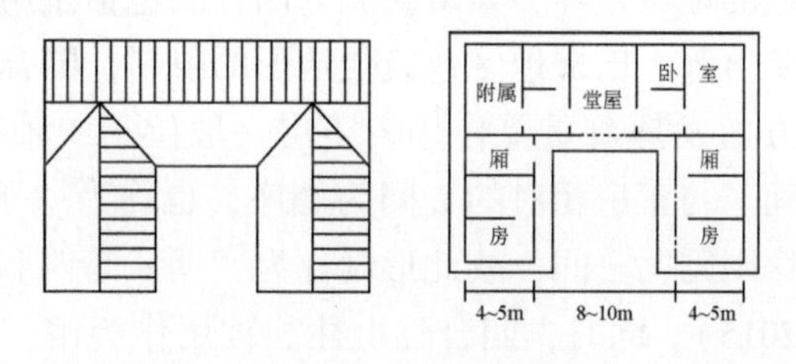

图 5-8　三合院形建筑

三合院围合的院落空间在乡村地区常位于正房前，部分设置围墙和栅栏形成封闭的院子。在场镇中，院落则多以后院、内院的形式出现。

5. 四合院

四合院形，又称为“四合头”“四合水” 等（图 5-9），具有明显的“向心围合” 特征，对外封闭、对内开敞。

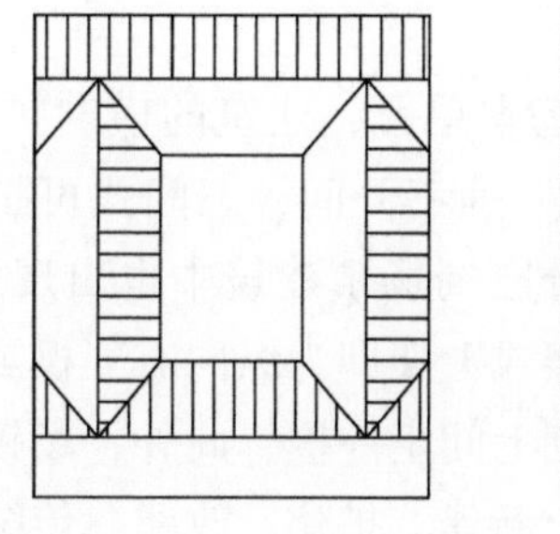

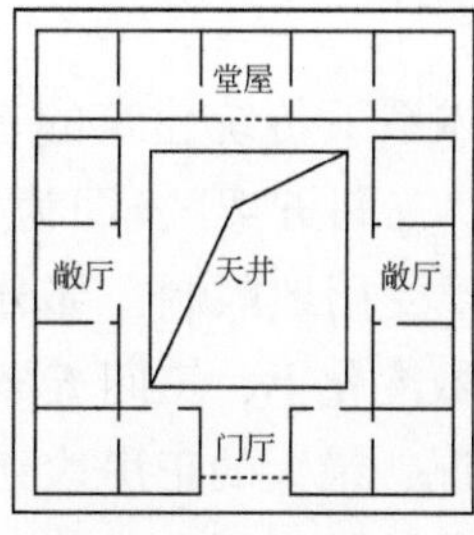

图 5-9　“口” 字形建筑

《黄帝宅经》载："宅以形势为身体，以泉水为血脉，以土地为皮肉，以草木为毛发，以舍屋为衣服，以门户为冠带，若得如斯，是事俨雅，乃为上吉。"中国传统四合院是与人体结构相对应的，正房为人的正身，东西厢房为手，分为手臂与手肘两端，庭院即为人的丹田，寓意吐阴纳阳，藏风聚气（图 5-10）（张玉坤和李贺楠，2004）。基于血缘关系联结的中国家庭以这种围合特征来满足家庭内部成员的生活组织，并保持对外的私密性。其中，生活居住空间的划分也体现了礼制思想长幼有序、尊卑有别的伦理观念。

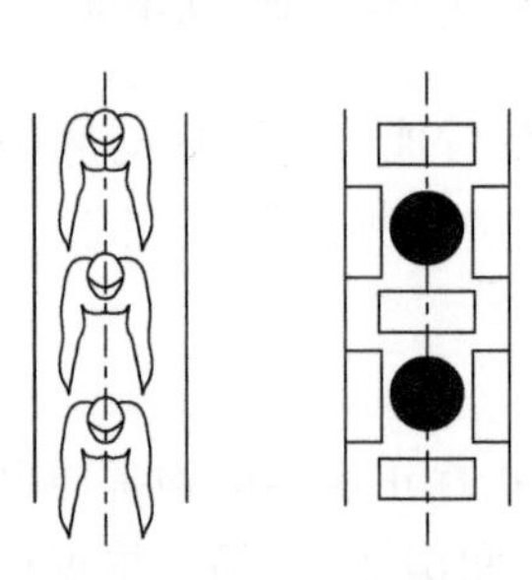

图 5-10　四合院建筑中的人体围护图式（张玉坤和李贺楠，2004）

四合院建筑有着明显的地域差异，典型的北方四合院包括正房、厢房、后罩房、倒座房以及大小天井和前后院落等；巴蜀地区建筑受地形的限制，围合的内院面积较小，称为天井，其在通风与采光方面发挥着重要作用，正房一般位于中轴线上，开间为 3～5 间，左右侧的两个厢房为 3 间。与正房相对的 2 间为倒座，也称为"下房"。因厢房从正房梢间接出，梢为暗间，正房则露明三间，故此形制称为"明三暗四厢六间"，共成 16 个房间的组合格局（陈颖等，2015）。同时，四合院也往往被用作会馆、礼仪、行政等功能，依据不同功能需求，在天井大小、建筑间数与组合上变化多样。

5.2　传统建筑的扩展与组合

传统木构建筑的结构与模数体系赋予了建筑灵活多变又协调匹配的特征，在巴蜀地区传统聚落建筑中得到充分的体现。

5.2.1　"一"字形扩展及组合

"间"是梁架木构体系下传统建筑的基本单元，建筑的横向扩展体现为"间"的变化，"一"字形常见为"三间五架"，即为一列三开间，三间式可扩至五间甚至更多，以奇数间为主（图 5-11）。受用地限制，部分巴蜀场镇建筑中也出现过一间或两间的情况。而纵向扩展则反映在檩数变化上，三间五架或七架即为纵向有五檩或七檩，财势家族也出现过九檩甚至更多的情况，最大的正房达到七间十一檩。此外，场镇建筑大多建有二层或者阁楼。现代以来，部分建筑在原有基础上新建、扩建、改建，传统"一"字形建筑产生了更丰富变化。

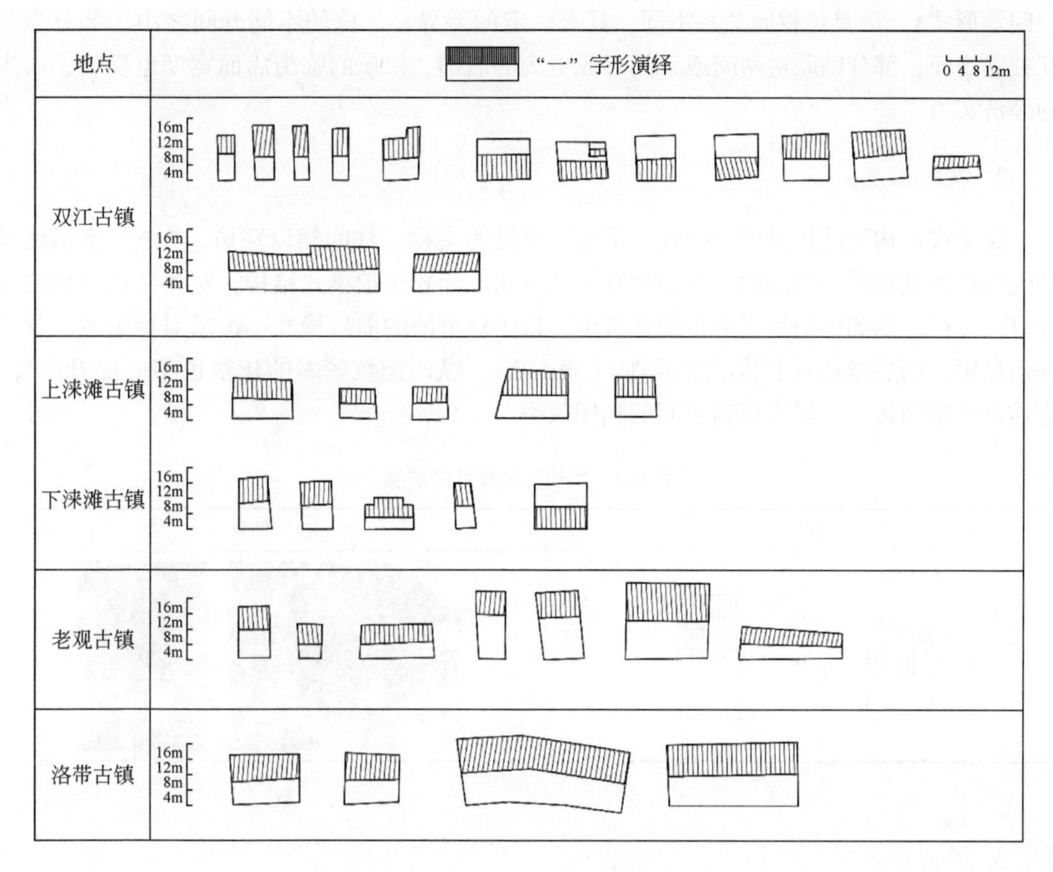

图 5-11 “一”字形建筑演绎

1. 横向扩展

一栋木构建筑的最小单位为一“间”，这是梁架结构空间围合出的最简单模式。根据调研实测，一间的横向宽度约为 4m（表 5-1）。

表 5-1 “一”字形横向扩展

扩展形式	典型平面	实景照片

受用地限制，场镇中建筑较为紧凑，建筑的临街面往往作为商业用途，鳞次栉比的建筑沿街面被划分为大小不一的形态，呈现出一间一栋、两间一栋乃至多间一栋的形式。一间一栋的建筑，功能组织较为简单，通常以隔墙内外分隔空间，外部作为商铺、堂屋等外向功能，内部为生活起居之用。在一间一栋基础上扩展出的演绎模式（如一栋两间、一栋

三间等形式)，因具体权属关系不同，具有一定的差异。一栋的不同开间之中，部分为相互独立店面，部分则联通两间或三间形成更大的店铺，权属的临街店面宽度也反映了店主的经济实力。

2. 纵向扩展

穿斗式木构架结构纵向以檩柱、瓜柱、夹柱为支撑，柱间辅以穿枋，“一”字形建筑的纵向扩展就反映为建筑内部的檩柱数量的变化。相较于抬梁式结构，穿斗结构的构造更加自由灵活。例如巴蜀地区的传统建筑中，以中柱分隔的前后檐并不追求对称关系，常见为前檐短，而后檐往往长度大幅增加（表5-2)，纵向檩数较多的建筑也相应提升高度，常通过建造阁楼、二层来提高空间的利用效率。

表5-2 “一”字形纵向扩展

扩展形式	实景照片
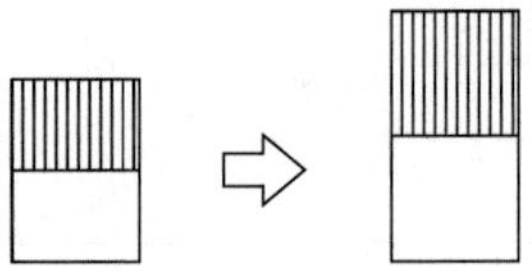	

3. 竖向扩展

由于场镇用地紧凑，“一”字形建筑的单层建筑面积较小，常通过竖向扩展来扩大使用空间，将生活配套功能设置于上层。例如巴蜀场镇建筑中，纵向檩数多大于七檩，层高较高，因此，阁楼、多层为常见形式。部分建筑为近现代时期利用现代建筑技术重建或改建而成，层数设置更加自由灵活（表5-3)。

表5-3 “一”字形竖向扩展

扩展形式	实景照片

5.2.2 “二”字形扩展及组合

“二”字形建筑由两栋及以上的“一”形建筑在建筑外部纵向扩展而成，平面上呈双层或多层叠加形式，屋顶间相互勾连组合，若间隔一定距离则形成天井及内院。在巴蜀场镇中，“二”字形建筑及其衍生的形式众多（图 5-12）。

地点	进深	单开间	两开间	三开间	四开间	n开间
双江古镇	2层进深					
	3层进深					
	5层进深					
上涞滩古镇	2层进深					
下涞滩古镇	2层进深					
老观古镇	2层进深					
洛带古镇	2层进深					
	3层进深					

“二”字形演绎　0 4 8 12m

图 5-12　“二”字形建筑演绎

1. 纵向扩展

“二”字形建筑纵向扩展通常以临街建筑为起始，向后依次串接，其组合形式大致可分为平行、垂直和间隔三种。临街建筑作商铺、门房之用，生活起居及附属功能依次内置，在此基础上形成更多的串接（图 5-13）。

2. 横向扩展

“二”字形传统建筑的横向扩展与“一”字形传统建筑相似，同一栋建筑下有两开间、三开间至多开间等多种形式，一户住宅可只占其中一个开间，或者横跨几个开间，并结合纵向扩展，形成灵活多变的平面形式。以下简列几例以作说明。

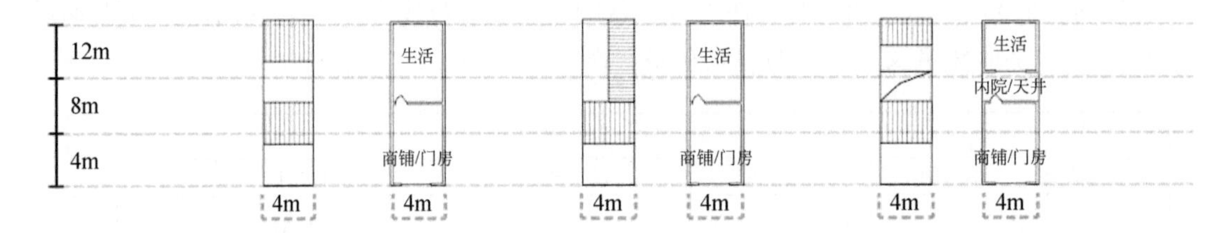

图 5-13 “二”字形平面功能案例 1

1）双江古镇某宅

其建筑平面由两个“一”字形建筑前后勾连而成，为典型“二”字形建筑形式。面宽约 8m，为两个单开间的“二”字形建筑并联而成。前间作为商铺或门房，后间用作生活居住功能（图 5-14）。

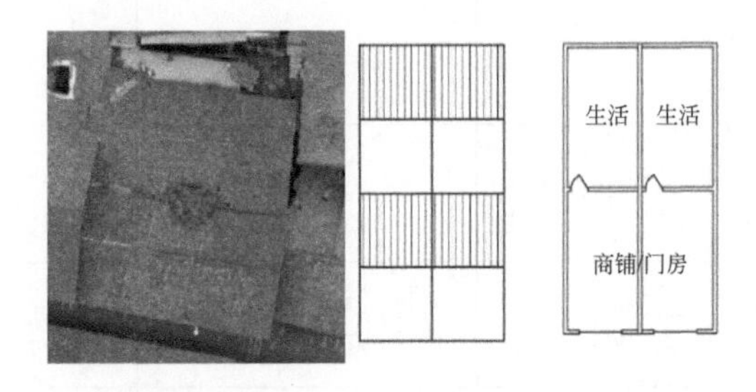

图 5-14 “二”字形平面功能案例 2

2）双江古镇某宅

该处建筑临街面宽约 8m，分为两开间，受用地限制，并不属于典型的“二”字形建筑形式，为一个“一”字形建筑与一个单开间“二”字形建筑并联而成（图 5-15），横向的两开间为独立的两宅。

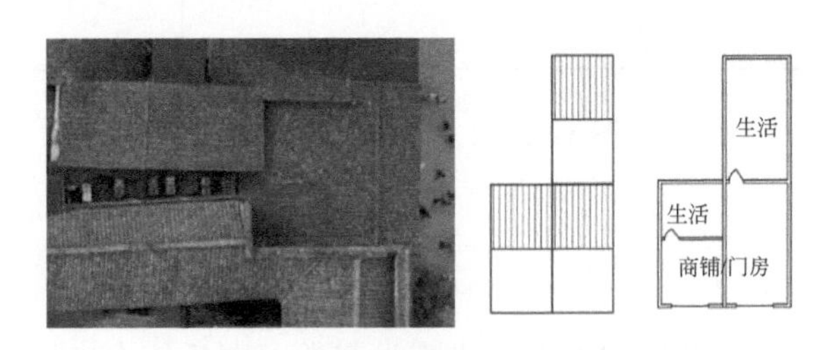

图 5-15 “二”字形平面功能案例 3

3）下涞滩某宅

该处建筑在平面形式上通常被归类为三合院，从功能及权属上，四开间的建筑在实际使用中被分为独立的三户，中间一户横跨两个开间，两侧建筑开间同上述几例相似，可分解为一开间的“二”字形建筑，内部由隔墙分隔出私密与开放功能，反映了场镇建筑每一开间为单独一户的权属关系（图 5-16）。

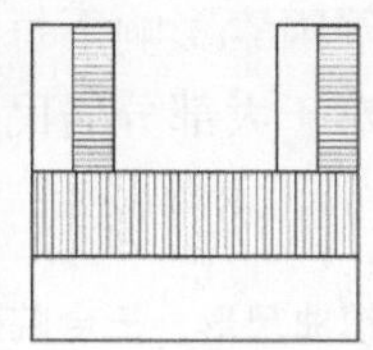
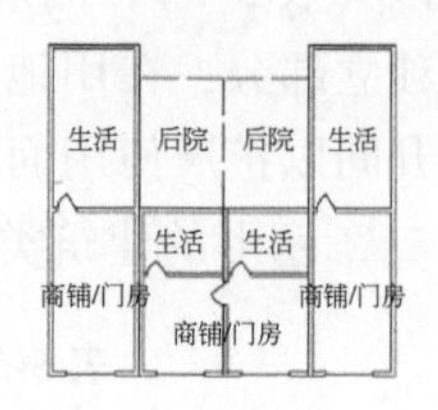

图 5-16 “二”字形平面功能案例 4

5.2.3 曲尺形、三合院扩展及组合

在巴蜀地区传统聚落建筑形态的研究中，曲尺形与三合院是十分重要的建筑类型。在乡村地区，曲尺形可分为横向与纵向两个方向的扩展，通常向用地条件较好的一侧扩展，根据地形高差情况会产生若干不同的建筑造型组合（表 5-4）。三合院的扩展模式也有纵横两种扩展方式，横向扩展是在厢房外侧（单侧或双侧）进行平行加建，纵向扩展则是沿三合院中轴线方向扩展，多见于山地高差变化情况下（陈颖等，2015）。

表 5-4 乡村曲尺形、三合院形扩展模式

地区	形式	扩展模式	典型平面
乡村	曲尺形	横向扩展	
		纵向扩展	
	三合院	横向扩展	
		纵向扩展	—

在场镇地区（表5-5），曲尺形和三合院建筑的主体建筑临街面多做商用，不同开间被划分成多个独立部分，在用地成本等因素影响下每户住宅的面宽较小。财力雄厚的店家通常横跨几个开间以扩展使用面积，对于大部分居民来说，建筑纵向扩展是经济实用的选择，即构成“二”字形的建筑类型。

表5-5　场镇曲尺形、三合院形扩展模式

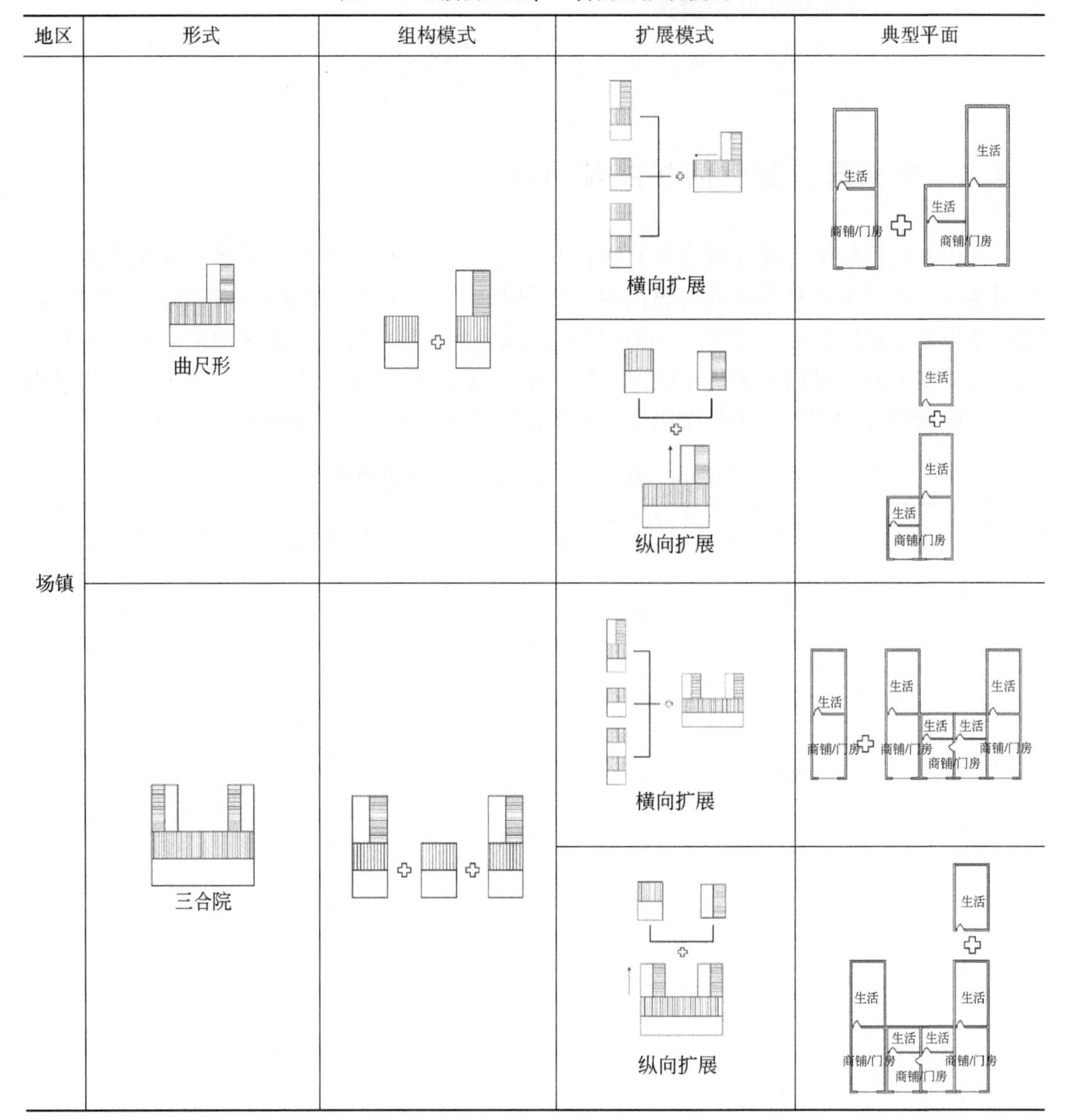

地区	形式	组构模式	扩展模式	典型平面
场镇	曲尺形		横向扩展	生活 商铺/门房 生活 生活 商铺/门房
			纵向扩展	生活 生活 生活 商铺/门房
	三合院		横向扩展	生活 商铺/门房 生活 生活 生活 生活 商铺/门房 商铺/门房 商铺/门房
			纵向扩展	生活 生活 生活 生活 生活 商铺/门房 商铺/门房 商铺/门房

5.2.4　四合院的扩展与组合

“明三暗四厢六间”的基本四合院单体建筑的横向扩展可以称为“跨”，通常在主天井的两侧继续加建，形成横向的多跨天井平面；往纵向扩展可以称为“进”，通常是在主天井的中轴线前后加建，形成纵向的多进天井平面；大型的庄园、宅院等通常以单体四合院为基本单元，通过纵横同时扩展，形成多跨多进的复杂四合院形式。

除通过扩展方向变化空间形式外，巴蜀地区的四合院建筑还结合天井、庭院等空间变化形成更丰富多元的合院空间形式，常见的有院落式和天井式等，会馆建筑、大型宅院中多设置庭院，一般民居多为天井（图 5-17）。

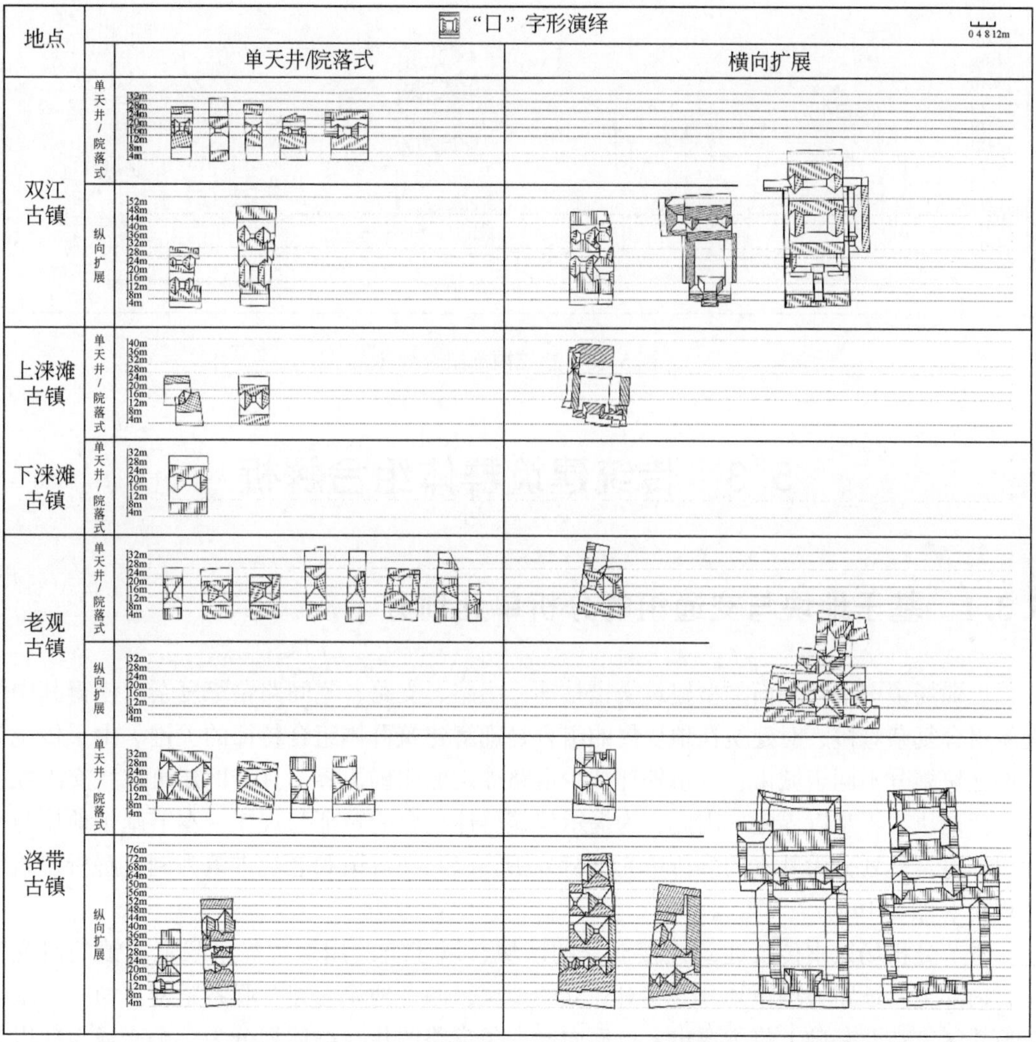

地点		“口”字形演绎 单天井/院落式	横向扩展
双江古镇	单天井/院落式		
	纵向扩展		
上涞滩古镇	单天井/院落式		
下涞滩古镇	单天井/院落式		
老观古镇	单天井/院落式		
	纵向扩展		
洛带古镇	单天井/院落式		
	纵向扩展		

图 5-17　四合院建筑的扩展与组合

从权属上来看，1949 年以来的土地改革对部分地区建筑的使用权进行了变更和细分，出现相邻两户或多户同处于一个连续屋面下的情况，形成了当下更为复杂的权属关系（图 5-18）。

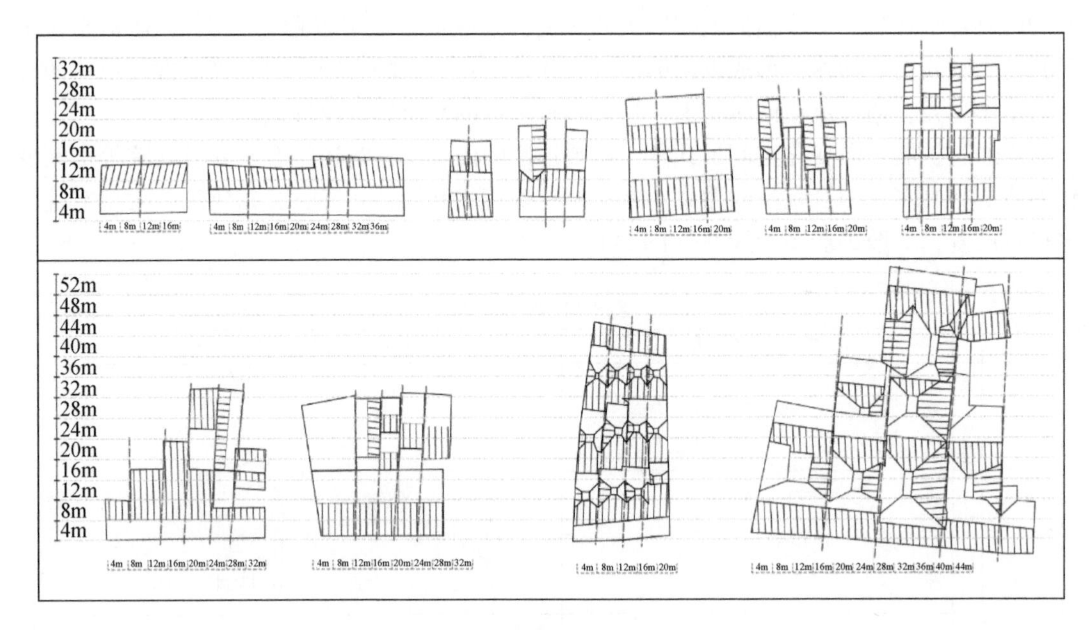

图 5-18　建筑内部组合规律

5.3　传统建筑群体组合解析

5.3.1　基于地块与交通组的分析单元划分

巴蜀场镇中不同平面类型建筑交错粘连，主路、支路、宅间路错综复杂，使得其中的建筑组合复杂难辨。对建筑在地块内的组合是理解建筑群体组合特征的关键。由于传统聚落的地块划分不同于城市，场镇外部缺少道路界定的明确边界，且新旧建筑往往交织在一起，使地块边界难以界定。因此，为揭示建筑群体组合的特征与规律，本节基于地块与交通组，将聚落划分为基本的分析单元进行分析，以双江古镇和老观古镇为例，解析建筑组合规律（图 5-19）。

本节分析场镇中传统建筑连接成片的区域，以建筑的用地边界来限定场镇的研究范围，内部主要道路将场镇划分为相对独立的地块，同一地块内建筑联系紧密，为一个基础分析片区。在此基础上将主要出入口面向同一条道路的建筑群体划分为一个交通组，以此为单位梳理建筑间的连接关系。同一个交通组内建筑相互毗邻，联系紧密，互为左右邻里。相邻的两个交通组之间没有直接联系，组间的建筑被支路、宅间路分隔，或仅有建筑屋面、墙体的连接而缺少内部的联系。

1. 双江古镇分析单元划分

双江古镇位于重庆市潼南区，建镇于清代，古镇有一条主街、多条次街，现存大量清

(a) (b)

图 5-19　双江古镇（a）和老观古镇（b）

代民居建筑，组合复杂多样。按主要道路将双江古镇划分为 6 个地块，如图 5-20 所示。其中，1、6 地块均朝向一条道路。2、3、4、5 地块由于同时面朝两条道路，具有两个临街面（图 5-20），其中地块 3 为团块状地块，地块内部又有诸多宅间路，按照交通组规则划分后，建筑间的复杂关系将作为下一步分析的重点（图 5-21）。

(a) (b)

图 5-20　双江古镇主要道路（a）和地块划分（b）

2. 老观古镇分析单元划分

老观古镇位于四川省南充阆中市，因临古米仓道而兴，是典型的“旱码头”。古镇核

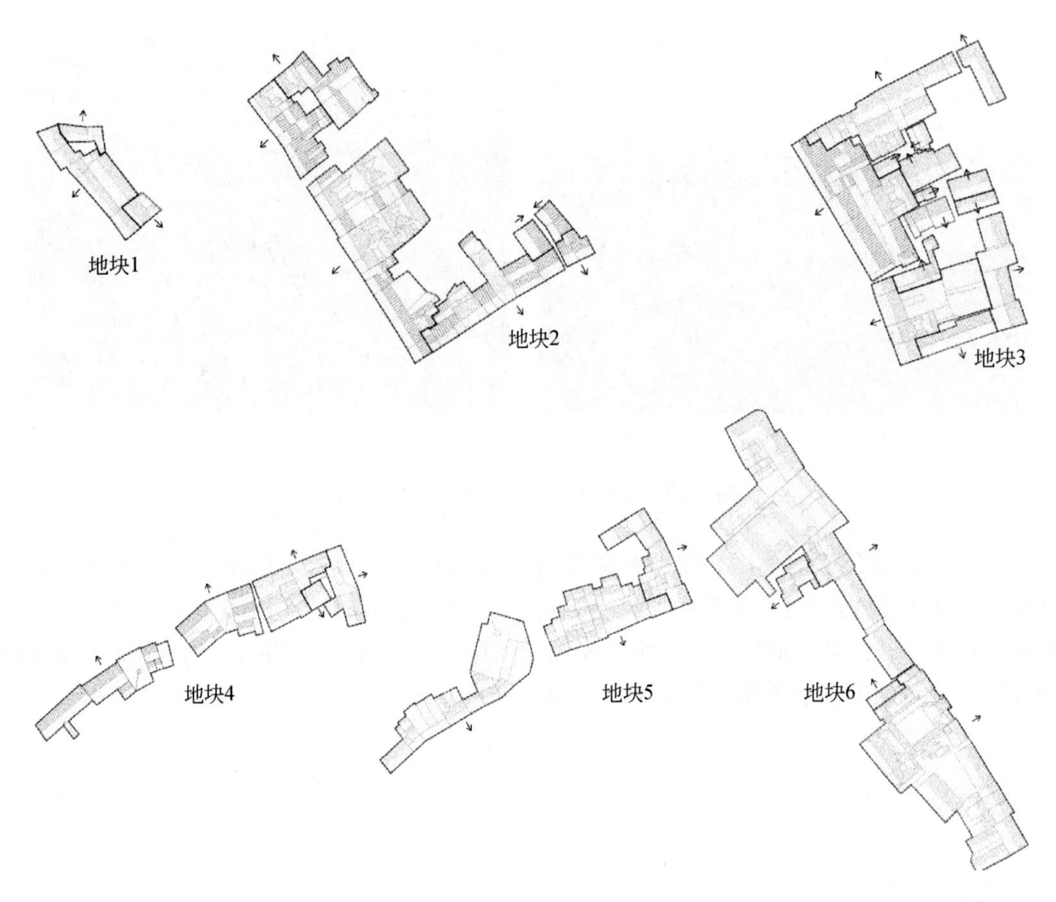

图 5-21　双江古镇交通组划分

心保护区 15hm²，现存传统建筑多建于清代，沿镇内主街呈带状分布。按主要道路将老观古镇划分为 7 个地块（图 5-22），按照交通组规则划分后，地块即为交通组（图 5-23），相较双江古镇更为简单。

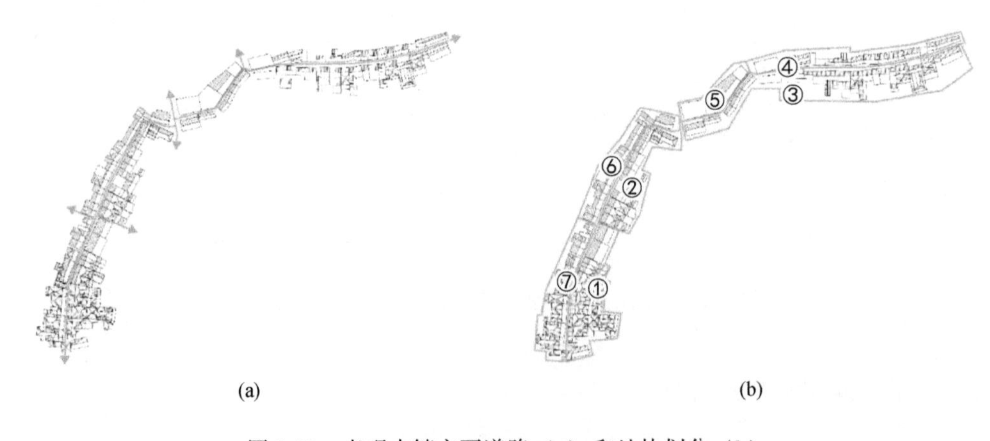

图 5-22　老观古镇主要道路（a）和地块划分（b）

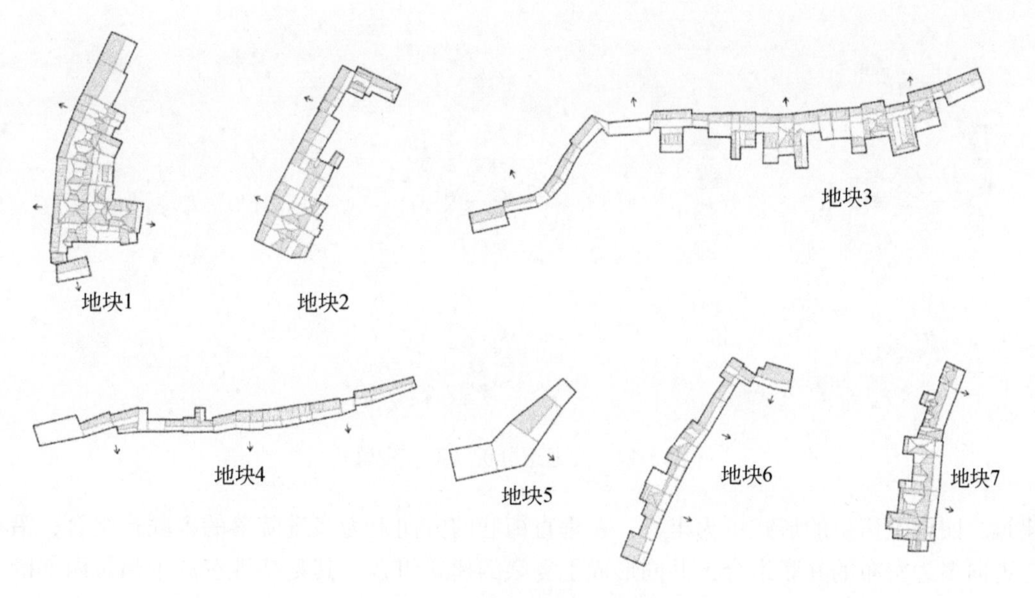

图 5-23　老观古镇交通组划分

5.3.2　建筑组合特征解析

场镇聚落经过地块-交通组的划分后，呈现出一定的特征。为进一步解析分析单元中的建筑组合特征，方便理解和清晰标识，依据建筑类型进行标注，原则是："一"代表"一"字形建筑；"二"代表"二"字形建筑；"L"代表曲尺形建筑；"凵"代表三合院；"口"代表四合院。同一交通组内建筑连接关系以黑色连线表示；紫色连线表示不同交通组间的建筑存在连接关系；橙色虚线则表示建筑之间没有物理上的连接，但存在空间上的呼应关系。

1. 双江古镇建筑组合特征

以双江古镇地块 3 为例，其建筑组合呈现如下特征（图 5-24）。

（1）"一"字形建筑占比最多，构成的元素相对简单，地块建筑肌理较复杂，其复杂性源于建筑间的连接关系。

（2）同一交通组内建筑沿单边同一街巷进入，主要为并联式沿街密布。

（3）紫色连线（不同交通组建筑间的连线）反映了转角处建筑沿对角线，通过屋面组合搭接、墙体相接的方式联系在一起。

（4）橙色虚线，反映部分相对独立的建筑存在空间上平行或垂直的呼应关系。

2. 老观古镇建筑组合特征

以老观古镇地块 1 为例，其建筑组合呈现如下特征（图 5-25）：①老观古镇的地块 1 中数量最多、面积占比最大的是四合院，建筑连接关系均为串联式；②相比于"一"字形

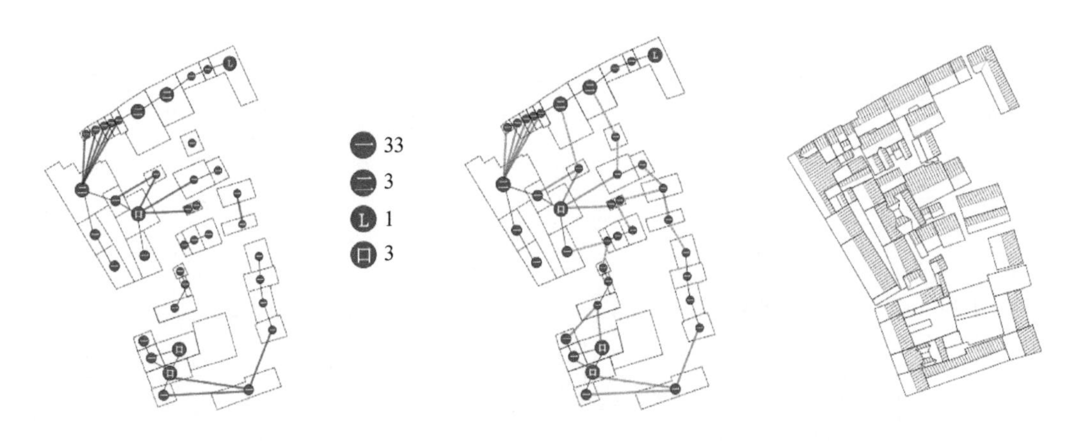

图 5-24 交通组分析（双江古镇）

建筑，四合院衍生的形式更为丰富，在垂直街巷的方向上为多进院落的串联式组合，沿街巷走向多为密布的并联组合，共同形成了复杂的建筑组合，其复杂性多源于建筑内部的空间关系。

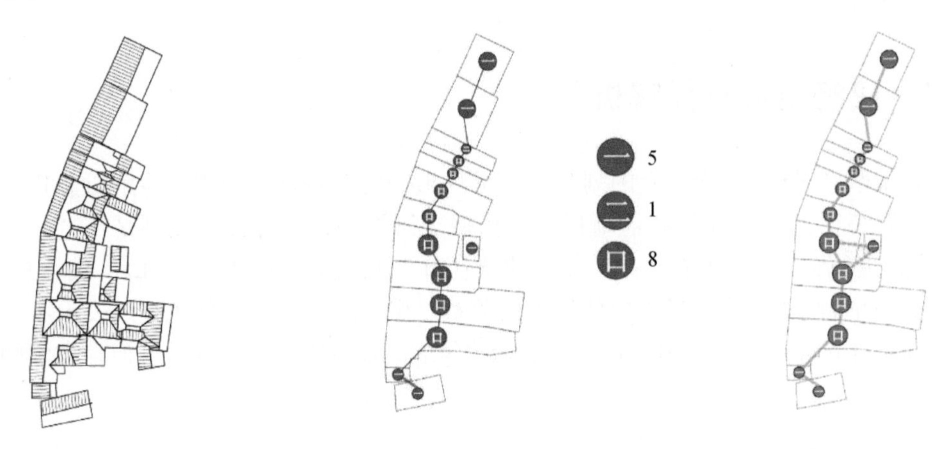

图 5-25 交通组分析（老观古镇）

综合上述分析，双江古镇和老观古镇具有十分明显的差异。位于重庆的双江古镇中的建筑类型以“一”字形和“二”字形为主，“口”字形建筑相对较少。复杂的建筑组合主要源于地块中不同建筑间的连接关系。位于四川的老观古镇，整体形态为简单的条带形，作为样例的地块 1 中同样呈现了十分复杂的建筑组合关系。地块 1 内部的建筑均为串联，复杂的建筑组合特征源于建筑类型和演绎的多样化，属于建筑内部的组合关系。

“串联”是建筑组合的基本特征，建筑间的复合搭接以及建筑类型和演绎的多样化使得建筑组合呈现出更为自由、多变的特征。

5.4 建筑单体基因及图谱

“一”字形为我国传统建筑的原型，其余建筑类型均可看作在该类型基础上的扩展衍化。在传统聚落中，由“一”字形建筑演化而成的建筑形式表现为“一”字形、“二”字形、曲尺形、三合院形、“口”字形这五种基本形式。而巴蜀场镇建筑主要有“一”字形、“二”字形、“口”字形三种类型，即巴蜀传统聚落的建筑类型基因（图 5-26）。

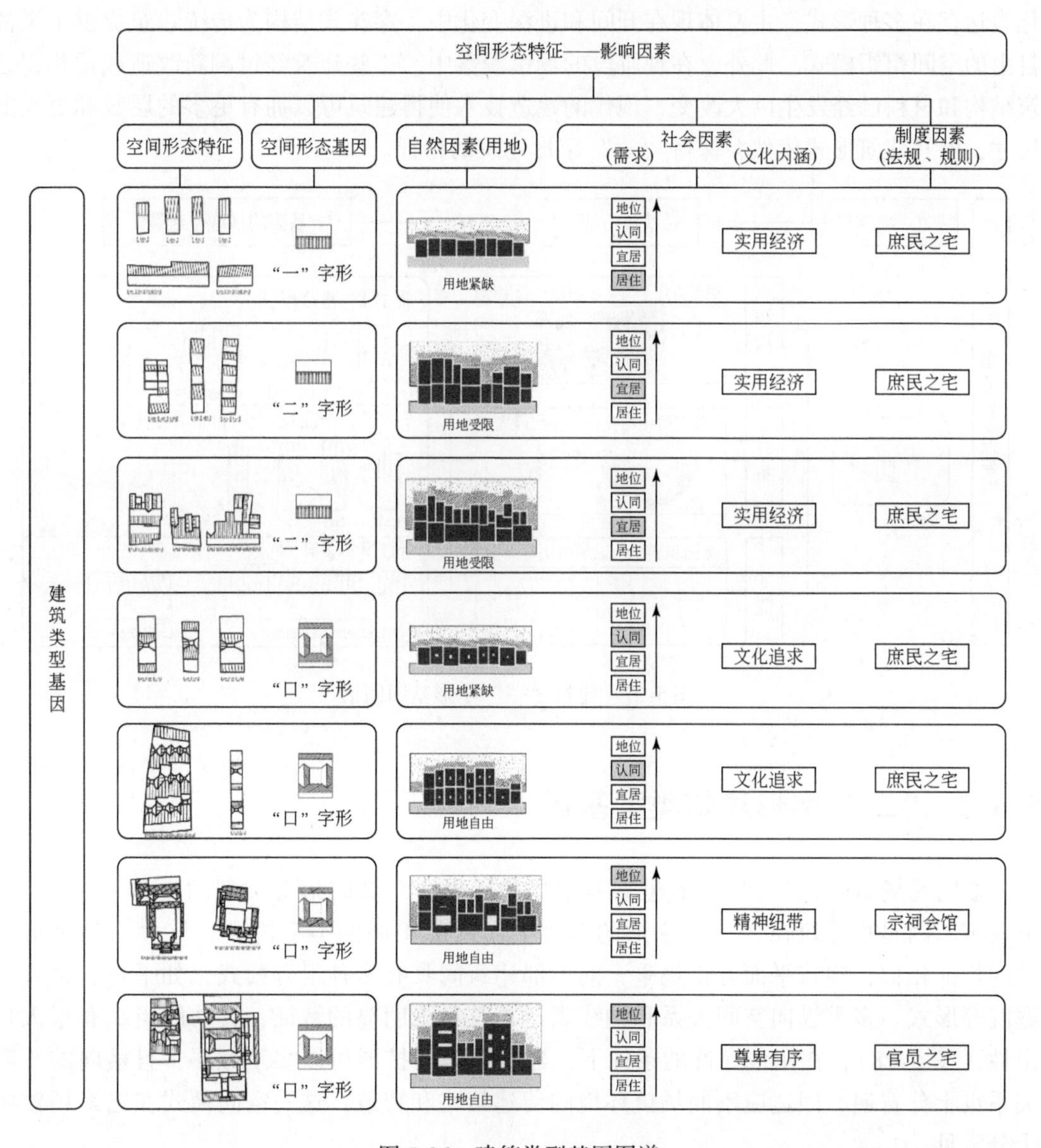

图 5-26　建筑类型基因图谱

5.4.1 “一”字形建筑类型基因

巴蜀地区“一”字形建筑基因的特征为空间方正规矩，在结合当地环境与中原建造技术后形成了以穿斗式木结构为主的结构形式，屋顶形式为悬山，出檐较长。在巴蜀地区的场镇聚落中，“一”字形建筑占比最大，是最为基础和常见的建筑形式。其受建筑使用面积的限制，基本以居住功能为主（图 5-27）。“一”字形建筑基因在巴蜀场镇聚落的在地化表达存在多种形式，主要体现在开间和进深变化中，穿斗式结构为传统建筑提供了灵活自由的空间组织模式。此外，在现阶段的场镇聚落中，一些建筑经过翻新改造或重建，建筑结构和材料已经发生巨大改变，现代的建造技术使得建筑可以拥有更多的层数和更大的尺寸，但其建筑形式依然会保持“一”字形建筑的特征。

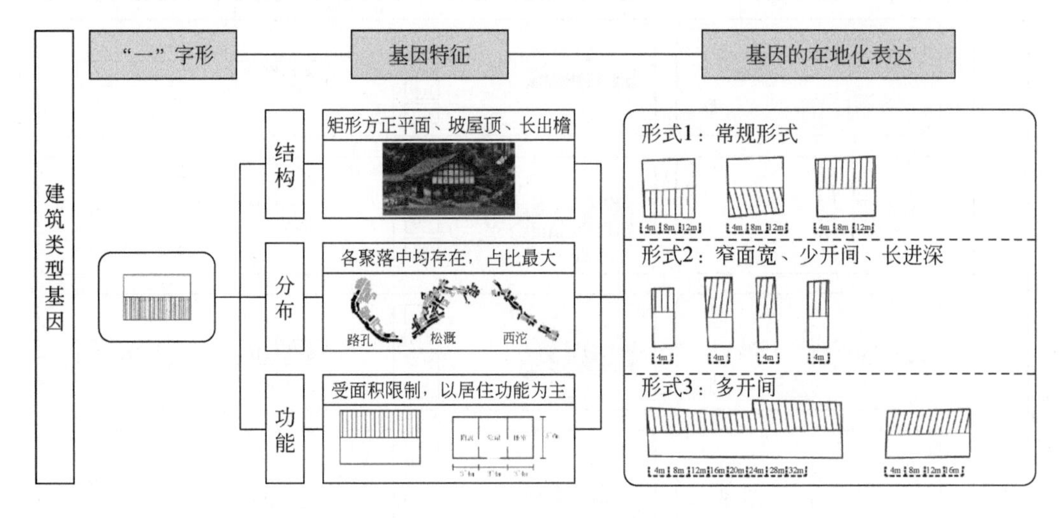

图 5-27　建筑“一”字形基因图谱

5.4.2 “二”字形建筑类型基因

在巴蜀场镇中，“二”字形建筑类型是曲尺形、三合院形等类型的本源。“二”字形建筑基因是指建筑在“一”字形的基础上向外部扩展的类型模式。与“一”字形建筑的特征相似，建筑平面方正规整，前后部建筑间具有多种组合模式，如平行、垂直或庭院等形式。多重纵向空间关系和轴线表达是其最为明显的特征，其功能组织有很大自由性（图 5-28），在用地允许的条件下，建筑纵向的扩展可以多至五层，且横向的并联关系也十分普遍，因适应不同场镇环境的营建策略和智慧，这一空间模式在巴蜀场镇中十分常见。

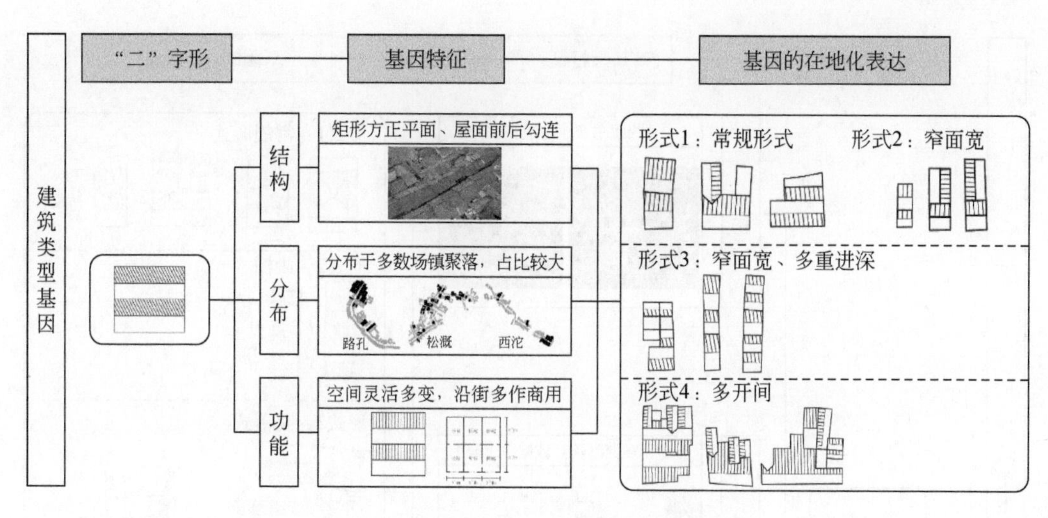

图 5-28　建筑"二"字形基因图谱

5.4.3 "口"字形建筑类型基因

"口"字形建筑，即四合院建筑，是一种极具我国传统建筑营建智慧的建筑形式，也是礼制思想中尊卑与主次的空间表达。在巴蜀地区特定的自然环境中，"口"字形建筑基因表现为以窄天井为中心的紧凑式院落，即对称式方正平面、围合外观和以天井为中心的空间布置。合院式建筑在多数场镇聚落均有存在，该类建筑往往是该地的氏族、宗教、会馆等建筑（图 5-29）。

"口"字形建筑基因在巴蜀场镇的在地化表达有多种形式。巴蜀地区常见的四合院式建筑平面规整，建筑可按位置划分为正房、厢房和倒座房，在边角处还会产生四个暗间。在地形平坦、用地相对充足的四川场镇聚落中，这种合院联排并列且在纵向仍以合院扩展的形式是十分常见的。

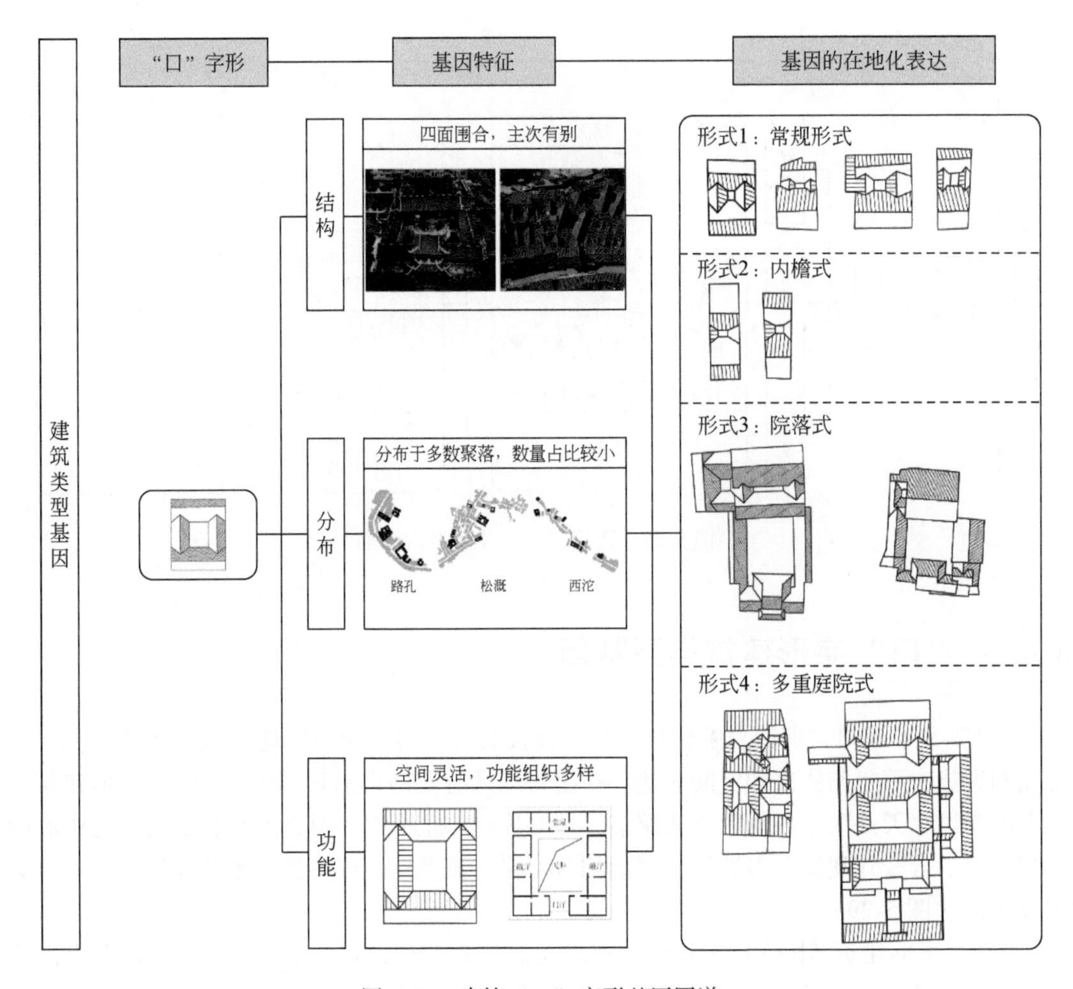

图5-29　建筑“口”字形基因图谱

第6章 传统聚落建筑肌理特征分析与基因解析

本章通过形态类型学、GIS空间分析、统计分析等方法，对传统聚落的建筑肌理、空间分布及环境特征等进行聚类分析，解析巴蜀传统聚落建筑肌理特征和影响因素，提炼建筑肌理空间基因，并构建图谱。

6.1 建筑朝向及空间分布特征

6.1.1 建筑朝向测量方法

建筑朝向的确定一般有三个原则：垂直于建筑长边的方向、正门开启方向以及垂直建筑屋脊线的方向。大部分情况下，这三个原则判断的结果是一致的。但也有例外，例如，一般建筑常见为多开间、短进深，但在巴蜀场镇建筑中，窄开间、深进深较为常见，仅凭长短边难以确定建筑朝向。建筑正门开启方向一般代表了建筑的朝向，但在巴渝场镇中，受用地限制，部分建筑会选择在建筑山墙一侧开门，受风水影响，部分建筑还会偏开一定角度开歪门以化凶为吉或避讳。

相较而言，以垂直建筑屋脊线的方向为建筑朝向更为准确。巴蜀场镇建筑无论进深长短，建筑屋脊线大多为统一方向。因此，本书主要以垂直建筑屋脊线的方向为建筑朝向。在实际应用时，对于曲尺形、三合院形、四合院形，以正屋的屋脊线为标准测度。部分建筑的屋脊线与朝向不符合上述标准时根据实际情况进行校正。

6.1.2 重点案例建筑朝向特征

本章以松溉、双江、老观、上里四个古镇为例进行分析。各古镇建筑朝向分析在雷达图上以5°为单元进行统计，并将0°~15°和165°~180°定为东西朝向，75°~105°定为南北朝向，以此类推，确定东北、西南、西北、东南朝向。由于只统计0°~180°的建筑朝向，对图形作中心对称后呈现古镇建筑的朝向特征。

1. 松溉古镇

松溉古镇位于长江北侧江岸，西、北、东三面为浅山环护，聚落整体立向为略偏东的南向（图6-1）。

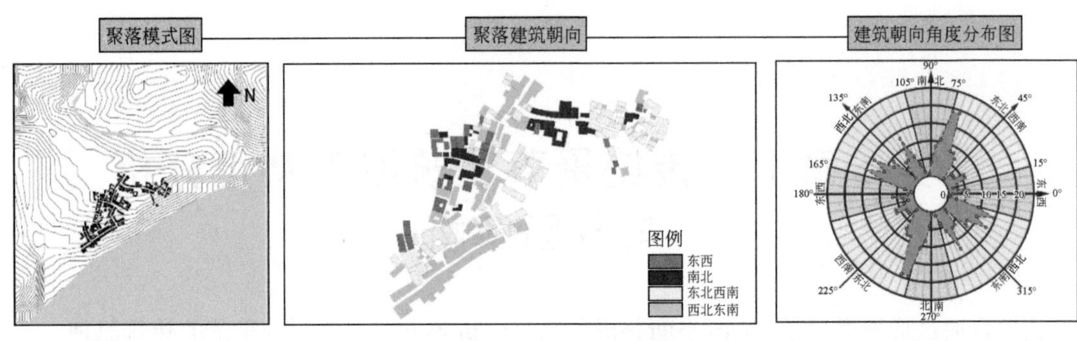

图 6-1　松溉古镇角度图

从建筑朝向图可以看出，建筑大多分布于东北—西南和西北—东南两个朝向，与聚落整体立向几乎一致。松溉古镇街巷大多平行或垂直于江岸，少量道路走向较为自由。建筑沿平行于江岸的道路两侧分布，朝向为西北—东南方向；沿垂直于江岸方向的道路分布时，朝向为东北—西南朝向。少量建筑为正南北向，东西向建筑很少。

2. 双江古镇

双江古镇位于地形较平缓的地区，东侧为涪江，周边浅山围合（图 6-2）。古镇街巷较为规整，主街为西北—东南，建筑基本为东北—西南和西北—东南朝向。

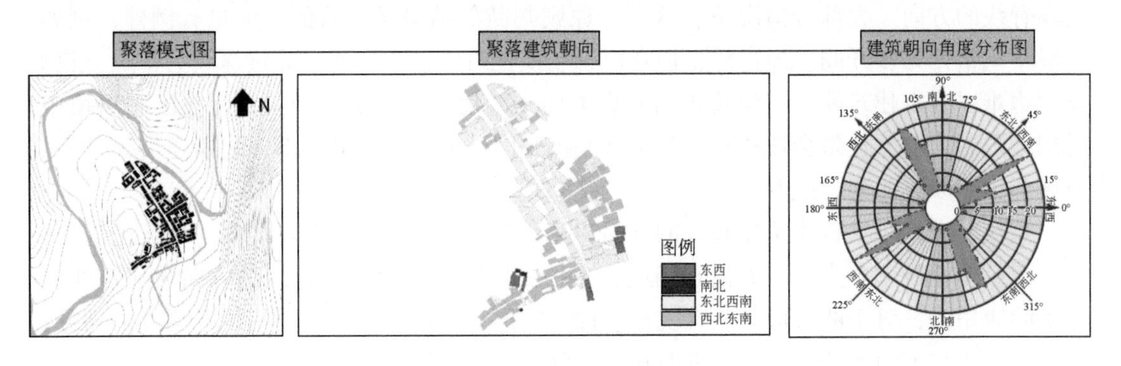

图 6-2　双江古镇角度图

3. 老观古镇

老观古镇属于带状自由型聚落，聚落位于多个小山之间的谷地，地形相对平缓（图 6-3）。场镇因商而起，是古米仓道上有名的旱码头，场镇内主要道路顺应地形地势，建筑沿道路临街布置，方向上偏南向居多，也有部分为东西向。

4. 上里古镇

上里古镇位于两河交汇处的平坝，依山傍水。街道受到山形水势的影响，呈现为带有偏角的“L”形，聚落内建筑也呈现相应特征，多平行或垂直于街道，近南北向的建筑居多（图 6-4）。

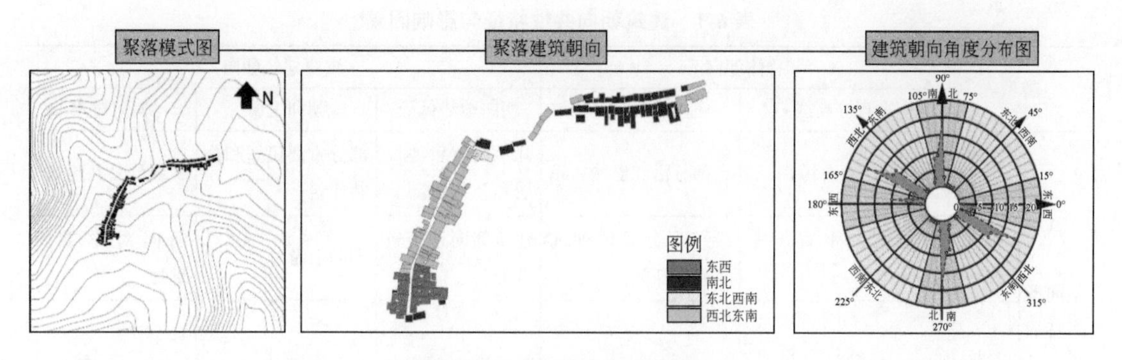

图 6-3　老观古镇角度图

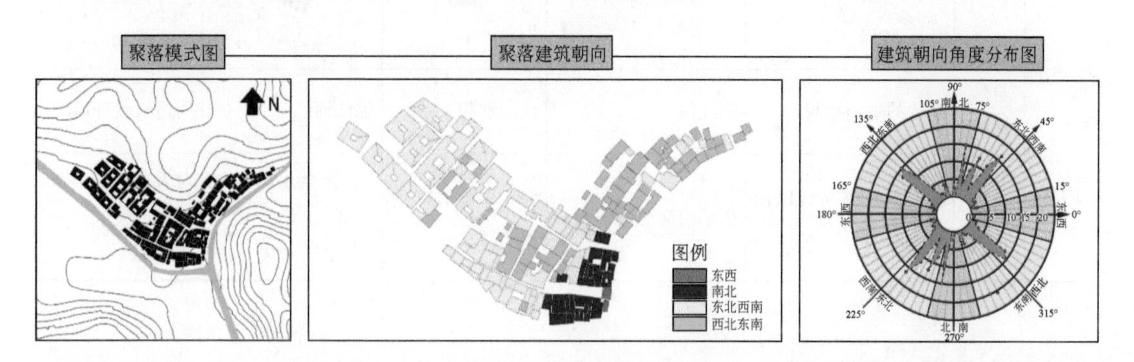

图 6-4　上里古镇角度图

6.1.3　朝向特征及成因

古镇建筑朝向分析表明，巴蜀场镇传统建筑并不完全为南北朝向，较多带一定偏角。一般民居建筑具有“垂直等高线”“垂直江河走向”的共性特征；重要建筑则呈现“朝向地势低处”“朝向上游”“朝向对景”的共性特征（表 6-1）。

1. 垂直于等高线、江河

我国地处北半球，南向建筑可获得更多日照，但巴蜀古镇建筑朝向并不拘于正南北向。由于巴蜀地区古镇依托江河航运，最早的聚落多沿江修建，建筑主要平行于江河，形成半边街或内街，呈现垂直于等高线、江河，接近南向的朝向特征。

2. 重要建筑朝向地势低处

场镇整体顺应地形分布，场镇中的民居建筑和公共建筑普遍“朝向地势较低处”。位于场镇边缘的重要公共建筑因循地形而分台布局，形成“入口—前殿—庭院—正厅—后殿”层层递增的空间序列。

表 6-1　建筑朝向共性特征与影响因素

<table>
<tr><th colspan="2" rowspan="2">类型</th><th colspan="2">总体朝向</th><th colspan="3">重要建筑朝向</th></tr>
<tr><th>垂直等高线</th><th>垂直江河走向</th><th>朝向地势低处</th><th>朝向上游</th><th>朝向对景</th></tr>
<tr><td rowspan="3">空间形态特征</td><td>空间分布</td><td>大部分巴渝古镇</td><td>大部分沿江巴渝古镇</td><td>几乎所有重要民居和公共建筑</td><td>部分重要民居和公共建筑</td><td>少部分公共建筑</td></tr>
<tr><td>构成规则</td><td>总体朝向垂直于等高线</td><td>沿江部分总体朝向垂直于江河</td><td>建筑朝向地势较低处</td><td>朝向上游</td><td>朝向对岸重要景物</td></tr>
<tr><td>图示</td><td></td><td></td><td>地势低处
地势高处</td><td>江河流向</td><td>重要山体构筑物</td></tr>
<tr><td rowspan="2">影响因素</td><td>自然环境</td><td>起伏的地形地貌</td><td>临江河</td><td>地形地貌</td><td>临江河</td><td>周边自然环境</td></tr>
<tr><td>社会文化</td><td>街道平行等高线以使坡度平缓</td><td>生活与交通的便利</td><td>“背山面水”的风水观</td><td>“迎接金水”的风水观
“仁忠”观念</td><td>对大自然的崇拜
风景审美
风水观</td></tr>
</table>

3. 重要建筑朝向上游

临江场镇中滨江的重要建筑，通常斜开30°朝向江河上游，这源于“金生于水”的风水观，街巷、宅门、寺庙朝向上游来水，形成张臂接纳之态，开门接水寓意接财纳宝。同时也有其他说法，部分古镇上游方向是蜀汉都城成都，有版图归属意义。王爷庙面对上游则是有利于观察上游船只动向。

4. 重要建筑朝向对景物

当场镇选址之地对岸有重要景物时，场镇中的街巷和部分重要建筑朝向此方向。由于风水观认为建筑基址前面应有月牙形的池塘或弯曲的河流，在水的对面还有案山，塔、楼、阁、寺庙等景物也多是基于山体而存在的，这种特征也与风水密切相关。

6.2　基于“力场”的建筑空间分布特征解析

6.2.1　“场”的概念

“场”在物理学中指某种空间区域，如力场、磁场（图6-5）等。虽然难以被看见，但场又确实对事物的运动产生影响。“场”的概念同样可以引申到人居环境研究中。传统聚落的择址可以看作自然环境的场域对建筑的影响，山、水均可看为场中力的来源。考虑地形地势对聚落的实际影响作用，这种“场”可以看作具有大小和方向的矢量场，也可称为“力场”（图 6-6）。

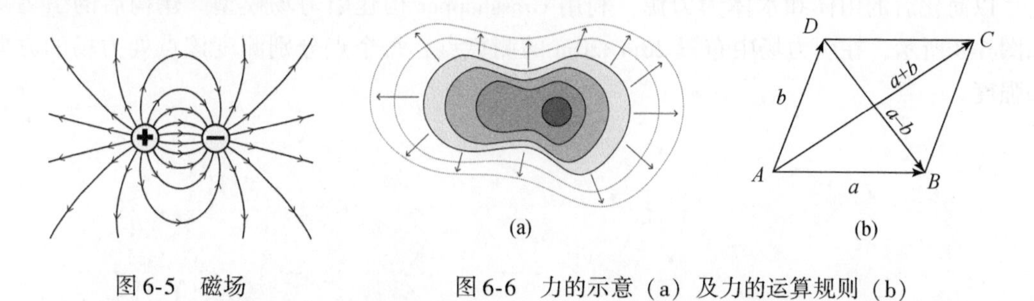

图 6-5　磁场

图 6-6　力的示意（a）及力的运算规则（b）

在力场中，山水环境对于聚落的影响具有大小和方向两个因素，大小即为强度，聚落距离山水远，则力就相应衰减；山体水体对于周边的影响也具有方向性，方向特征呈现为向外的发散式。这样，在该力场中，力就表现为沿圈层向外扩展的方向线，如某一点受到多个力的影响，则力之间会遵循矢量的运算规则。

6.2.2　力场模型构建

1. 山体水体简化

在实际地形中，山体水体各不相同，由此就有了强弱之分，高山江河一般比矮丘溪流对聚落的影响更为明显。同时，如何计算引力产生的区域也有区别，定位于山脚或山顶的力源会产生不同的引力场，并且聚落在与自然环境的互动中又会产生多种多样的情况。对山体、水体进行相应的简化，以松溉古镇为例，简化后的山体和水体的形式如图 6-7 所示。

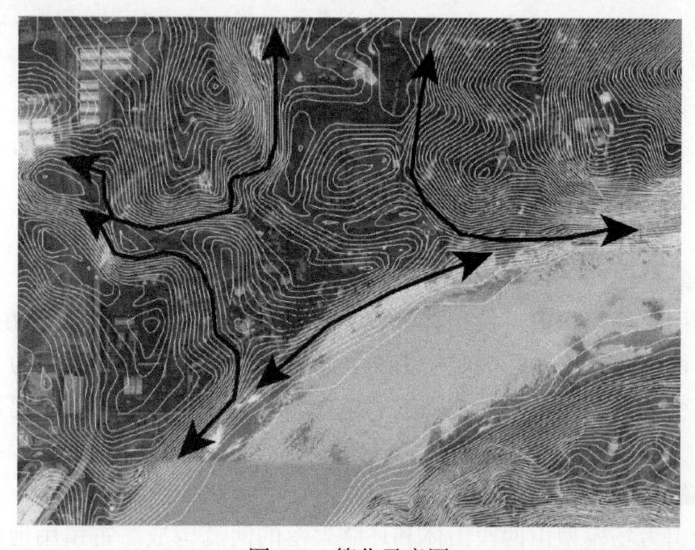

图 6-7　简化示意图

2. 构建力场模型

以简化后的山体和水体为力源，利用 Grasshopper 构建引力场模型。建构后的引力场如图 6-8 所示，在引力场中布置 20m×20m 的测算点，每个点分别测度该点处力场的方向和强度。

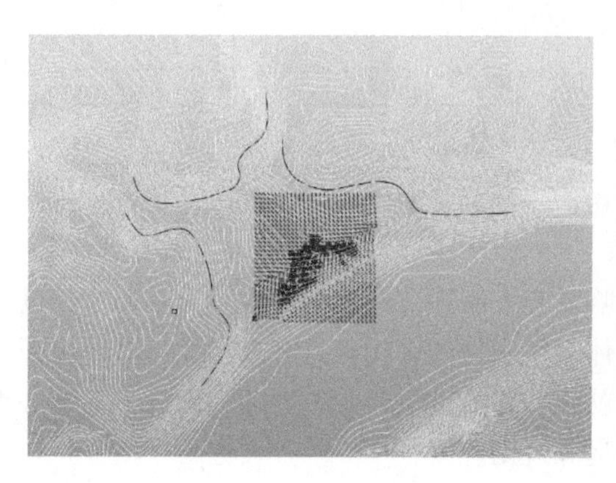
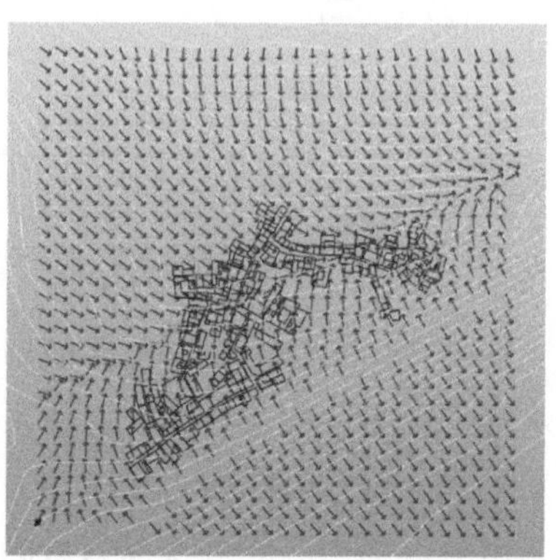

图 6-8　松溉古镇引力场模型

3. 特征解析

以下选取 4 个典型古镇使用力场模型进行解析（图 6-8 和图 6-9）。

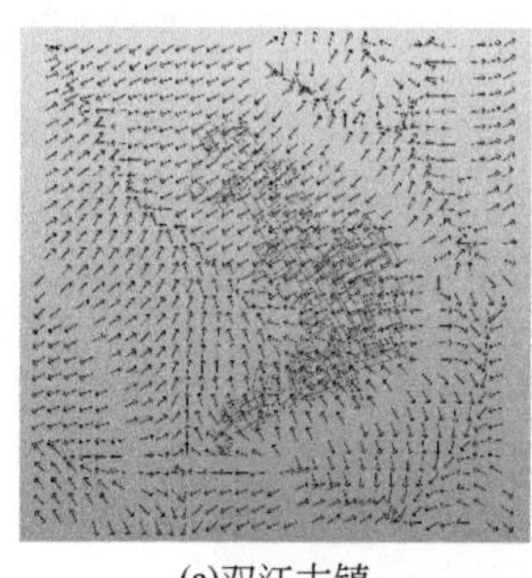
(a)双江古镇

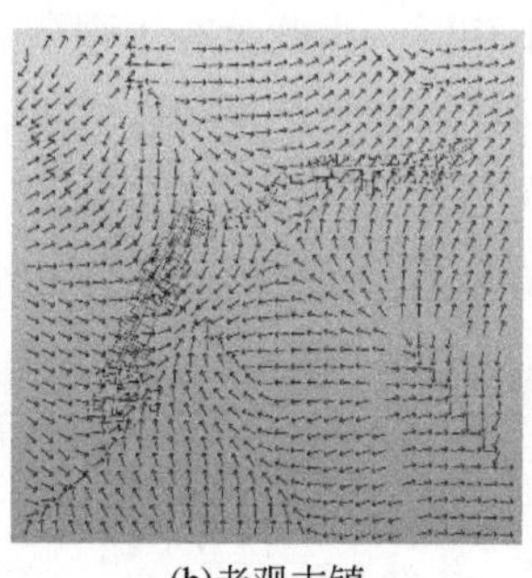
(b)老观古镇

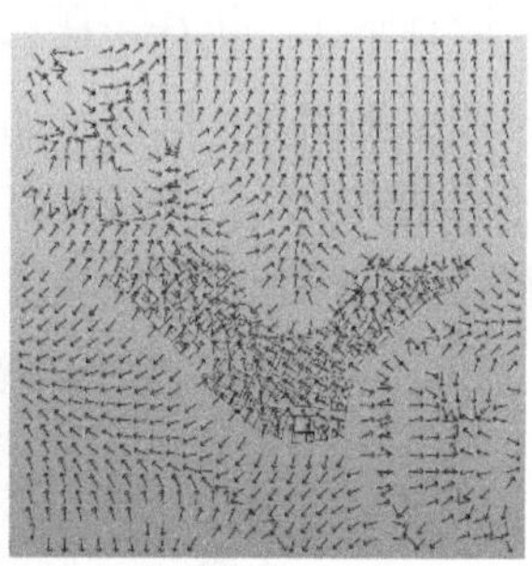
(c)上里古镇

图 6-9　古镇引力场模型

1）松溉古镇

松溉古镇的引力场模型由三段山体和水系构成，水体与山体的力场在聚落位置交汇，整体上形成了由西南向东北的趋向。引力场大致被分为两区，南部片区为主要受水系的力场影响的区域，引力测度点的方向在临近水岸处基本为垂直角度，随距离延伸则逐渐出现偏移。

2）双江古镇

双江古镇的引力场模型由两段山体和环绕聚落的河流构成。古镇用地较为平坦，环绕古镇的水系对聚落产生了更为直接的影响。临近水岸的建筑顺应引力场方向，均面向水岸布局，并在东侧与南侧形成了平行于水体的街巷。

3）老观古镇

老观古镇位于多个矮山之间的山谷中，主要道路顺应地形走向呈现出明显的转折变化，古镇整体上可沿中间分为两个部分，靠右侧的部分为东西走向，靠左侧的部分则顺应地形呈现东北—西南走向。力场模型十分明显地体现了这一特征。

4）上里古镇

上里古镇位于依山傍水之处，河流环抱，山体掩映。山体与水体构成的引力场模拟了这一环境下的影响趋势，由水系产生的力场和山体的力场在聚落中部交汇，形成了由夹角处向东北与西北延伸的趋势。

总体上看，在山形与水体构成的引力场中，越邻近力源，聚落中建筑所受的影响力就越强。巴蜀地区的传统聚落中，场镇大多因水而兴，河流水岸也是居民重要的生活空间。因此，聚落一般择址于水岸两侧，与水系形成密切的联系，临近水岸的建筑自然形成了面朝水岸的布局模式，进而形成了顺应水势的街巷。在4个样本古镇中，松溉古镇、双江古镇、上里古镇与水系联系紧密，在引力场模型中，近水点位的方向均为垂直于水系方向，近水建筑的朝向十分明显地体现了这一特征，山体、景物的影响亦然。

6.3 建筑肌理特征分析与聚类

6.3.1 研究方法及数据处理

本节采用统计分析、空间分析等方法，对建筑面积、距离、角度关系、聚落形态、道路等形态要素特征进行定量测度，步骤如下。

1. 建筑肌理图形处理

首先对聚落肌理进行处理与简化，形成具有统一标准的底图数据，并划定聚落、地块边界。在实际的建筑平面中，受多种因素的影响，建筑屋面可能出现破损等情况，导致建筑平面变得不规则。建筑中外挑的各种构件同样也会增加建筑平面的复杂程度。因此，对这些建筑进行适当简化（图6-10）。将“二”字形建筑分解为两个或多个“一”字形建筑的连接组合，形成“一”字形、曲尺形、三合院、四合院的图斑。

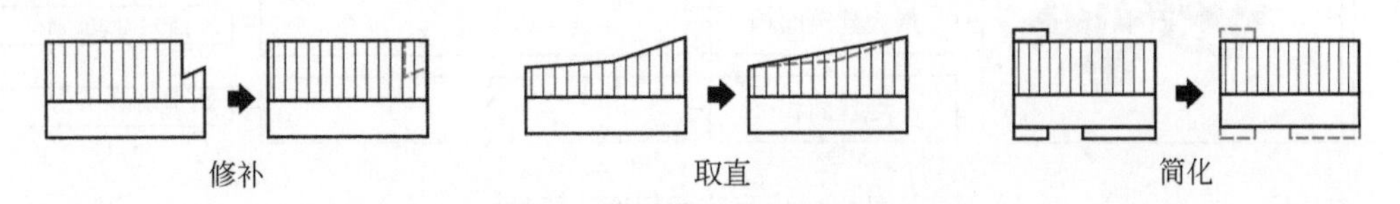

图6-10　建筑平面优化规则

通过统一的标准划定聚落范围（图6-11），由聚落内部主要道路划分出地块（图6-12）。

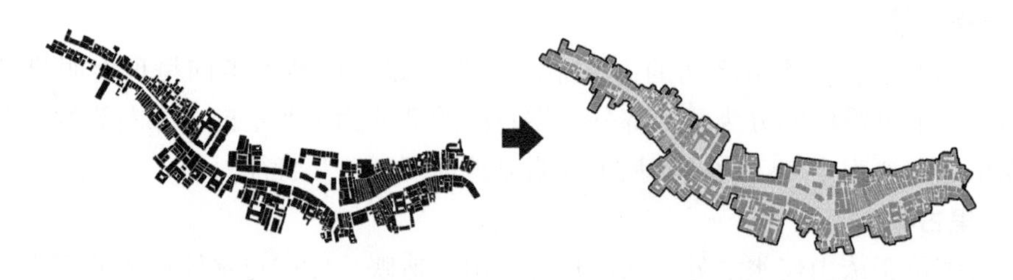

图6-11　聚落边界划定

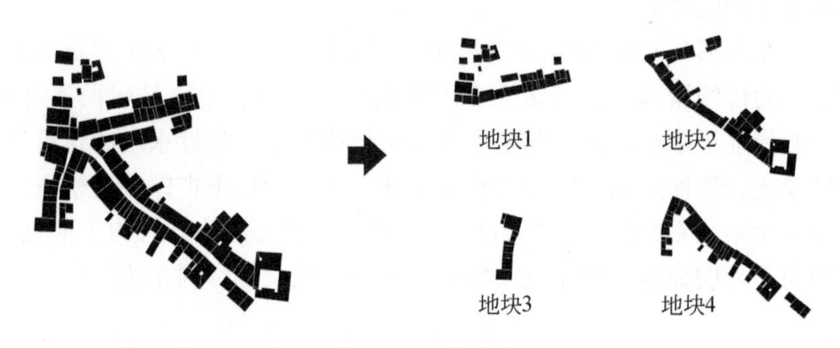

图6-12　地块划分

2. 形态特征指标体系构建

基于聚落平面形态要素建立了14个形态特征指标，以表征聚落平面的总体形态特征及内部差异。指标可分为五组，分别为聚落测度面积、建筑距离、建筑角度差异、聚落形状特征、道路形态特征。

1）聚落面积指标

聚落面积相关指标测度聚落建筑面积差异，解析面积特征，包括建筑面积平均值、建筑面积标准差、最大建筑面积、地块面积（图6-13）。

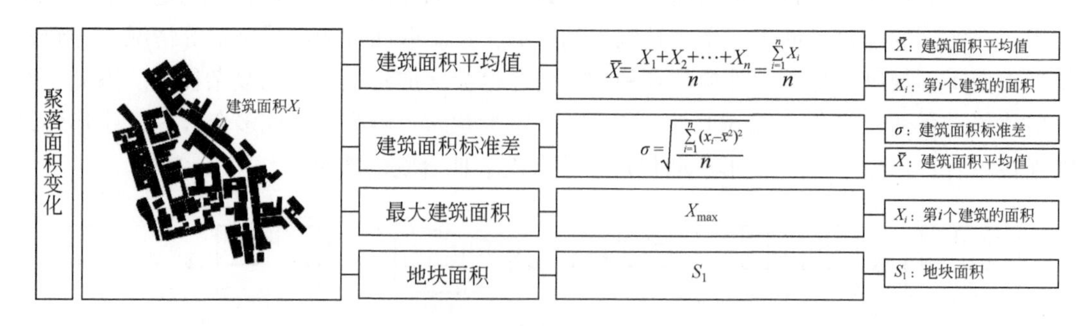

图6-13　聚落面积变化指标

（1）建筑面积平均值、建筑面积标准差。在传统聚落中，受功能需求、财力物力、地形地势等因素的影响，建筑会有多种类型变化，不同类型甚至同种类型间会有较大面积差异，这种差异直接影响了聚落的平面形态。因此，将建筑面积平均值、建筑面积标准差作为测度聚落面积变化的指标。

（2）最大建筑面积。在传统场镇聚落中，祠堂、会馆等公共建筑是该聚落的核心，该类建筑因其公共属性需要相对较大的建筑空间，最大建筑面积指标一定程度上表征了聚落的形态与文化特征。

（3）聚落面积，指以 7m 精度为界线划定的聚落边界围合的面积。该指标测度传统聚落规模，衡量不同条件下的聚落发展情况。

2）建筑距离指标

建筑距离指标测度聚落中建筑间的距离，以反映聚落中建筑的紧凑或离散的空间分布特征，包括建筑间距平均值、建筑间距标准差（图 6-14）。

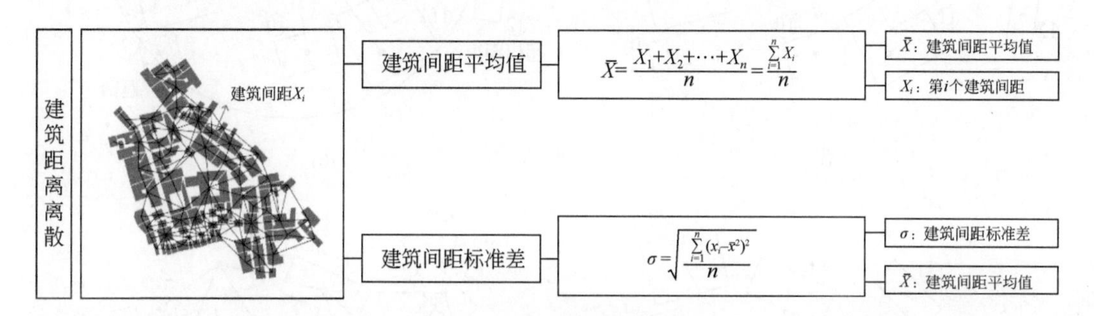

图 6-14　建筑距离离散指标

（1）建筑间距。为量化建筑间距，先构建建筑节点网络图。将建筑简化为以重心为代表的点，建筑间距即点之间的距离，该种方法反映出在建筑面积影响下的建筑间距（图 6-15）。

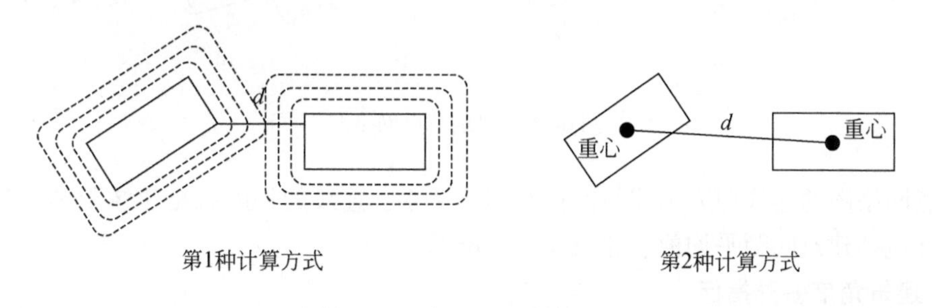

图 6-15　建筑距离计算方法

（2）节点网络图构建。根据空间映射论，聚落的空间是由居住者建造而成的，聚落的实体空间是居住者所持空间概念的映射（王均，2009）。建筑在选址建造时必然受到周边建筑和环境的影响，从力场的场域来说，相距越近的建筑，相互影响就越强烈，距离越远影响则会越弱。本节对场域进行了相应的简化处理，以建筑重心为原点，50m 为半径作为场域的影响范围。“视域”指可见范围，即以某一建筑为视点，在其视野范围内可见的建筑会与该建筑产生相互影响。如图 6-16（b）所示，以建筑 1 为视点，在其视域范围内的建筑为2、4、5、6、8、10、11、12，建筑3、7、9与建筑1间存在遮挡，相互影响的程度变弱甚至影响被隔断。对于存在影响关系的建筑，通过连线将建筑重心连接起来形成以建筑1为对象的建筑节点图。扩展到全部建筑就形成了整个聚落的建筑节点网络图，最终可简化为图6-16（d）。

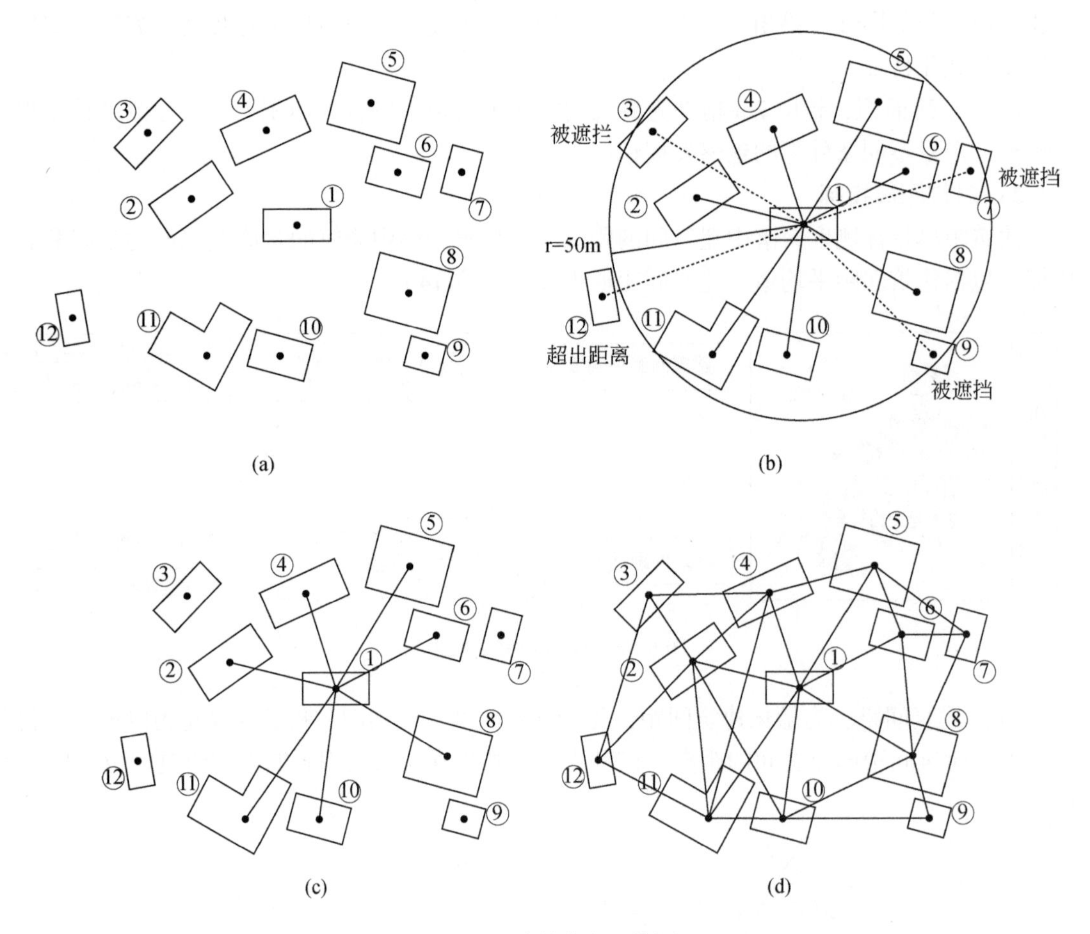

图6-16　建筑节点网络图

节点网络图的连线即表示建筑间存在影响关系，连线的长度就是建筑距离。建筑距离离散指标包括建筑间距平均值、建筑间距标准差。

3）建筑角度差异指标

建筑角度测度聚落中建筑间的角度差异程度，包括建筑角度差值平均值、建筑角度差值标准差（图6-17）。通过建筑角度指标的测度，衡量建筑间的秩序关系。其中，平行与垂直是建筑空间形态中的两种基本关系，建筑单体之间相互平行或垂直排列而成的聚落，秩序关系清晰，当建筑间以一定的角度相交时，秩序较复杂。

具体方法如下：以屋脊线方向作为建筑角度值，建筑间角度差有四种情况，平行、垂直和两种斜交方式。当建筑角度越接近平行或垂直越规整，建筑角度差为45°时最为杂乱，如图6-17（c）所示。而在图6-17（d）中，不难发现（d）与（c）中的建筑角度关系是

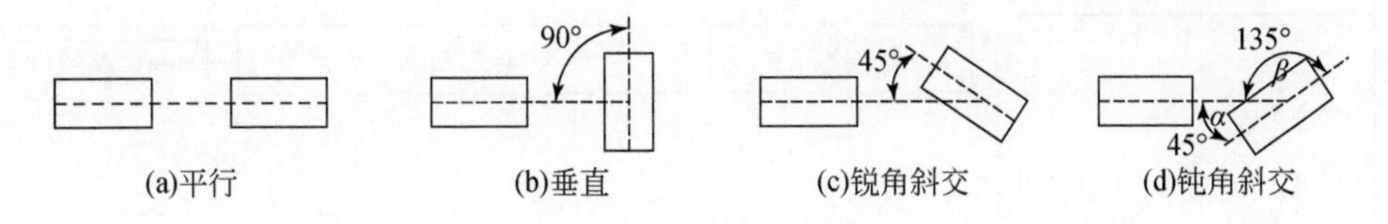

图 6-17　建筑角度计算方法

镜像的，两者具有相同的角度差异程度，因此只需记录其中锐角 α 的数据即可。

通过上述处理，建筑角度差值被限定在 0°～90°，数据越接近 0°或 90°，两个建筑就越接近平行或垂直，因此考察 α 与 45°之间的关系就表征了建筑角度差值的秩序程度。（α–45°）的数值区间为–45°～45°，对其取绝对值则可将数值限制在 0°～45°的数据区间内，数据越接近 0°，则表示 α 越接近 45°，表征建筑角度差值越大。反之数据越接近 45°，则表示建筑间越趋近于平行或垂直。

4）聚落形状特征指标

聚落形状特征指标测度聚落整体的形状特征，包括聚落聚集度、聚落建筑密度、聚落宽长比、聚落形状指数（图 6-18）。

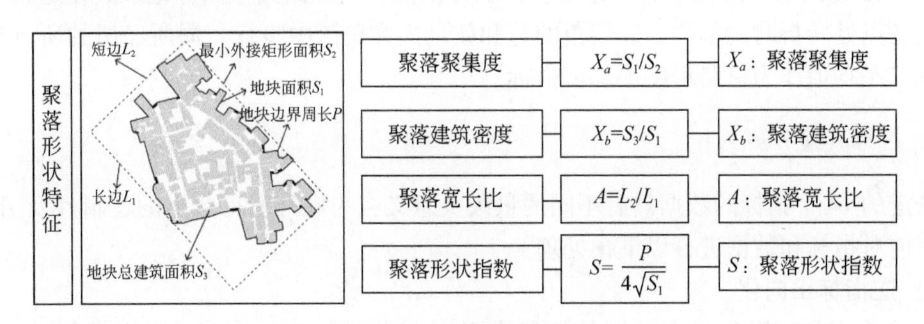

图 6-18　聚落形状特征指标

（1）聚落聚集度、建筑密度。聚落聚集度指地块面积与地块最小外接矩形的比值，数值越接近于 1，则表示地块越方正紧凑。聚落建筑密度为总建筑面积与聚落面积之比，测度地块内建筑的紧凑程度。

（2）形状指数、聚落宽长比。形状指数是景观生态学中用来测度斑块复杂程度的指数，具体方法是计算需要测度的形状与相同面积的圆、正方形、长方形等形状之间的偏离程度。本节以正方形作为标准形状，形状指数 S 的最小值为 1，数值越接近于 1，则表示该图形与正方形越接近。数值越大，则表示形状与正方形相差越大，越复杂和不规则。聚落宽长比即聚落外界矩形的短边与长边之比，数值越接近于 1 则表明聚落越紧凑方正。

5）道路形态特征指标

道路形态特征指标以聚落内主要道路为测度对象，反映聚落内部街巷结构特征，包括道路绕行率、道路角度平均值（图 6-19）。

（1）道路绕行率。为量化聚落内街巷结构，对聚落内道路进行简化处理，依据空间句法轴线模型生成方法，依据“最长且最少”的原则手绘道路轴线图，得到简化后的聚落原

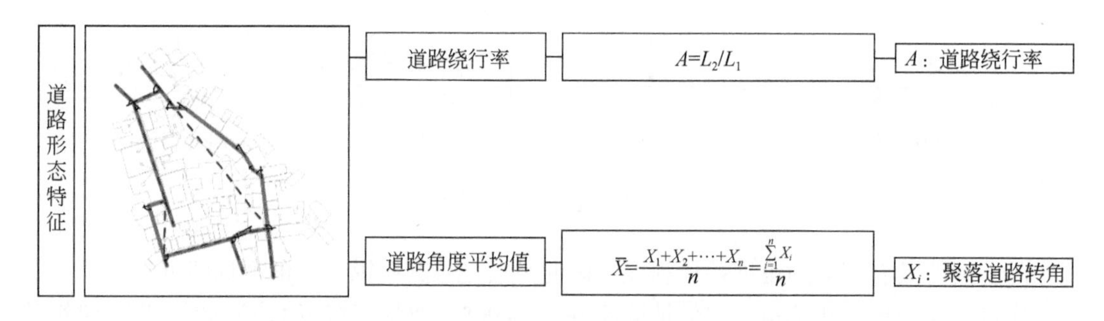

图 6-19　道路形态特征指标

始道路轴线图。以轴线交点为端点，绘制取直后的道路轴线图，取直后道路与原始道路轴线图长度的比值为道路绕行率，表征聚落内道路的弯折程度。

（2）道路角度平均值。道路交叉或转折时会产生折角，人沿着道路行走时，视线会随着道路折角而转折，较小的折角具有连续的步行体验，而随着折角不断变大，超过 90°甚至 180°，会产生明显不同的步行体验。如单纯测量道路之间的夹角其结果总会是 180°或者 360°。在此以某一道路端点为起始点，绕行聚落一周并回到原点，记录其在道路节点或道路交叉点处转折时的偏角，该偏角的总和就是人在聚落中步行一周所经历的所有视线转折，取其平均值作为道路角度平均值指标。

3. 指标处理

选定的 14 个指标的数据具有不同的量级及意义，为提升所得数据的逻辑性及可比性，在分析前对指标和数据进行以下预处理①。

1）逆指标正向化

14 个形态指标因为具有不同的解释含义，在类别上可以分为正向指标与逆向指标，正向指标代表向上的、增长的指标，该类指标越大越好，逆向指标则相反。本节将聚落肌理的集中、紧凑、规整定为正向，分散、随机则为逆向，对逆向指标数据（建筑面积标准差、最大建筑面积、建筑间距平均值、建筑间距标准差、角度平均值、角度标准差、形状指数、道路角度平均值、最大道路角度、最小道路角度）进行正向化处理。处理公式如下：

$$H=\frac{X_{\max}-X}{X_{\max}-X_{\min}} \tag{6-1}$$

2）归一化处理

现有指标具有不同的单位，量级差异较大，需对其进行归一化处理。归一化处理公式如下：

$$X_{\text{norm}}=\frac{X-X_{\min}}{X_{\max}-X_{\min}} \tag{6-2}$$

① 经过处理后的聚落指标数据详见附录 B、C。

6.3.2 聚落平面形态特征分析

1. 聚类分析

聚类分析按照数据内部距离的远近将数据分为若干类别，以使得类别内数据的“差异”尽可能小，类别间“差异”尽可能大。应用聚落分析的方法可以解析出各聚落平面肌理的特征差异，并为聚落特征的提炼提供辅助。

本节聚类分析采用 IBM SPSS Statistics 26 层次聚类法，采用欧几里得平方距离来测量数据中的距离。聚类结果如图 6-20 所示，其中横坐标代表数据组间距离，样本的连线横轴数字越大，表明该样本间指标差异越大。

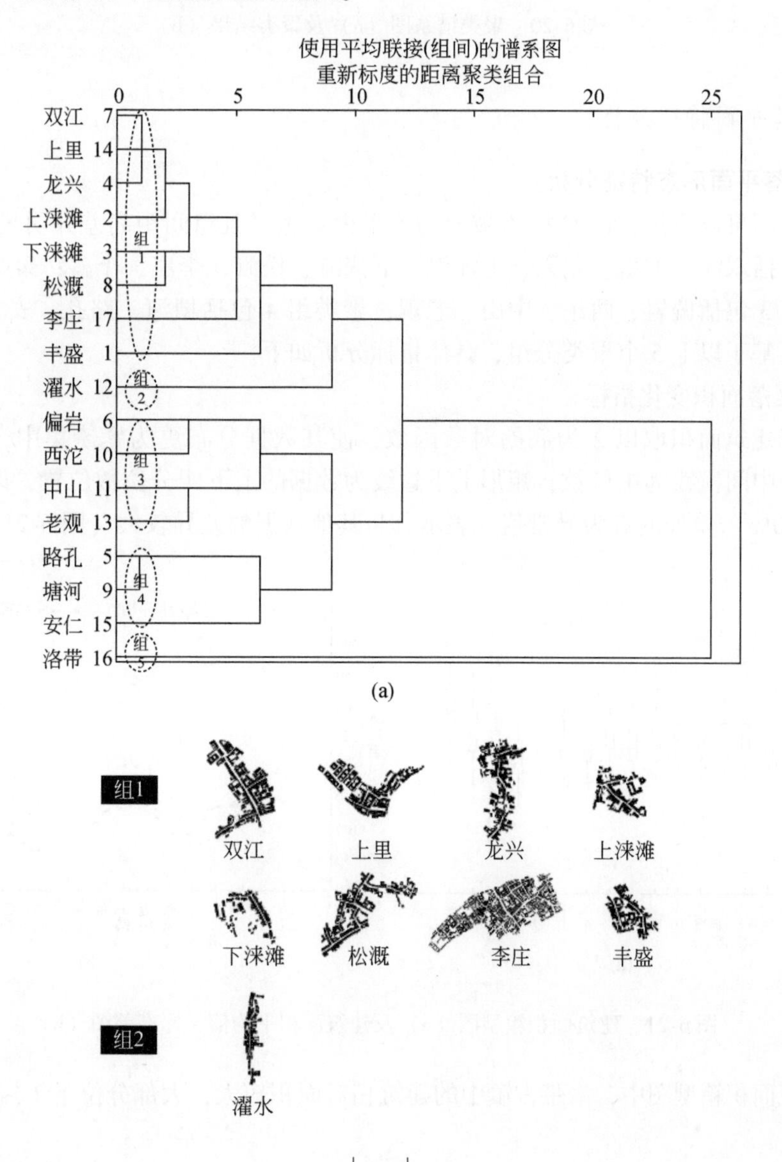

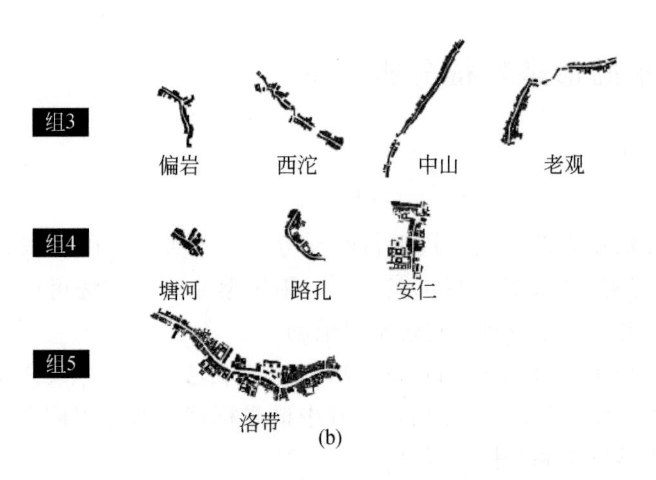

图 6-20　聚类谱系图（a）及聚类结果（b）

2. 聚落平面特征分析

1）聚落平面形态特征分析

从聚类图可以看出，17 个样本被分为 5 个聚类组，且组间距离差异明显（图 6-20）。聚类组 1 包括双江、上里、龙兴、上涞滩、下涞滩、松溉、李庄、丰盛；聚类组 2 包括濯水；聚类组 3 包括偏岩、西沱、中山、老观；聚类组 4 包括塘河、路孔、安仁；聚类组 5 包括洛带。基于以上 5 个聚类分组，具体指标分析如下。

（1）聚落面积变化指标。

对各镇建筑面积取以 2 为底的对数函数，使其数据分布更为紧凑集中，并绘制箱型图。箱型图中间横线为中位数，矩形上下边线为数据的上下四分位数位置，即涵盖了所有数据量的 50%。箱外的点为异常值，表示其与其他数据的差异较大（图 6-21）。

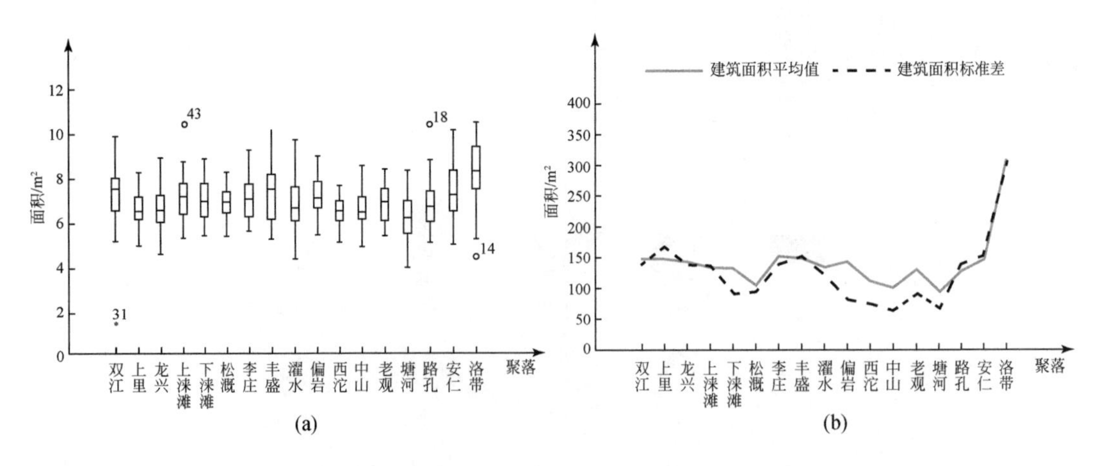

图 6-21　建筑面积箱型图（a）及建筑面积平均值、标准差图（b）

在建筑面积箱型图中，洛带古镇中的建筑相对面积较大，大部分位于 2^7 ~ 2^9（即 128 ~

512)，其余 16 个样本聚落建筑面积大致相似，每个聚类组内的建筑面积分布特征相似。通过结合建筑面积平均值、建筑面积标准差可以发现，面积分布相对较大的安仁、洛带其建筑标准差也相应较大，说明聚落内部建筑面积差异较大，而位于聚类组 3、4 的带状聚落的建筑面积标准差则处于较低的位置。

在最大建筑面积、聚落面积图中可以发现（图 6-22），聚落面积与最大建筑面积具有相同的变化趋势，网状聚落的数值普遍比带状聚落高。以上数据说明，当聚落面积较大时，建筑面积的分布范围更大，建筑面积标准差也相应越大，同时这类聚落中也往往有较大面积的建筑存在。

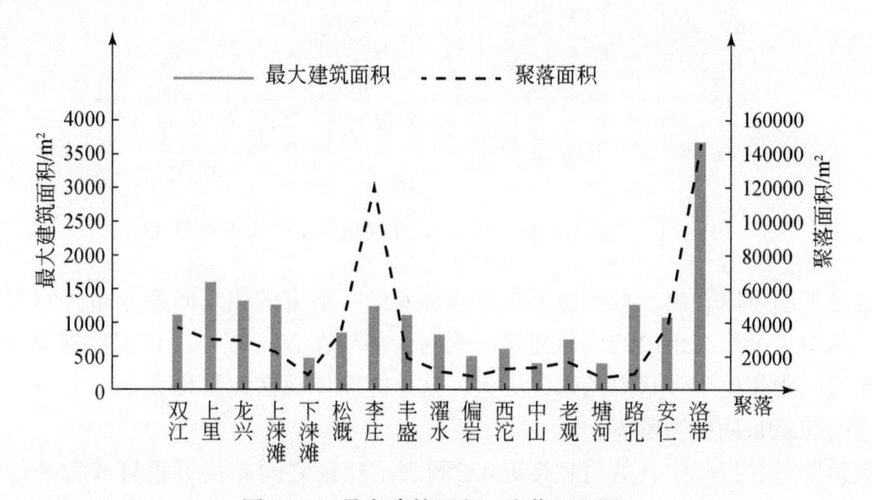

图 6-22　最大建筑面积、聚落面积图

（2）建筑距离离散指标、建筑角度差异指标。

建筑距离离散指标的限定范围为 0 ~ 50m，箱外的异常点表示存在少量间距较大的连线（图 6-23）。

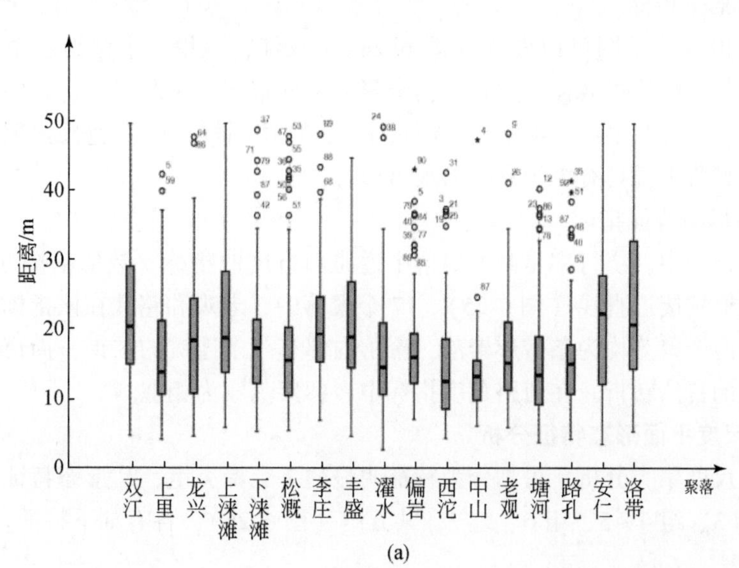

(a)

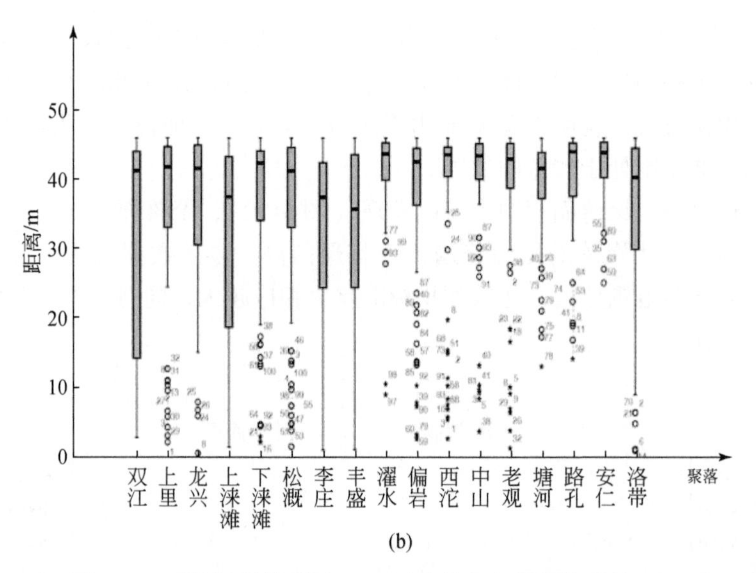

图 6-23　建筑间距箱型图（a）及建筑角度差值箱型图（b）

通过箱型图可以看出，聚类组 1 内聚落和安仁、洛带的建筑间距分布区间明显大于其余聚落，其余三个聚类组内的聚落建筑间距则大部分在 20m 以下。该组数据说明，网状聚落内的建筑间距相比于带状聚落来说更大，这一方面体现在建筑面积上，另一方面也说明带状聚落的建筑布局更为紧凑。

建筑角度差异指标中，数值越接近 45°则表示建筑之间越接近垂直或者平行。从建筑角度差值箱型图可以看出，聚类组 1 内的建筑角度差值区间最大，这表示聚落内建筑角度差异最大；聚类组 2、3、4 角度差值区间紧凑，表明聚落内建筑较为规整；聚类组 5 的洛带古镇也同样有着较大的角度差异。该组数据表明了网状聚落相比带状聚落其内部建筑角度差异也更大，网状聚落中也具有如上里、龙兴、下涞滩、安仁等相对较为规整的案例。

（3）聚落形态指标。

通过形状指数折线图可以发现（图 6-24），双江、上里、上涞滩、李庄、丰盛、塘河、路孔、安仁的形状指数在 2 左右，其余聚落则分布于 2.5 及以上，其中聚落呈明显带状特征的西沱、老观、中山，形状指数超过了 3，这些同样反映在宽长比数据中。网状聚落相较于带状聚落来说具有更为紧凑的聚落形态。

（4）道路形态特征指标。

道路形态指标中，绕行率是测度聚落中道路曲折度的指标，数值越接近于 1，则表示聚落内道路线形越接近直线（图 6-25）。17 个聚落中，老观和路孔在该指标上与其他聚落差别较大，这两个聚落均为条带形聚落，聚落内部有一条连贯的主街，街道受周边环境的影响有着明显的自然转折。在道路角度指标中，各聚落较为相似。

2）地块尺度平面形态特征分析

基于地块尺度聚类分析，可划分为特征明显的 7 个聚类组，从形态特征角度可以划分为组 1～2、组 3、组 4～5、组 6、组 7，共五组（图 6-26），各有如下特征。

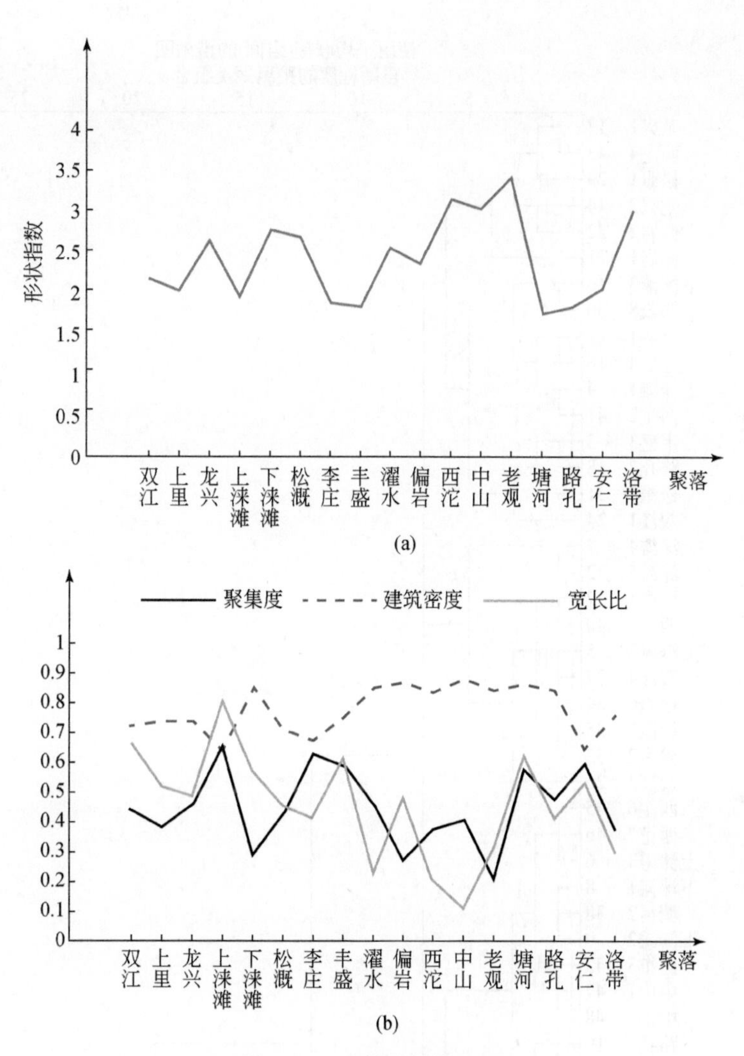

图 6-24　聚落形状特征图

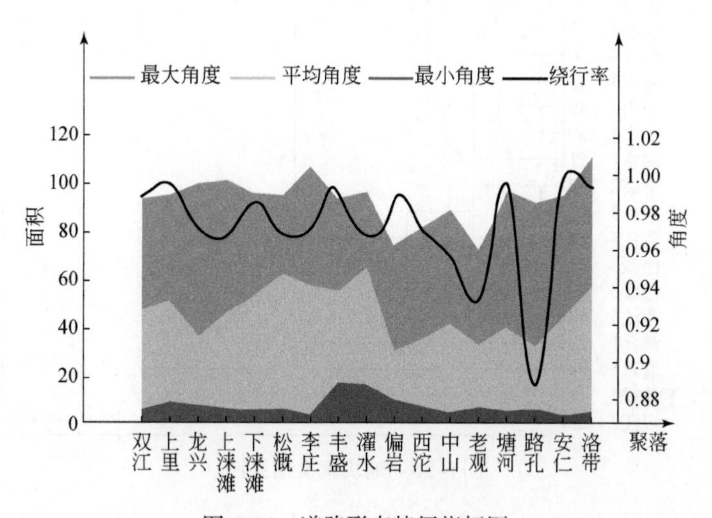

图 6-25　道路形态特征指标图

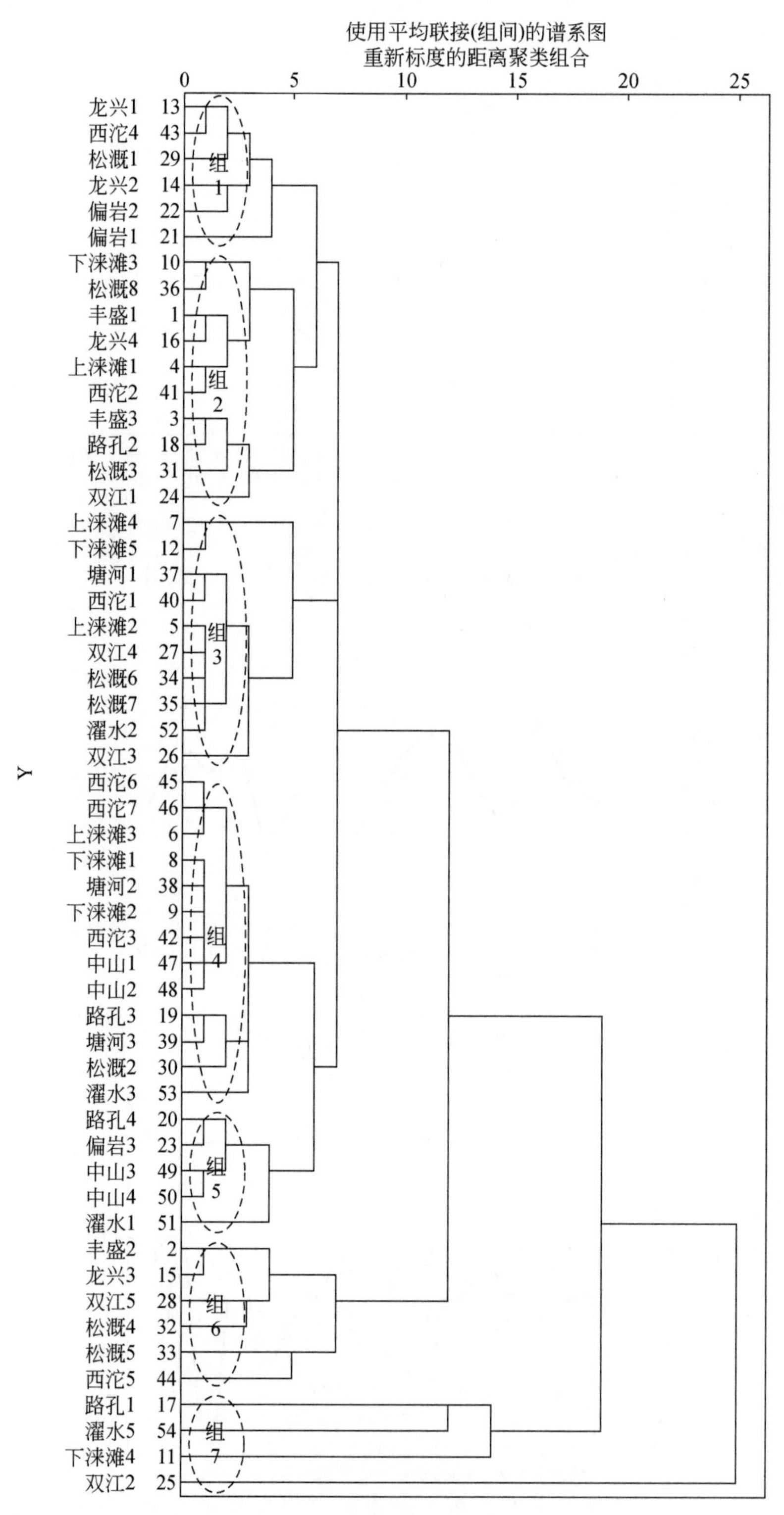

图 6-26　地块聚类谱系图

（1）组 1 ~2 中的地块形状特征为不规则条带状，建筑面积差异明显。

（2）组 3 中的地块形状特征与组 1 ~2 相似，但其中建筑面积差异较小。

（3）组 4 ~5 内地块为明显的线型，建筑面积差异不大使得地块形状特征更为突出。

（4）组 6 内的 6 个地块建筑实则可以分为 2、2、2 结构，每两个地块数据结构较为接近，组 6 地块整体特征表现为较为规则、均整的形态，建筑面积差异小。

（5）组 7 内则为数据结构各异的 4 个地块，地块间差异大，此组内地块表示了聚落中被零散划分出来或形态独特的地块特征，如其中第三个地块，为下涞滩第 4 号地块，其实质为新建的厂房、仓库、居住类建筑的组团，与传统聚落其余地块在形态上具有较大的差异。

3. 成因分析

聚落的形成与发展必然受其自然及社会条件影响，各地独特的自然资源禀赋与历史人文环境是聚落形态特质的底和因。

1）自然因素

在 17 个聚落中，依据水系对聚落的影响程度，可以将之划分为两类，依水型与远水型（图 6-27）。依水型为聚落滨水而建、依水而生，该类聚落往往为“水码头”；远水型为聚落离水系较远或周边无水系，该类型聚落的发展基本不受水系的直接影响，聚落性质多为“旱码头”。17 个聚落中，依水型包括下涞滩、松溉、李庄、濯水、偏岩、西沱、中山、塘河、路孔；远水型包括双江、上里、龙兴、上涞滩、丰盛、老观、安仁、洛带。

除水系外，与聚落的发展最为密切的因素是用地。山形地势是影响用地条件的最主要因素。依据聚落受山形地势的影响程度，可以将其分为强影响的受限型聚落与弱影响的自由型聚落。强影响指聚落用地受到的地形限制作用较大，归类为受限型聚落。弱影响指聚落用地及扩展较为自由，临平原或缓坡，地形对聚落发展的限制较小，归类为自由型聚落。受限型聚落包括上里、上涞滩、偏岩、西沱、中山、塘河；自由型聚落包括双江、龙兴、下涞滩、松溉、李庄、丰盛、濯水、老观、路孔、安仁、洛带。

由图 6-27 可以看出，大部分远水型聚落被聚类为网状，相应地除上里、上涞滩外，其他都属于自由型，这说明处于该种自然环境特征的聚落易发展为网状聚落。带状聚落中，西沱、偏岩、塘河、中山受地形地势的影响最大，聚落择址于背山面水之处，用地局促。在这种环境条件下，聚落往往沿河流走向并平行于山体等高线发展，形成带状聚落。而在该类型聚落中，西沱是极为特殊的一例，西沱古镇建筑垂直于等高线发展，形成狭长的云梯街，该处聚落并未完全遵循顺应地势的平行于等高线的发展模式，而是选择拾级而上，形成垂直于等高线的带状聚落。

为进一步验证其聚落生成与自然山水的关系，选取样本聚落中所有建筑肌理的中心点与相邻 2m 等高线之间的平均最短距离（d）作为山形距离影响因子（D_1）；将所有平面建筑屋脊线中心点到相邻 2m 等高线最短距离的向量与建筑屋脊线之间的平均角度（r）（0° ~45°）作为山形角度影响因子（R_1）：

$$D_1=\frac{d_1+d_2+\cdots+d_n}{n},\quad R_1=\frac{r_1+r_2+\cdots+r_n}{n}$$

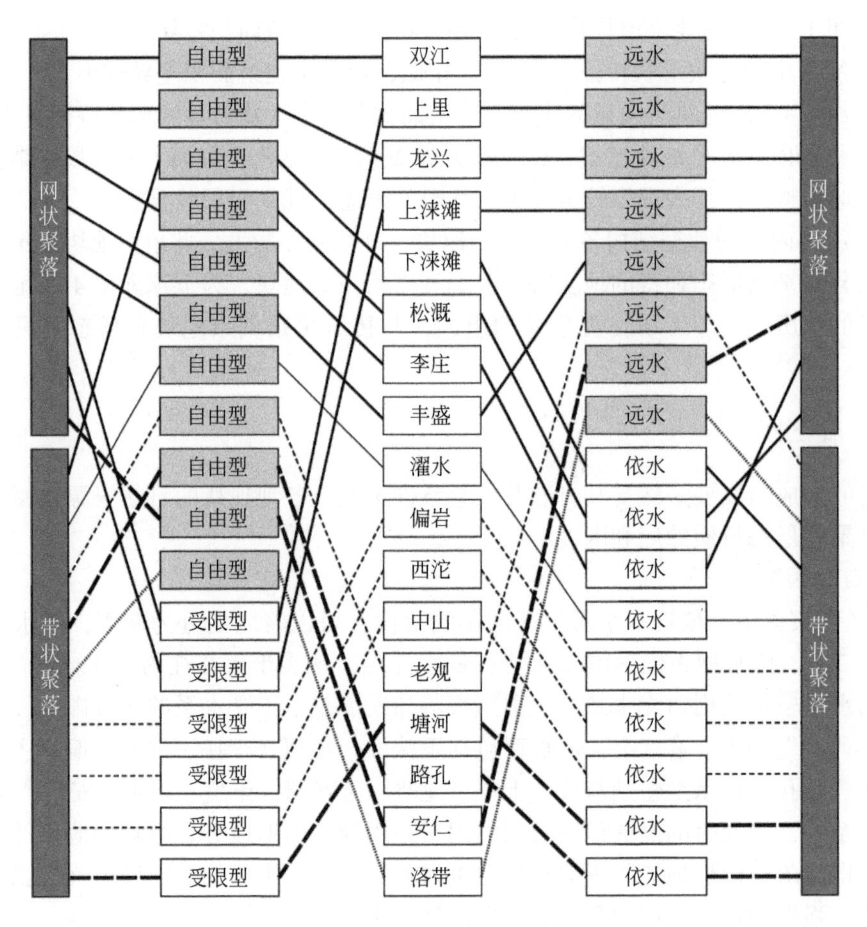

图 6-27　自然因素关联图

另选取依水型样本聚落进行分析，将其建筑肌理中心点与相邻最近水岸线之间的平均最短距离（x）作为水形距离影响因子（D_2）；将所有建筑屋脊线中心点到水岸边缘最短距离的向量与建筑屋脊线之间的平均角度（y）（0°～45°）作为水形角度影响因子（R_2）（图 6-28）：

$$D_2=\frac{x_1+x_2+\cdots+x_n}{n},\quad R_2=\frac{y_1+y_2+\cdots+y_n}{n}$$

对聚落山形影响因子量化（因安仁地形平缓，未纳入计算）（图 6-29），发现带状形态的聚落与最近等高线的平均距离为 6.19m，平均角度为 16.81°；网状形态的聚落与最近等高线的平均距离为 9.84m，平均角度为 22.16°。通过比较可发现，带状聚落的山形距离、角度影响因子都比网状聚落更小，说明带状聚落受山形影响较大且更顺应地形，而网状聚落则受其影响相对较小。将山形距离、角度影响因子建立坐标图进行分析（图 6-30），发现重庆地域聚落形态与山形影响因子有较大关联性，因此单从重庆地域来看，传统聚落与等高线的平均最近距离和角度大小呈正相关性，说明建筑肌理布局角度会随着距离等高线越近，越倾向于平行或垂直于等高线。而从坐标图可以发现，受山形影响较小的传统聚落更倾向于网状形态，受山形影响较大的聚落倾向于带状形态。

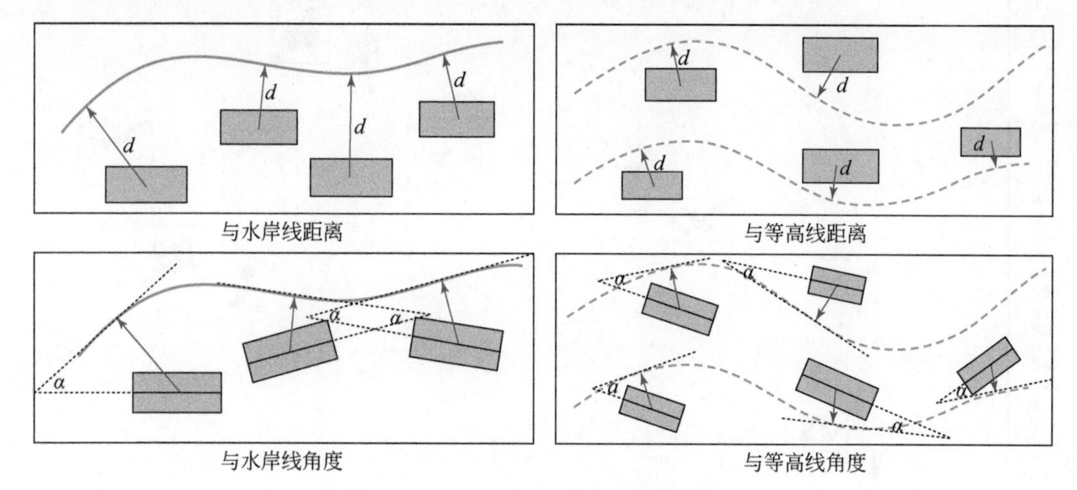

图 6-28　山水的距离、角度及量化图示

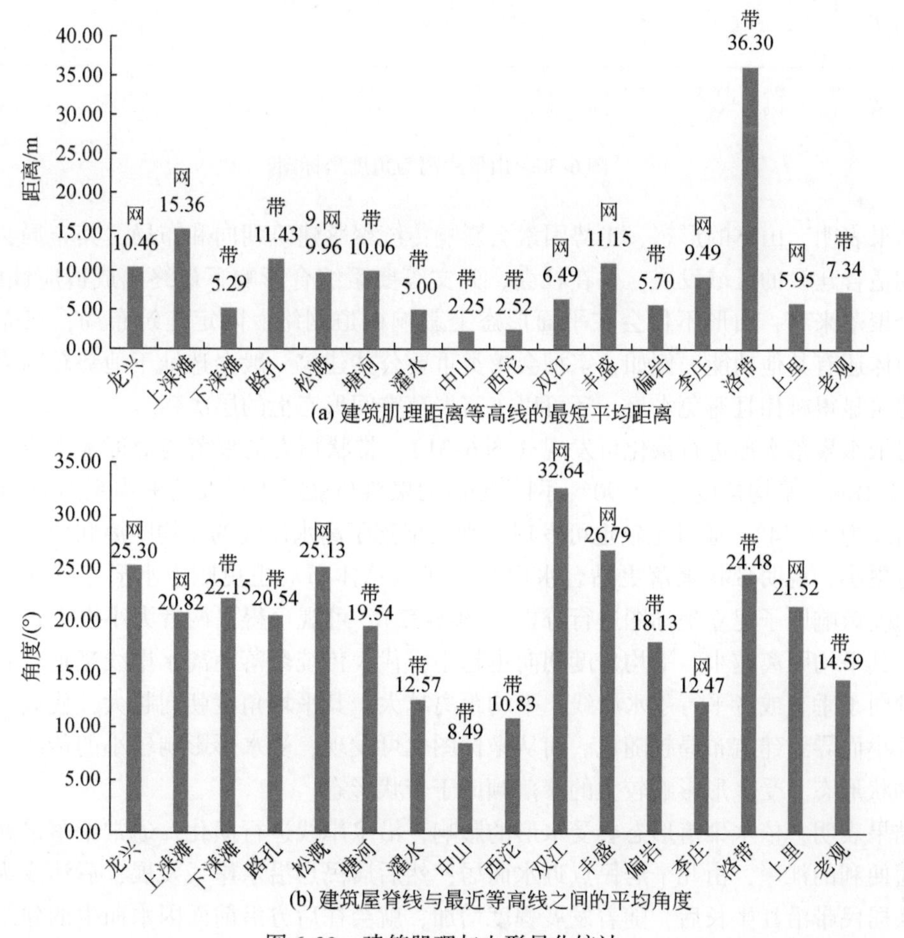

图 6-29　建筑肌理与山形量化统计

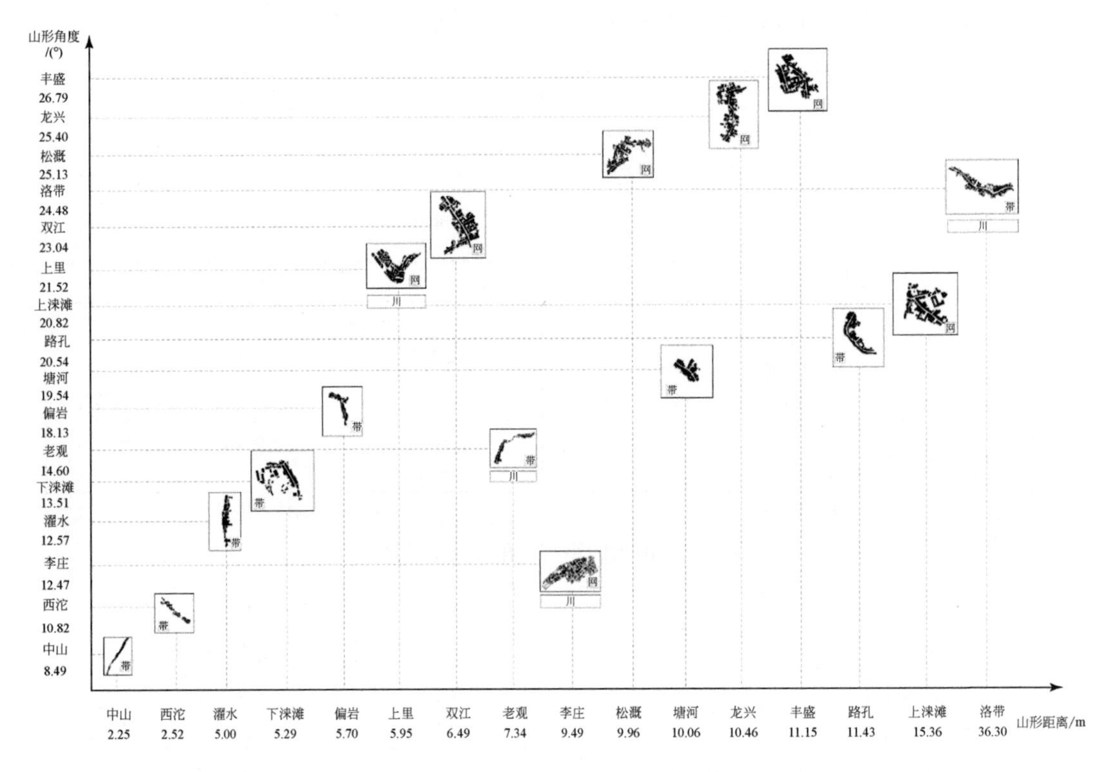

图 6-30　山形距离与角度坐标图

结果表明，山体的形态、走势因素会影响传统聚落建筑朝向和布局，其布局会顺应山势，朝适合建设的区域发展，并在社会、人文等要素综合影响下最终生成适应性的形态。从整个聚落来看，山形不仅会在平面形态上影响街道网络，限定建筑布局，在立体视角下，山体还有其他功能。例如，宗祠会馆类重要公共建筑一般会选址于地势较高之处，既能让建筑显得雄伟且避免水患，还可以丰富聚落空间形态上的层次感。

对依水聚落水形进行量化可发现（图 6-31），带状形态的聚落与最近水岸线的平均距离为 54. 18m，平均角度为 12. 90°；网状形态的聚落与最近水岸线的平均距离为 113. 10m，平均角度为 17. 14°。通过比较也可发现，带状聚落距离水岸线的平均距离和角度值都比网状聚落更小，说明带状聚落更贴合水岸线，建筑总体布局也更顺应水形。同样将水形距离、角度影响因子建立坐标图进行分析（图 6-32）。可观察得出两者大小也大致呈现正相关性，其平均距离越小，平均角度朝向也越小，代表传统聚落距离水岸线越近，其建筑布局越倾向于垂直或者平行于水岸线；平均距离越大，其平均角度朝向越大，代表其受水形影响越小而导致建筑布局越随机。而从坐标图也可发现，受水形影响较小的传统聚落更倾向于网状形态，受水形影响较大的聚落倾向于带状形态。

结果表明，依水聚落形态会受水形的影响，沿水岸线进行演化。通常聚落最初会选址于交通便利的江岸，由几个居民点近水而居；然后居民点沿水岸线发展，后演变为带状形态；在居民带沿江生长后，随着发展程度增加，就会往后方沿前面因水而生的建筑肌理拓展而出现分支街巷，例如，扩展出商业街和一些垂直于水岸的居住巷道，最后在不同社

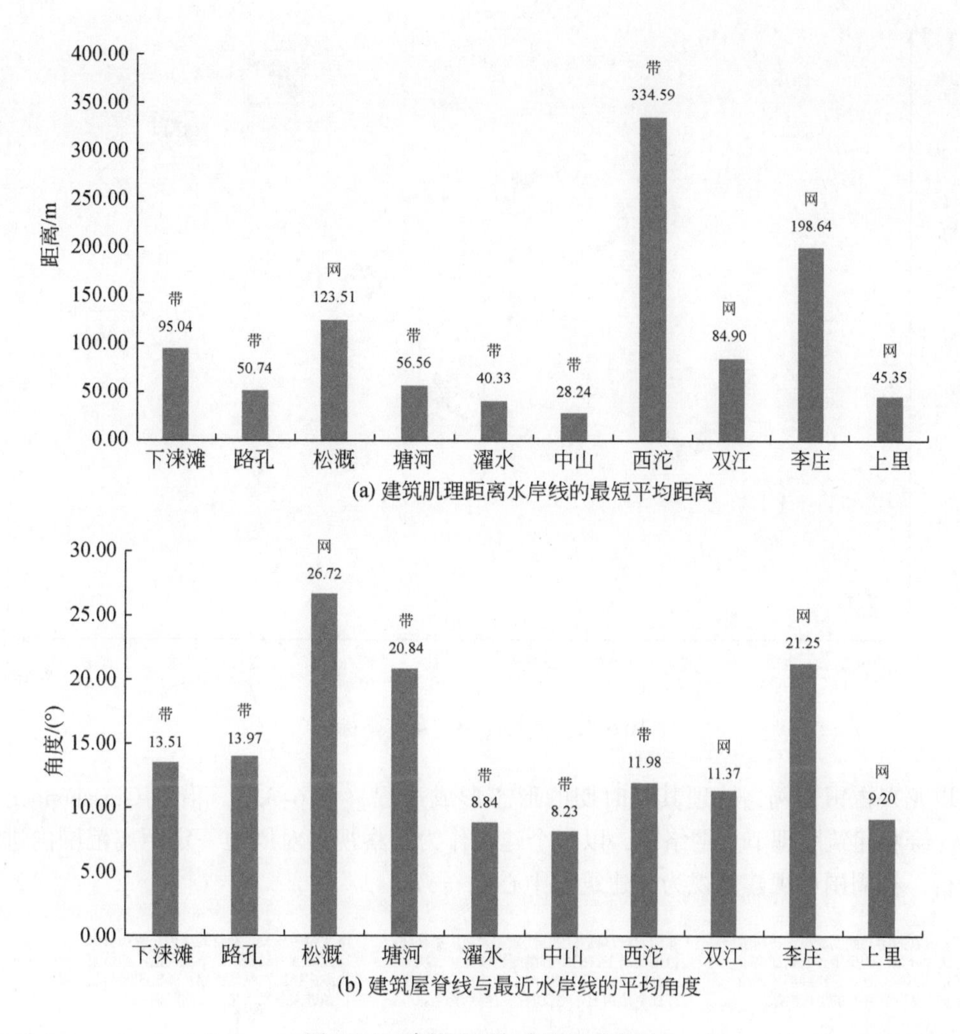

图 6-31　建筑肌理与水形量化统计

会、经济、人文等因素的作用下会开始向外继续扩展形成多条主街，并使聚落形态倾向于向网状转变。

2）社会因素

带状聚落中，老观、下洓滩、路孔虽然环境条件不同，但均为自由型，聚落的发展并未受到自然环境的明显限制，而这三个聚落形态均为带状结构。

巴蜀地区场镇的形成大多因商而兴，场镇作为商贸路线上的驿站，逐渐发展为具备商业功能的商品集散场所，这类场镇多处于交通便利的码头，或是连通内地的道路上的重要节点，以方便货物的流转，并辐射较小的乡村场镇和周边村落。场镇中形成的依托主街的街巷格局，就是市肆中商业街形式的延续。场镇中的主街就是场镇生活的中心，会馆、商铺等云集于此，一些重要公共建筑对聚落肌理有深远的影响。

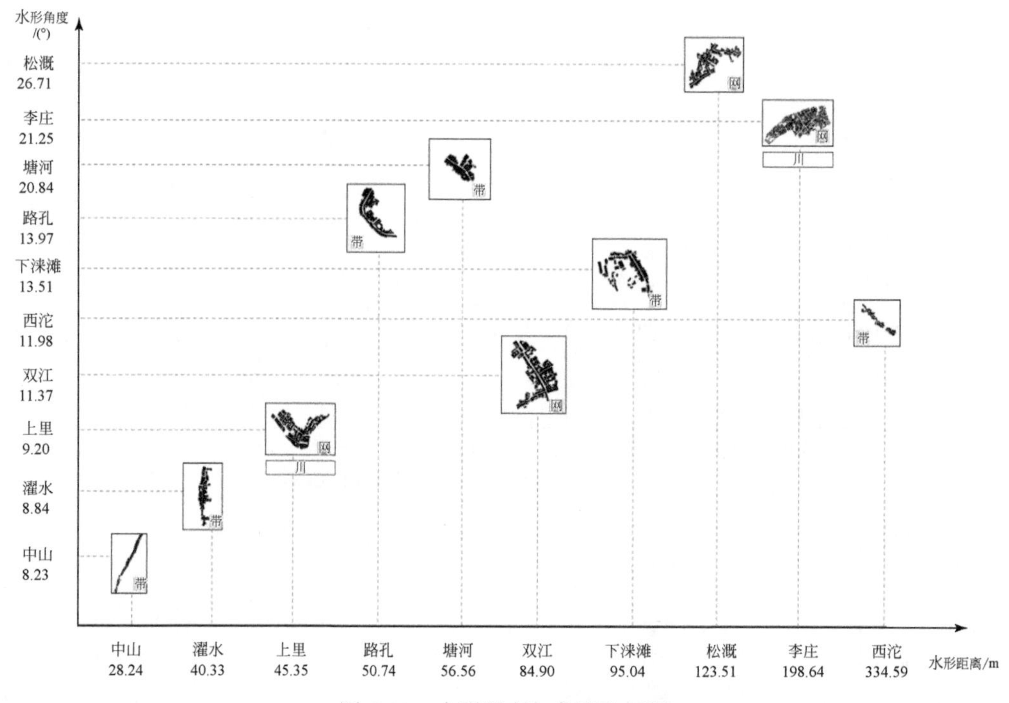

图 6-32　水形距离与角度坐标图

以龙兴古镇为例，梳理其多时期的形态形成过程（图 6-33）。借助 Grasshopper 以及 Python 绘制建筑肌理节点网络图，以每个建筑作为观察视点对周边一定距离范围内进行可视分析，将周围可视建筑视为此建筑的中心度（c）。

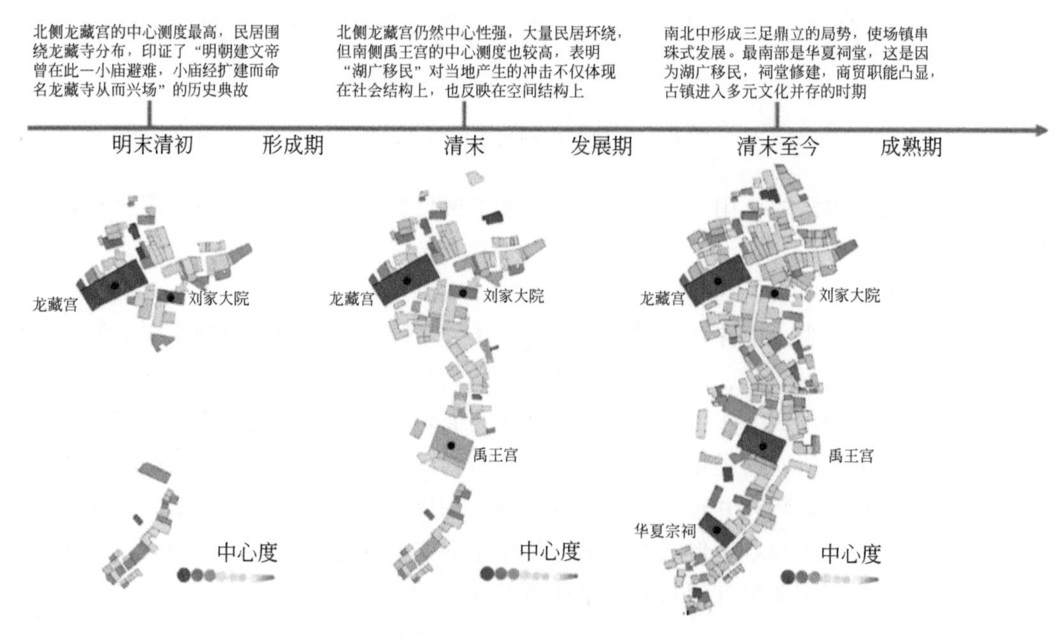

图 6-33　龙兴古镇社会动力源识别

早期聚落中心是龙藏宫，场镇肌理在此时期呈现单核形态。清末，北侧龙藏寺仍然中心性最强，大量民居环绕，依然维持了之前的圈层结构并向外发散，与此同时南侧禹王宫的中心性也较高，反映了“湖广移民”对当地民居营建的影响。近代，中心建筑又增加了华夏宗祠，形成了南部的核心片区，南北中逐渐形成三核主导的多中心结构。

中心建筑还会对聚落内各组团内民居集聚效果产生影响。以丰盛古镇、松溉古镇为例，可视化其建筑团簇的中心度与传递度的度量值，并作简要分析与归纳汇总，如表 6-2

表 6-2　场镇建筑簇群肌理中心度与传递度可视化图

场镇	场镇整体肌理中心度可视化热图	簇群	中心度	传递度
丰盛古镇	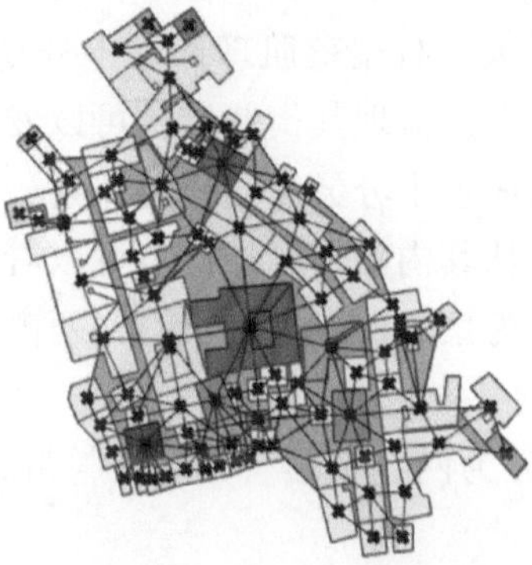 通过整体中心度划分重要簇群	乡绅宅邸	 中心度=13	传递度 = 1. 863141
		地缘会馆	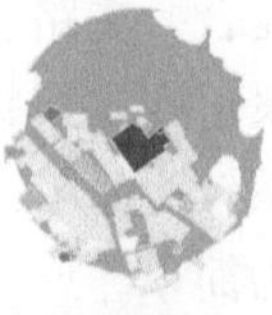 中心度=8	传递度 = 2. 256587
		生活古井	 中心度=9	传递度 = 1. 970943
松溉古镇	 通过整体中心度划分重要簇群	血缘祠堂	 中心度=8	传递度 = 1. 851111
		志缘庙宇	 中心度=7	传递度 = 1. 863522
		生活古井	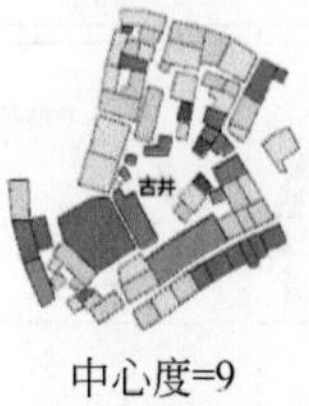 中心度=9	传递度 = 1. 7430213

所示。可以看出，在同一聚落内部不同性质的中心建筑或构筑对周边民居肌理的集聚效用不一，其中心度呈现乡绅宅邸>生活古井>地缘会馆、血缘祠堂>志缘庙宇的特点；在传递度方面，会馆类建筑传递度较大，由于其便利的商业性质，产生了极强的向中心致密集聚特征，且传递范围大。古井、祠堂簇团传递度测度小，表现出了规则而均质化的传递特征，并且不同聚落的同一类型建筑对周边肌理的集聚效用相近。

6.3.3 聚落平面形态特征聚类结果

1. 聚落形态类型

从聚类结果来看，第5组内的洛带古镇相比其他4组有较大差异，这一点也可以从聚类谱系图中看出，洛带古镇在所有聚落中面积最大，且聚落肌理形态十分复杂。在其余4组中，组1内的聚落占地相比于其余3组相对更大，梳理其街巷结构可以发现，组1内聚落的街巷结构更为复合，主路、支路、宅间路构成了十分灵活的道路体系；其余3组的聚落聚落面积较小，聚落整体形状更偏向于带状；从其内部街巷结构也可以看出，其余3组聚落内部的道路体系较为简单，基本以一条主路为聚落的发展轴，沿路两侧布置房屋，聚落整体形态结构较为简单。

依据以上形态特征，可将14个聚落初步划分为网状聚落（组1）与带状聚落（组2、3、4、5）。

由此将聚落划分为网状和带状两大类，四种类型（图6-34）：网状规整形、网状复杂形、带状受限形、带状自由形。

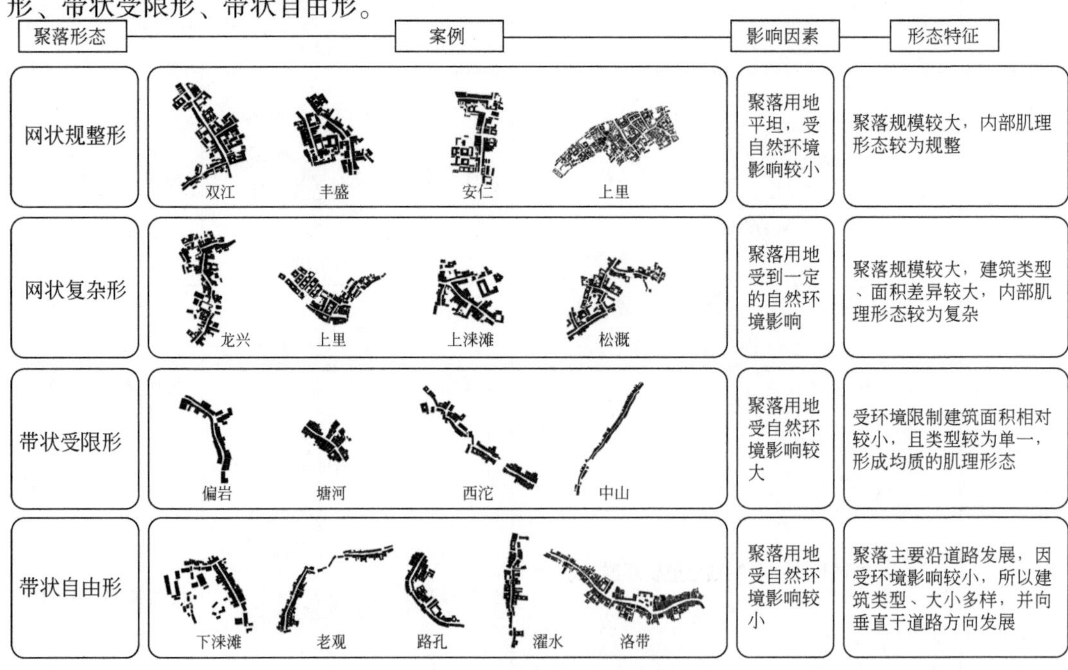

图6-34 聚落形态类型及特征

网状规整形包括双江古镇、丰盛古镇、安仁古镇、上里古镇。此类聚落用地条件较好，规模较大，内部较为规整。网状复杂形包括龙兴古镇、上里古镇、上涞滩古镇、松溉古镇。相比于网状规整形，该类聚落用地受到自然环境因素的影响更大，内部结构变化较丰富，也相对复杂一些。

带状受限形包括偏岩古镇、塘河古镇、西沱古镇、中山古镇，该类聚落用地受自然环境的影响较大，聚落大多顺应地形呈带状发展。带状自由形包括下涞滩古镇、老观古镇、路孔古镇、濯水古镇、洛带古镇。该类聚落用地受自然环境影响较小，聚落面积较小，均为以条带型为主的聚落形态。

2. 地块尺度平面形态特征聚类分析结果

根据聚类分析的结果，可将地块形态进一步归类为单排串联式、多进复合式（包括单街、多街、街区）和零散自由式几种肌理形式（图 6-35）。

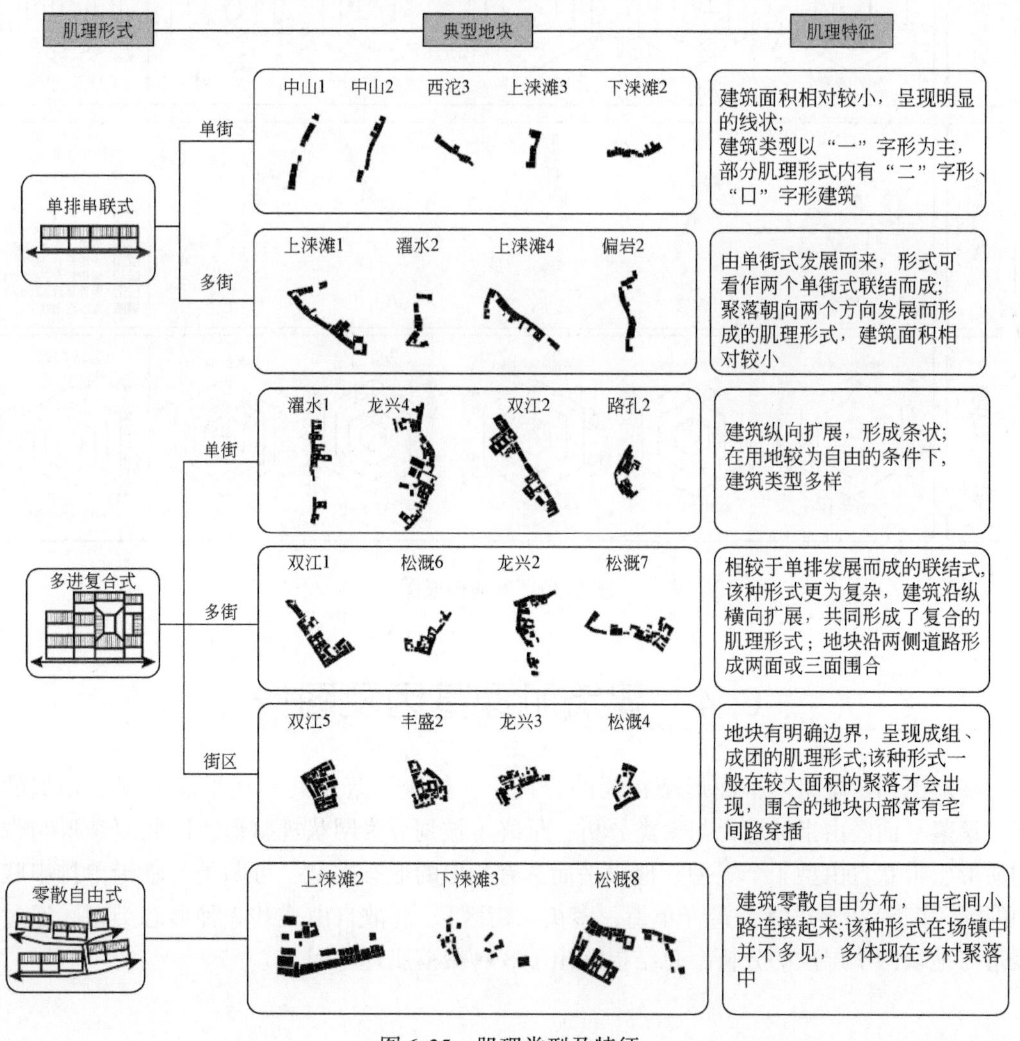

图 6-35　肌理类型及特征

将聚落分类与地块分类联系起来，可以看出，网状聚落的地块在各种类型中均有分布，但以复合式居多；带状聚落的地块则主要为结构简单的单排串联式（图6-35和图6-36）。

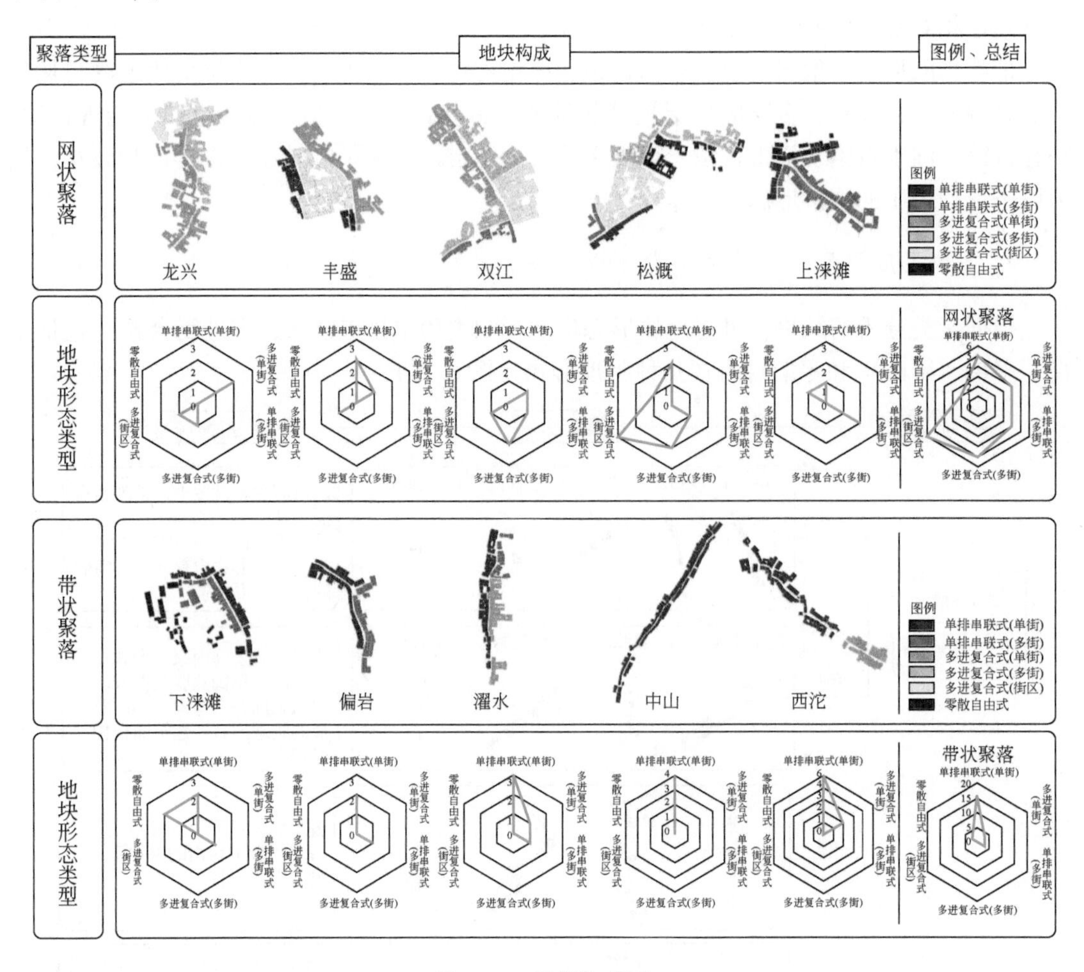

图6-36　聚落构成图

6.4　建筑肌理基因及图谱

在对巴蜀传统聚落平面形态特征的分析中，传统聚落及其地块平面呈现出相似的特征。聚落平面经由指标量化与聚类分析，最终可被划分为网状规整形、网状复杂形与带状均质形、带状自由型4个类型。地块平面具有相似的形态类型，可归类为临街单排串联式（单街、多街）、多进复合式（单街、多街、街区）、离散自由式共3种形态类型。通过对聚落与地块两个层次的分析，总结提炼出了3种聚落肌理基因。

6.4.1 临街单排串联式肌理基因

临街单排串联式肌理基因指建筑沿街拼接形成带状的建筑群。在不同用地条件下表现为单面临街、两面临街两种。用地局促受限时，建筑占地面积较小，建筑沿街道纵向扩展较少，建筑群体形态更为狭长。临街单排串联式肌理基因在传统聚落的平面形态中均有出现，无论网状聚落或是带状聚落。以地块为研究单元来看，临街单排式聚落多出现于道路、河道两侧，沿主要的交通、人流方向形成最经济有利的建筑群落布局。典型的有中山古镇、偏岩古镇。部分聚落形成主次道路，进而形成两面临街的单排串联式，由带状聚落向网状聚落演化。典型的有偏岩古镇、下涞滩古镇（图 6-37）。

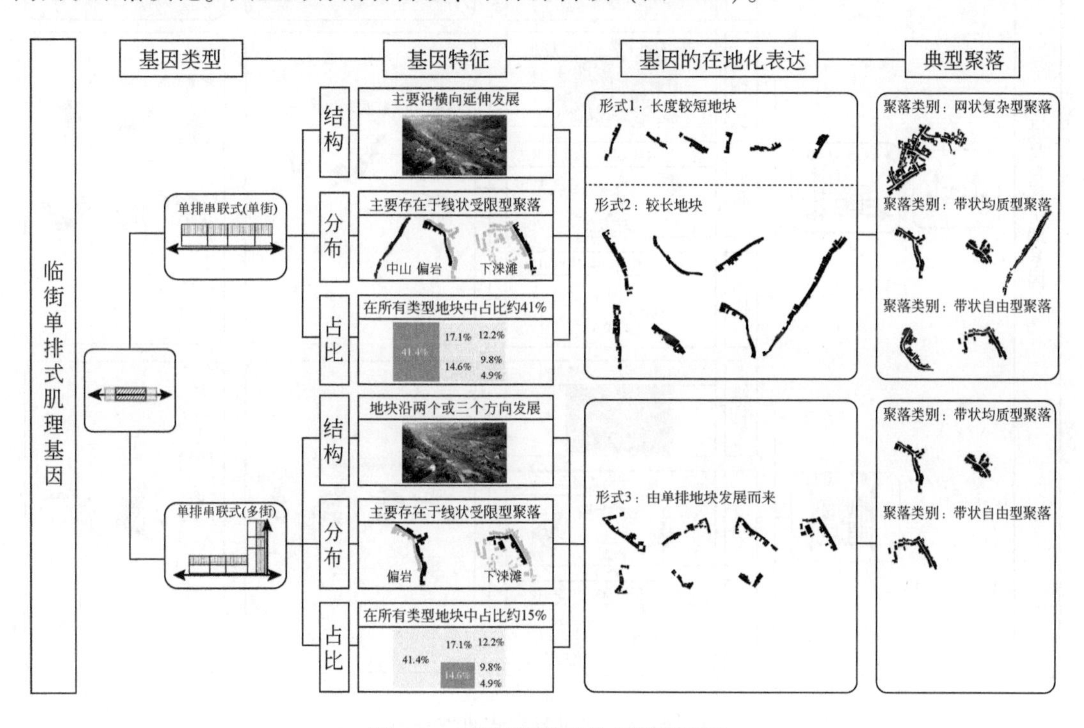

图 6-37　临街单排串联式肌理基因

6.4.2 多进复合式肌理基因

聚落在兴起和发展之初，临街单排串联式是最经济适用的布局模式。当聚落发展至一定规模，或受地形等条件限制时，聚落扩展方向会发生变化，或向进深方向扩展，形成街区式肌理（图 6-38）。

街区式肌理往往以一条主街为发展轴，由于沿街的门面具有很高的商业价值和交通价值，建筑多往纵向扩展，形成小开间、大进深的特点。此外，对于部分无法占得沿街门面的建筑，还可借助巷道将内部房屋连通至街道。

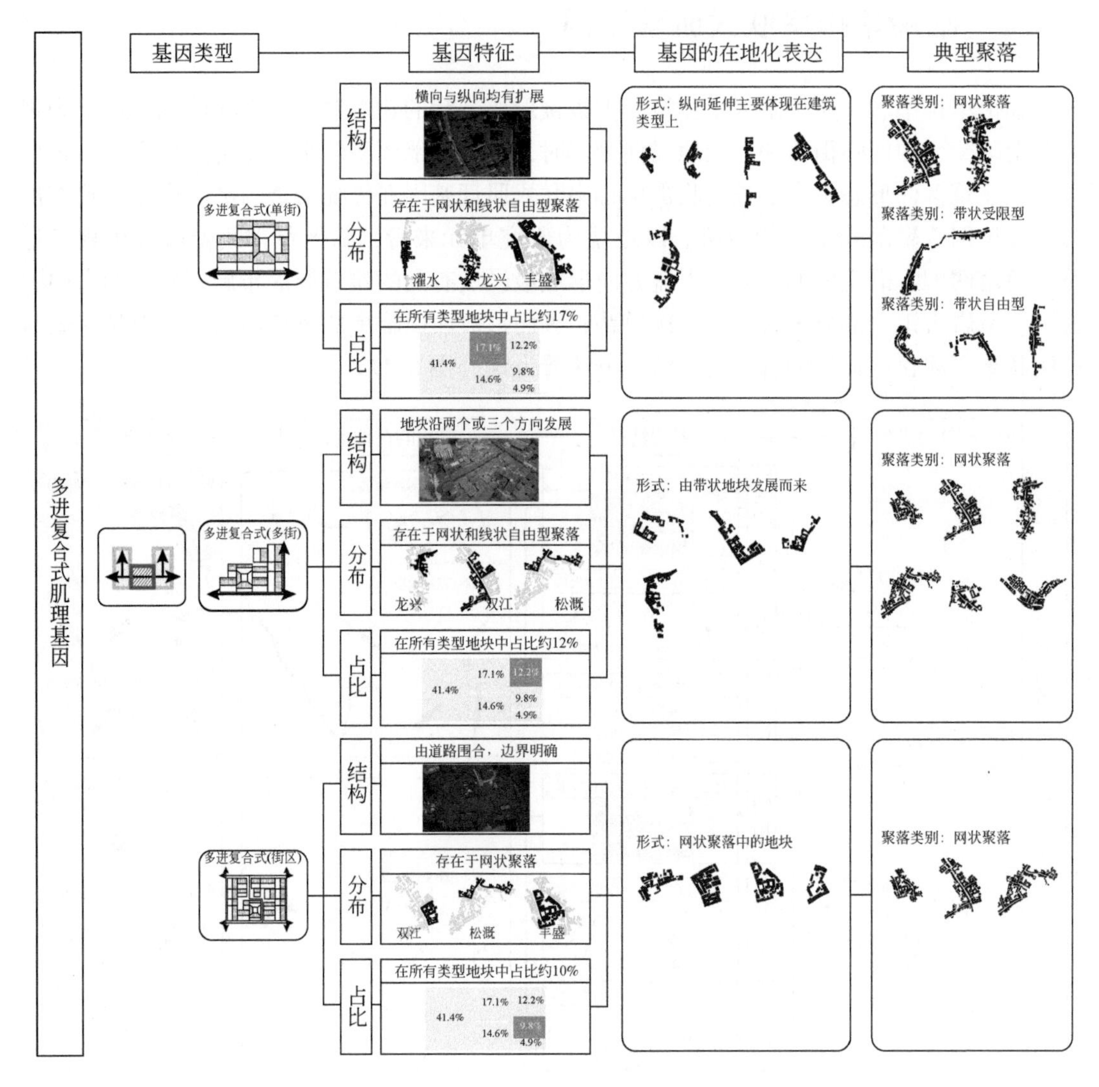

图 6-38　多进复合式肌理基因

多进复合式肌理可细分为单面临街、两面临街、周边临街三种形式。以单面临街为基础，其余形式可视为在此基础上的进一步发展。周边临街是这种类型基因的最终表现形式。

位于平坦地区的聚落，更容易形成网状的聚落平面；用地受到一定限制的聚落，在扩展中也会产生多进复合式的地块。这一基因主要存在于网状聚落中，这一类聚落规模较大，大多位于用地条件较好的地区，如丰盛、松溉。聚落在沿主街的发展到达相应程度后，会分出次街，道路出现“T”形或十字交叉，进而形成网格状的道路结构。

6.4.3 离散分布式肌理基因

离散形基因更多存在于乡村聚落中，是乡村建筑零散自由、居耕结合特征的外在表现。在场镇中主要出现在受地形地势影响用地局促地段或场镇边缘。典型案例有下涞滩古镇、松溉古镇中的某些地块（图 6-39）。

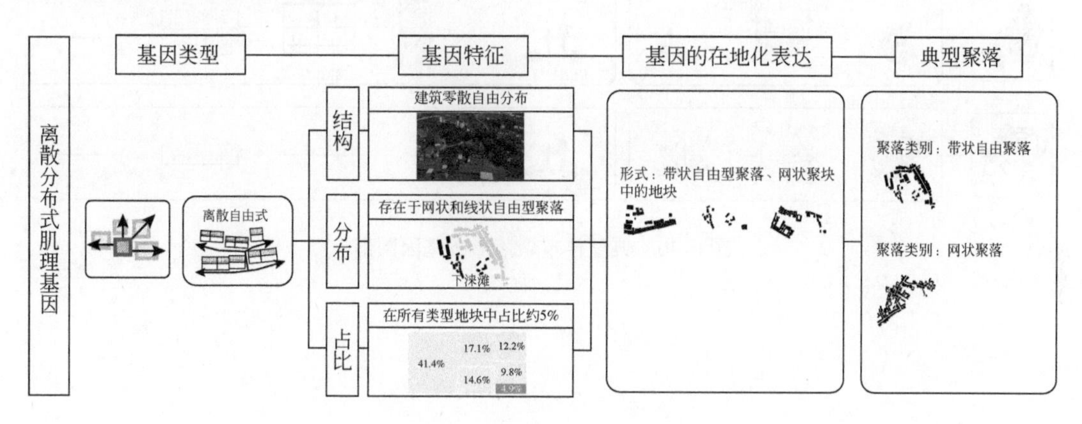

图 6-39　离散分布式肌理基因

6.4.4 典型样本聚落肌理基因图谱

根据上述分类，本节分析了几个典型样本聚落肌理特征，其聚落肌理基因图谱如图 6-40 所示。

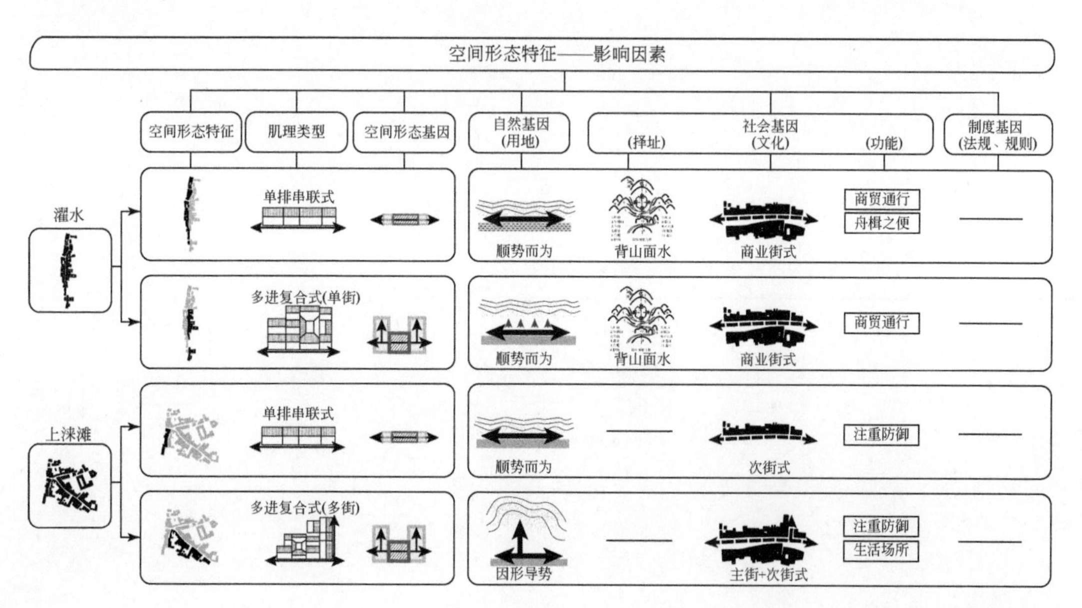

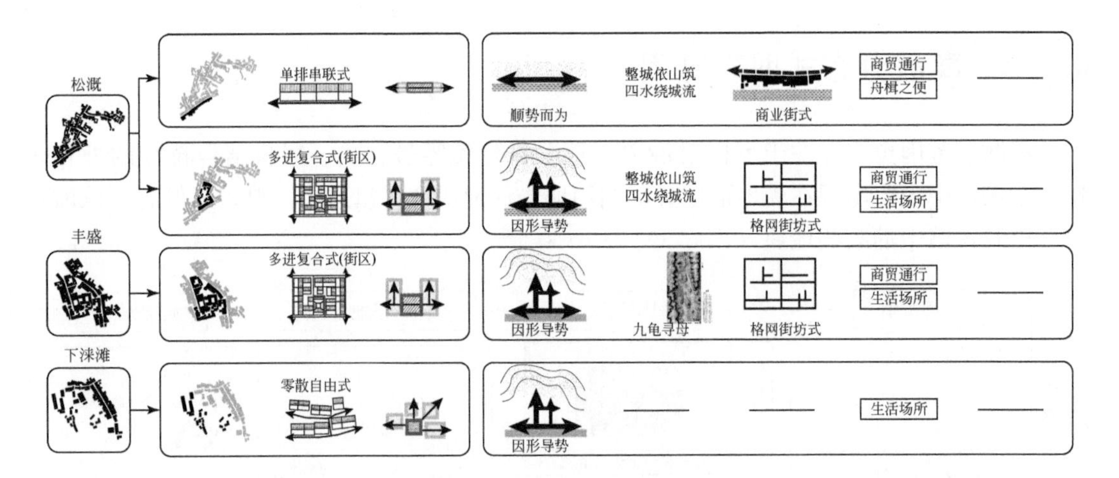

图 6-40　典型样本聚落形态基因图谱

第 7 章　成都城市形态基因的生成机理与传承途径①

揭示空间形态基因的形式构成、生成机理以及在不同时空环境条件下的表达与传播是认识城市发展规律和因地制宜进行规划设计的关键所在。本章以成都为例，研究控制城市空间形态特征的空间组构规则（空间形态基因）及影响这些空间组构规则生成的关键因素。不仅研究一个地域的空间形态基因，更要研究空间形态基因在不同环境条件下呈现出的不同具体空间表现形式，这有助于认识“基因”的同源性（丰富多样的空间形态哪些具有共同的源头）和适应性（空间形态基因如何适应不同地域的自然、社会环境）。

7.1　成都城市形态的形成与演变概况

成都有逾 2000 年的建城史，早在中原夏商春秋时期，成都平原西北部的近河台地上就已出现早期古城，随着成都平原逐渐由沼泽变为陆地，古蜀王都逐渐向成都平原中心迁移，并于开明时期（约春秋至战国时期）在成都［图 7-1（a）］稳定下来。

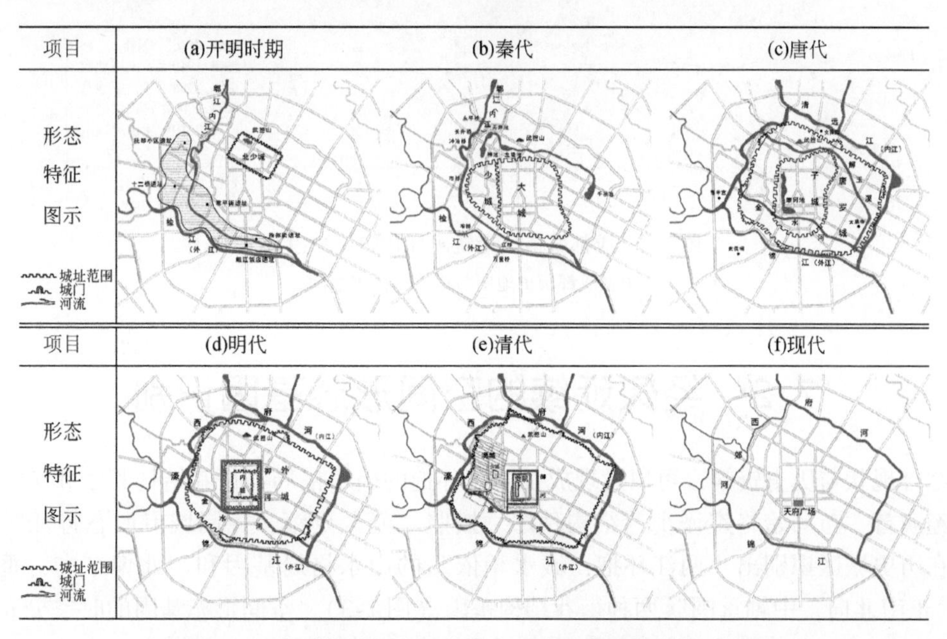

图 7-1　历史时期成都城址的演变（应金华和樊丙庚，2010）

① 本章内容改写自：李旭，陈代俊，罗丹 . 2022. 城市形态基因的生成机理与传承途径研究——以成都为例 . 城市规划，46（04）：44-53.

公元前316年秦灭蜀后，在开明成都城池的南边和西边分筑“大城”“少城”（实为外城）（应金华和樊丙庚，2010），城墙紧邻两江（内江和外江）[图7-1（b）]。唐代在秦大城之外扩建新城，形成重城格局，并将内江改由北面绕新城汇入外江，增强了城市的防御能力[图7-1（c）]。宋元之际的战争，使成都城市遭到毁灭性破坏，明朝对成都进行了全面的重建，将城市中心全部拆除，重新修建正南北向的“蜀王府”[图7-1（d）]。清代原蜀王府被改为贡院，在城西侧又新建了满城[图7-1（e）]。

近代以后，城墙逐渐被拆除，城市保留两江环抱的传统格局[图7-1（f）]，向外略有拓展。1949年新中国成立后，城市经历了向东北、东南的轴向发展，城区内部填充以及旧城改造，呈现出“环形加放射”的中心圈层格局（图7-2）。

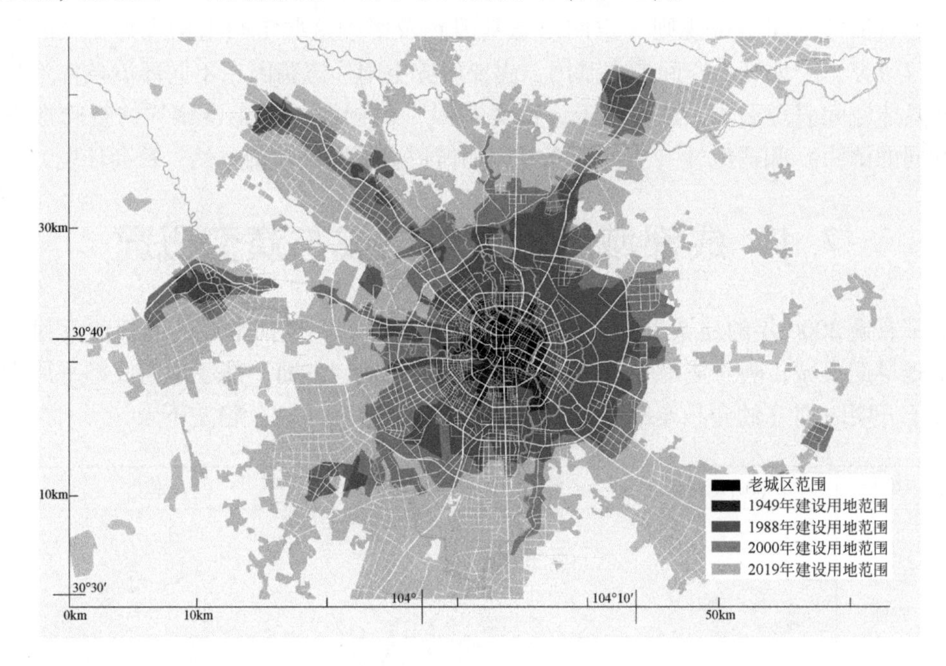

图7-2　成都城市演变轨迹（1949～2019年）

根据成都历史地图与遥感影像图绘制

7.2　经久延续的空间形态基因识别

结合现状与历史资料，可以发现成都两江环抱的山水格局与街巷结构紧密相关，而建筑历经演替，布局始终遵循街巷结构秩序。按照“经久延续，控制城市形态特征”的原则，在历史城区识别出“两江环抱，城水相依”的山水格局基因和“北偏东向，垂直格网”“正南北向，中轴重围”两种街巷结构基因（图7-3）。空间形态基因的时空分布、构成规则及相互关联详见表7-1。

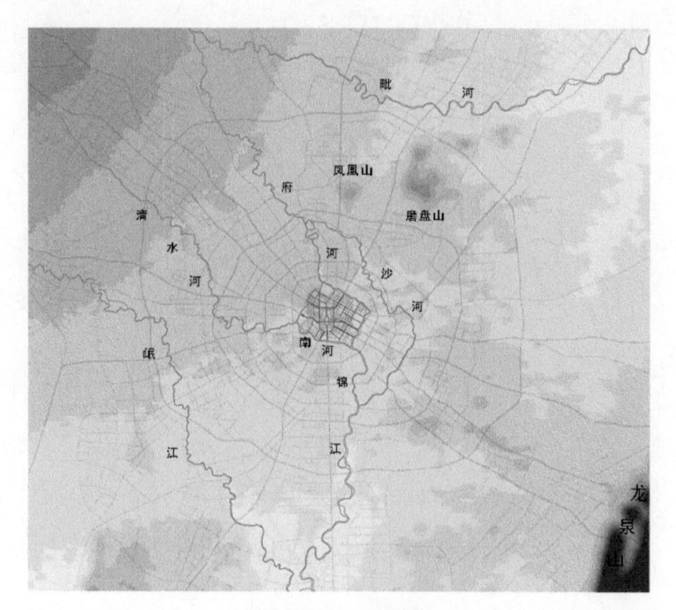

两江环抱，城水相依

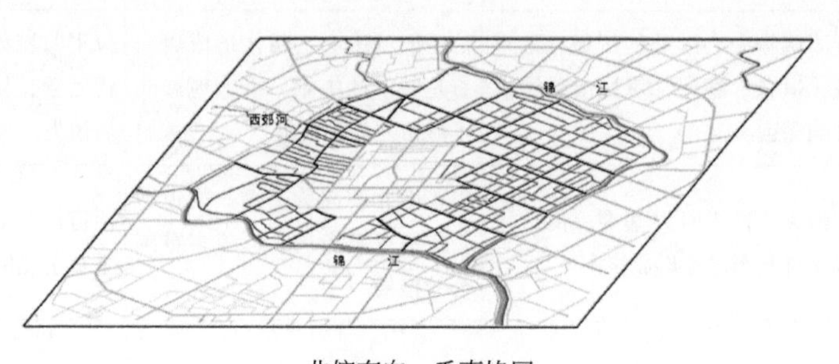

北偏东向，垂直格网

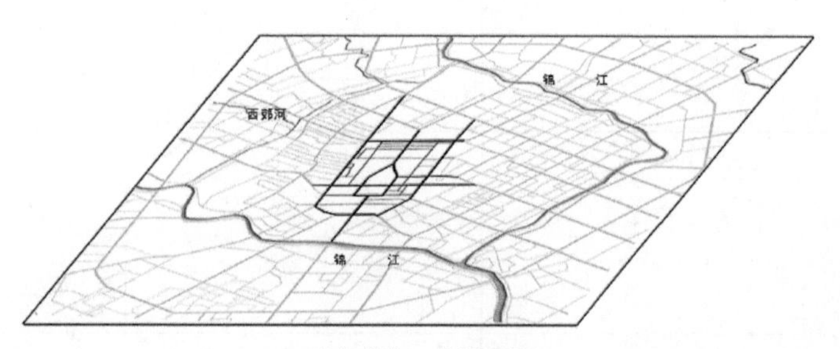

正南北向，中轴重围

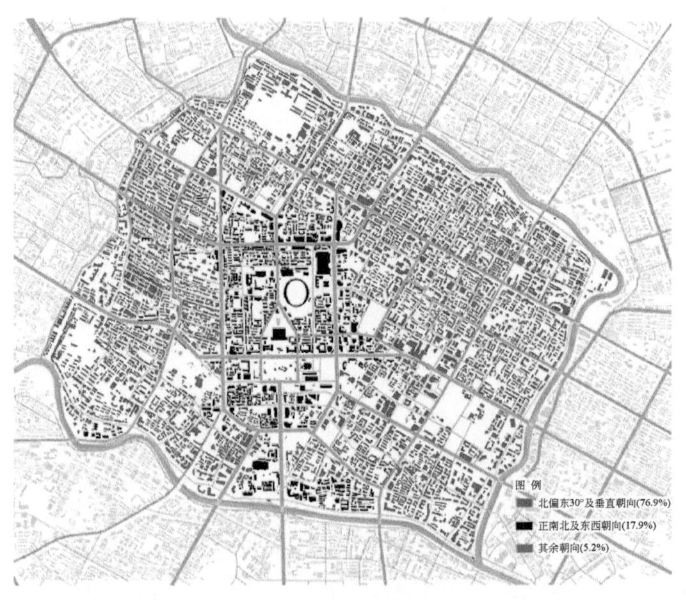

城市肌理遵循街巷结构

图 7-3 成都城市空间形态基因的构成与空间分布

表 7-1 成都的城市空间形态基因及形态生成基因

类型		北偏东向，垂直格网	正南北向，中轴重围	两江环抱，城水相依
空间形态基因	时空分布	位于旧城除中心以外的区域，最早形成，恒久、稳定，对城市后续发展影响深远	位于旧城中心，明代形成后一直是城市的中轴，极大地影响了城市之后的发展	位于旧城外围，自秦开始，唐代完善，城内曾有河湖水系，后消失，现仅存环城两江
	构成规则	以北偏东 30° 朝向为基准，街道平行或垂直其布局，形成格网	以正南北朝向为基准，街道平行或垂直其布局，形成多重围合的格局	河道与城墙结合紧密，平行或垂直于北偏东 30°线
	图示			
形态生成基因	自然环境	地势西北高、东南低，东西两侧山脉围合，东北—西南风向，地域日照方位角与高度角	整体地势平坦	区域水资源充沛，地势西北高、东南低

续表

类型		北偏东向，垂直格网	正南北向，中轴重围	两江环抱，城水相依
形态生成基因	社会文化	顺应自然的价值观，因势利导的建城思想	礼制营城制度：注重方位尊卑，中心突出、层次分明、井然有序	治世“其解在水，其枢在水”，区域统筹，因势利导，理水营城
	图示		王城规划结构图	

7.2.1 “北偏东向，垂直格网”的空间形态基因

1. 空间组构规则及其分布特征

成都旧城除市中心以外的街道均遵循北偏东 30°线及其垂线形成格网，这些区域的建筑也平行于格网分布；历史时期的城墙（现已不存）与城外河道依循道路呈现同样的秩序特征（图 7-3）。在历史城区，遵循这种秩序的建筑约占 77%，街道占 75%，历史城区的外轮廓及环城两江也与这种形式的格网基本一致（图 7-4）。

图 7-4　街巷结构基因在成都旧城及中心城区的空间分布

根据历史地图及遥感影像图绘制

2. 形成过程与传承脉络

结合历史地图及文献，可以发现这种基因持久地控制着历史城区空间形态的形成与演变。约公元前6世纪，古蜀开明王都“少城”中就存在一条北偏东约30°的基准线，道路、建筑与城墙大多平行或垂直此线布局（图7-4），历经秦汉至宋元，延续了1000多年。直至明初，旧城中心拆除后重建正南北向的蜀王府城，才局部改变了原来的朝向与秩序。清代“满城”的朝向仍依循这条北偏东向的基准线，只是受清北京城胡同形制的影响，加密了东西向街道。

这种形态基因也影响了后来旧城外的道路，今天在三环线以内这种类型的街道约占路网的36%，对比同为平原城市的北京（图7-5），可以发现这种朝向的街道很少。

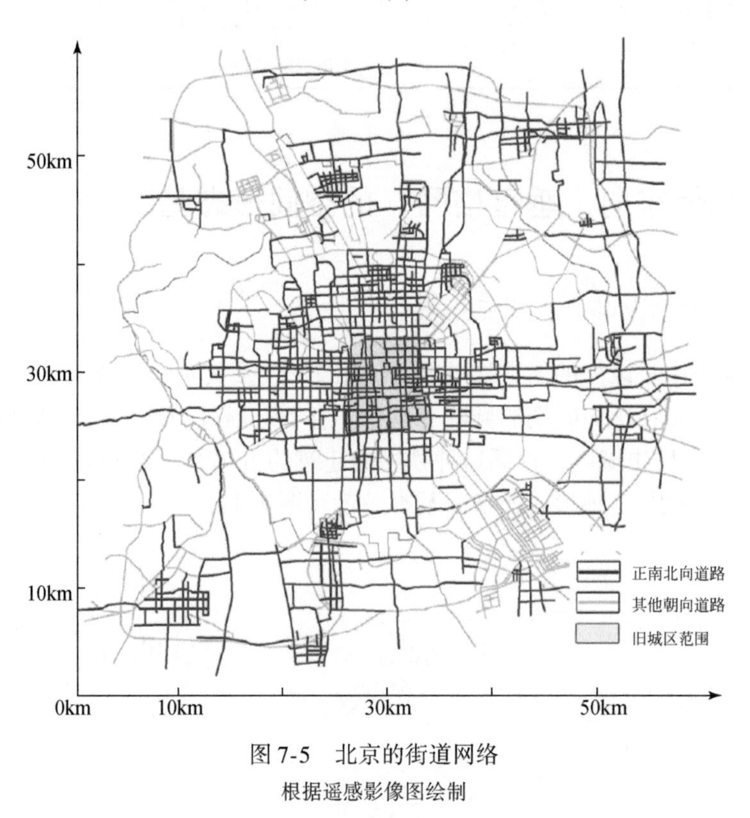

图7-5　北京的街道网络
根据遥感影像图绘制

3. 形态生成基因（影响因素与生成机理）

结合历史过程，集成对地形、水文及风向的分析可见，成都平原地势西北高、东南低，北偏东30°朝向的垂线契合水流方向，有利于引水和排水；与成都平原东西两侧山脉走向及由此形成的主导风向平行，利于通风（图7-6）；由于地处西南，有一定偏角的朝向利于冬季获得更多的日照，也利于夏季遮阴。

由此可见，这种空间形态基因源于地域自然环境特征以及顺应与利用自然的建城活动。正是由于古人熟谙自然环境的特征与规律，并因势利导地布局建筑、道路与水系，才

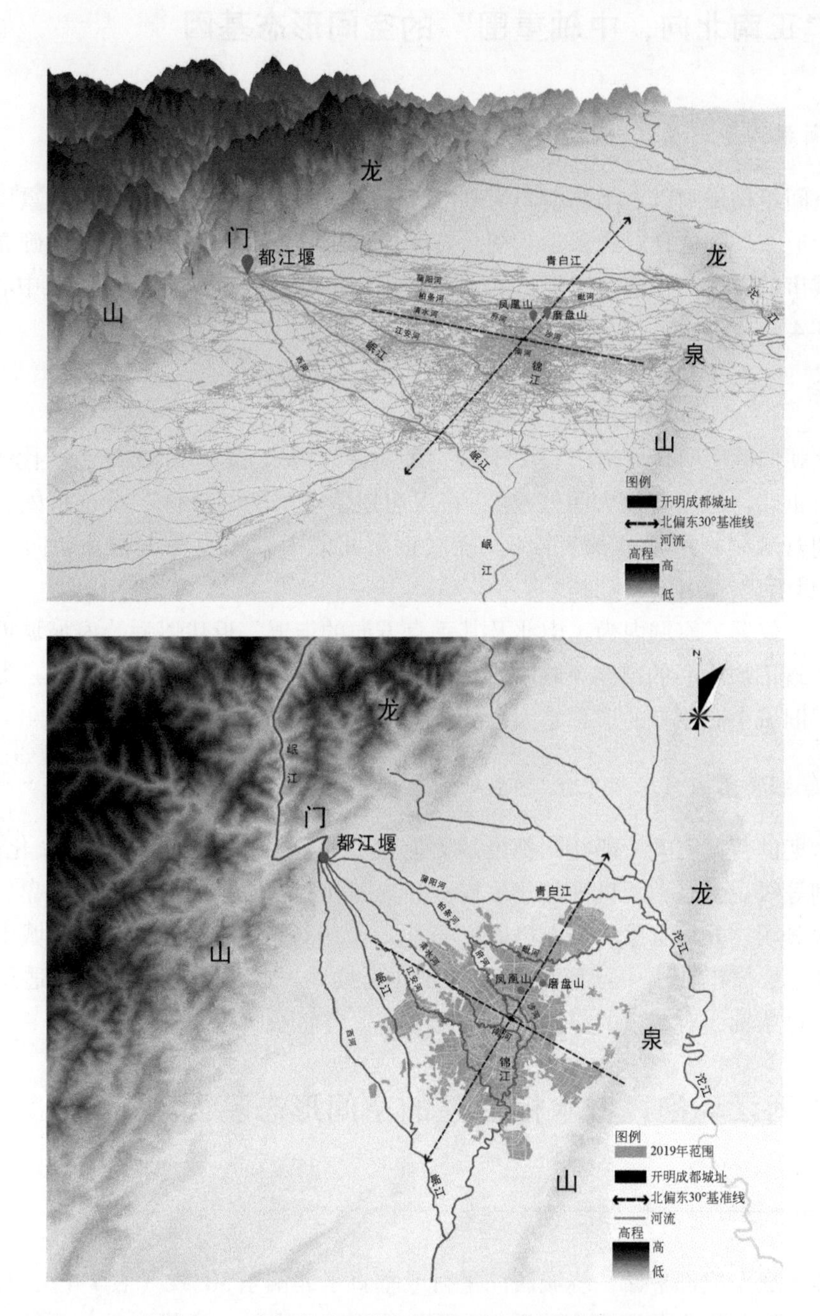

图 7-6 成都自然环境与城市空间形态基因的关系
根据成都历史地图与遥感影像图绘制

形成了适应环境的城市形态。它出现最早，最为恒久，影响最深远，是特有的地域性空间形态基因。由于上述自然环境条件一直延续下来，因而该形态基因对新区的城市形态也有深刻的影响。

7.2.2 “正南北向，中轴重围”的空间形态基因

1. 空间组构规则及其分布特征

这种空间组构规则以正南北朝向为基准，街道平行或垂直其布局，形成重围格网，建筑也遵循街道布局。这种形式源于明初，位于城市中心，并且正南北向轴线确立后便一直统领成都城市的发展。正南北向街道的占比较为稳定，在旧城约占24%，在中心城区约占22%（图7-4）。

2. 形成过程与传承脉络

正南北朝向源于明代城市中心“子城”的重建。因宋元战争的破坏，明代成都大体依循旧制全面重建，但为“显大明国威”，将汉唐遗留下来的“子城”全部拆毁，在大城中心按明王朝营城制度重建“蜀王府”，确立正南北的中轴，改变了原来朝向偏东的主轴（应金华和樊丙庚，2010）。

在古代，仅蜀王府城内为正南北及其垂直方向的街道。近代以后，府城城墙被拆除并改为街道（现旧城中心的道路反映了古代蜀王府城的轮廓和内部道路）；这一类型的形态基因替代了旧城中心原有的形态基因，并成为城市的中轴，影响深远。

3. 形态生成基因（影响因素与生成机理）

历史时期的营城制度，即礼制都邑规划制度，是这种形式背后的社会文化影响因素：其一，礼制等级观念有利于巩固封建政权；其二，礼制营城制度注重方位尊卑，形成中心突出、层次分明、井然有序的城市格局（贺业矩，1985），契合近现代以来城市设计的构图原则；其三，城市轴线一旦形成便有较强的延续性，成都平坦的用地也适用于这种形式。因此，这条轴线对城市的控制一直延续下来，并将影响未来的发展。

7.2.3 “两江环抱，城水相依”的空间形态基因

1. 空间组构规则及其分布特征

水滋养了整个成都平原，绕城两江平行或垂直于北偏东30°线（表7-1），与“北偏东向，垂直格网”的形态基因也有联系。“两江环抱”的格局自唐代形成并延续至今，是城市形态的典型特征。

2. 形成过程与传承脉络

远古时期，古蜀先民“逐水而居”，由西北部岷江上游逐渐向平原中心迁移，并在成都稳定下来。先秦开明城池西南两侧已有河道；秦成都在开明城池的南边和西边分筑“大

城”“少城”（应金华和樊丙庚，2010）［图 7-1（b）］，因而较开明城址［图 7-1（a）］更靠南，更临近两江（源自都江堰内江），用水运客载物都十分方便。唐代为加强城防，在原大城外扩建新城，改西侧河道从北面绕新城外沿汇入南侧河道［图 7-1（c）］，形成两江环抱的重城格局。因取土筑城在大城中部形成摩诃池，城内还开凿解玉溪、金水河，与摩诃池相连接，形成上接郫江、下连外江的河湖水系（吴庆洲，2008），显著提升了城防、运输、调蓄洪旱、供水排污等功能，极大地优化了城市景观和生活环境。

明代修筑蜀王府后，曾开凿环府御河，并与唐时金水河相通［图 7-1（d）］。但解玉溪在明代已经干涸而被填为平地，摩诃池大部分也在明代修筑蜀王府时被填，民国时期被彻底填平作为了演武场。20 世纪 70 年代因修筑防空工事，御河也断流被填埋（四川省文史研究馆，2006），仅剩两江环抱之格局［图 7-1（f）］。两江在 20 世纪 70 年代曾因都江堰断流及城市建设的侵占，一度成为臭水沟，险被填埋，1993 年后因实施“府南河综合整治工程”方得以复兴（李旭等，2016）。

3. 形态生成基因（影响因素与生成机理）

古人认为“万物源于水”，治水是治国理政的关键，《管子 · 水地》篇即载有治世“其解在水”“其枢在水”。成都水城相依的动态变化过程反映了治水的关键作用。战国时期，由于岷江多水患，成都平原常常东旱西涝，秦国蜀郡太守李冰在对地形和水情实地勘察的基础上，吸取前人的治水经验，主持修建了都江堰水利工程。该工程从区域角度统筹考虑，通过利用与改造地形，将岷江水流分成两支，一支排洪，一支引入成都平原，既能分洪减灾，又可以引水灌田，变害为利，成都平原就此水旱从人，成为天府之国（图 7-2）。秦成都西南两侧所倚之两江就源于都江堰；唐代为完善城防，优化运输、用水等功能，再次改造河道及城墙，形成绕城两江及城内河湖水系。

可见“两江环抱，城水相依”的特征源于该地域自然环境特征以及古人区域统筹、因势利导、适应与改造环境的大智慧，对城市可持续发展至关重要；而后来城内水系的消失以及两江的兴衰变化，也留下了深刻的教训。

7.3 城市空间形态基因的表达与传承

7.3.1 城市空间形态基因的表达

生物性状由遗传和环境共同控制，表观遗传学研究表明环境因素会导致生物性状的表现不同，但基因本身不会发生改变。这些不同的表现被定义为基因的表达。城市空间形态基因也具有类似的特性，在不同环境条件下呈现出不同的具体空间表现形式。对于规划设计而言，从区域与动态的视角，理解与掌握形态基因在不同时空环境条件下的表达、传承与传播，进一步认识城市形态特征的区域联系性与差异性，是因地制宜进行规划设计的关键所在。总体上看，地域空间形态基因主要在自然环境条件类似的区域传承与传播，而源于国家制度与文化的空间形态基因，其影响与传播的时空范围更为广泛。

例如，“北偏东向，垂直格网”的地域空间形态基因频现于成都平原不同时期的聚落与城镇中。在史前古城宝墩（位于今成都市新津区附近）和三道堰（位于今成都市郫都区附近）中均可发现与北偏东30°基准线一致的城墙遗址。目前，成都市新津区、郫都区以及龙泉驿区等多地仍存在这种北偏东向的格网（图7-7）。由于这些地段的聚落与城镇具有类似的区域自然环境基因，加之建城经验与智慧的传承与传播，它们具有相同的空间组构原则，只是根据局部不同的条件，格网方位与尺度略有差异。

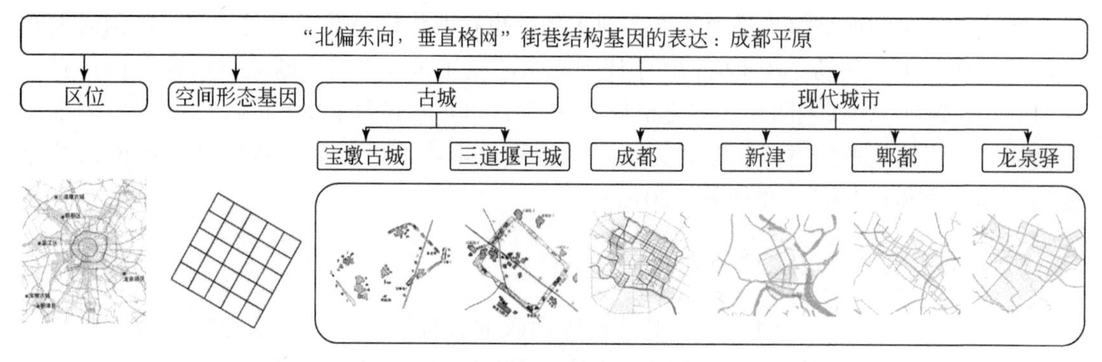

图7-7　“北偏东向，垂直格网”街巷结构基因的表达

根据各地历史地图与现代地图整理绘制

而注重方位尊卑、中轴重围、层次分明是我国王城布局的典型空间形态特征，在我国历代都城以及诸多郡治城市均有体现。自秦代始，成都就是郡治地，因而这种空间形态基因明显而突出；周边的宜宾（明代为叙州府治）、阆中（历史上曾多次作为郡治、州治）也为南北中轴，棋盘路网。从全国范围看，西安和北京更是典型，只是由于各地不同的自然环境及等级规模，其具体形式有局部差异（图7-8）。

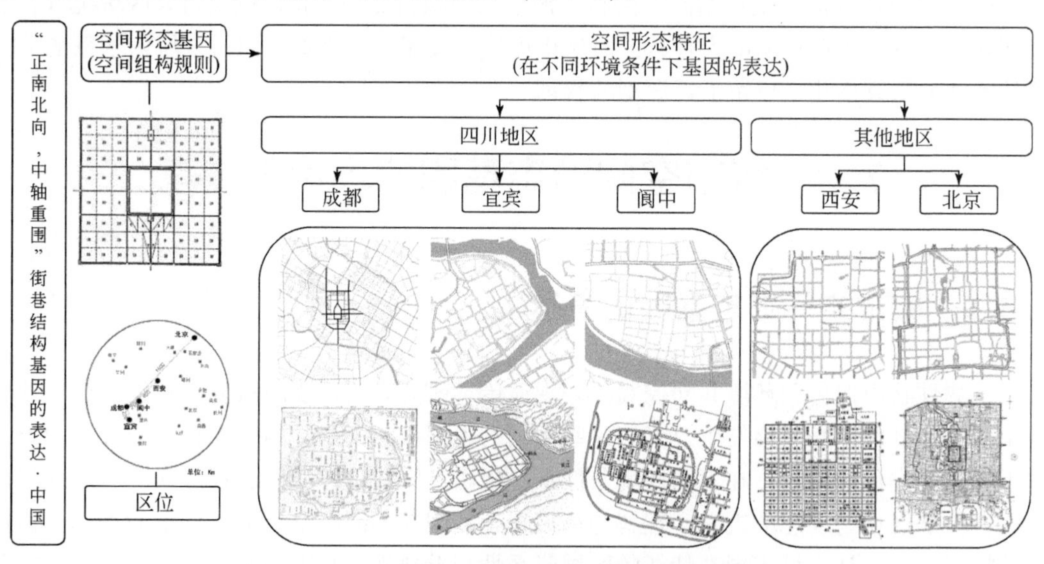

图7-8　“正南北向，中轴重围”街巷结构基因的表达

根据各地历史地图与现代地图整理绘制

形成这些空间形态特征的区域统筹、因势利导的治水与建城经验则在区域内外传承与传播，具体的方法与形式依据实际情况更为灵活多变。《华阳国志·蜀志》记载，早在春秋时期，蜀相开明就曾“决玉垒山以除水害”；战国时代秦李冰在吸取前人经验的基础上，因势利导修建了都江堰，彻底解决水患，造就了水旱从人的天府之国；唐代成都则因循地形，改造河道形成两江环抱的格局；至今川渝一带古镇仍多建有清源宫以纪念李冰，反映了治水理念与智慧的恒久传承。

7.3.2 城市形态基因的当代传承

尽管城市的空间形态基因具有恒久传承的特性，但若不了解其构成与规律，不珍惜其价值，仍会造成城市历史文脉的断裂与地域特征的破坏，甚至危及人们赖以生存的环境。成都绕城两江的兴衰就是一个典例。20 世纪 70 年代，都江堰因周边城镇发展用水的需要而关闸，府南河水量骤减，加之建设侵占河道，绕城两江一度成为臭水沟，险被填埋。城市建设忽视地域空间形态基因，并且与区域统筹的建城思想背道而驰，由此带来人居环境的恶化，教训深刻。认识到问题的严重性后，1993 年启动的“府南河综合整治工程”从区域统筹的角度，将规划范围拓展至上游的都江堰和下游的乐山，通过水源涵养、河道治理，并结合防洪、环保、安居及文化等系统工程建设，改善和优化了人居环境（夏春和刘浩吾，2001）。2016 年成都市城市总体规划更明确划定西部生态涵养区（都江堰灌区所在区域），提出以水定人（根据水资源承载能力，确定 2035 年常住人口规模）、以气定形（结合生态绿地和城市内部的道路、河流，划定城市通风廊道），力图重现岷江水润的蜀风雅韵（成都市规划设计研究院，2018）（图 7-9）。这些规划策略的依据就与城市空间形态基因及其影响因素有内在的联系，是对“区域统筹、因势利导”传统建城智慧的传承与发展。

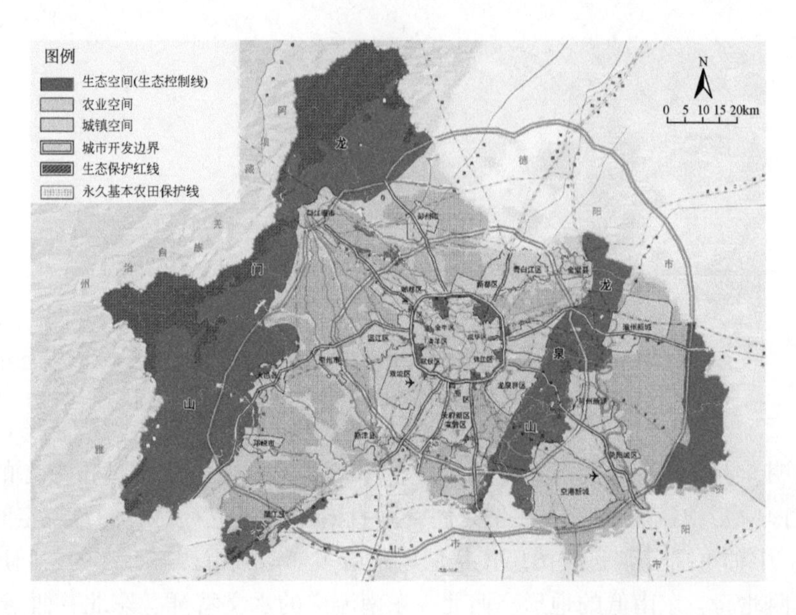

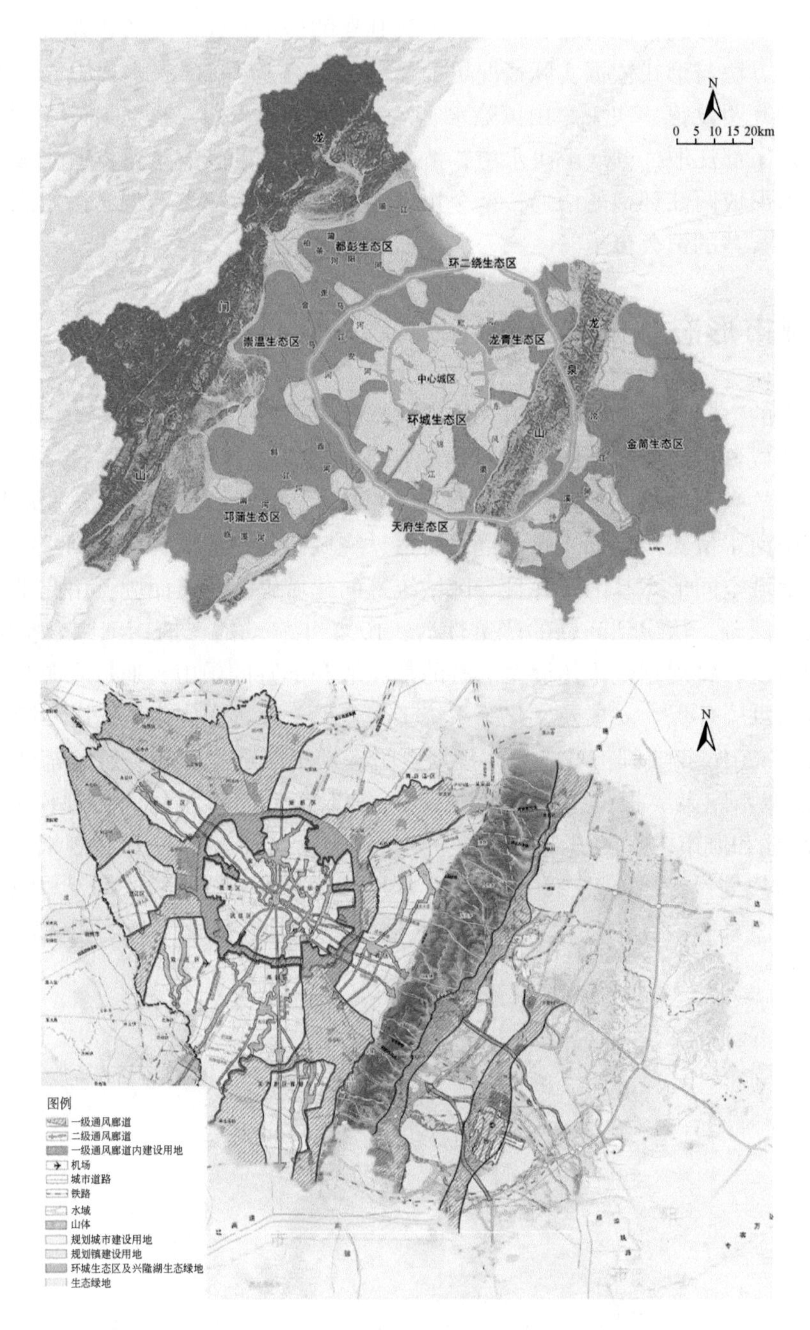

图 7-9　成都市域空间规划对城市形态基因的传承（成都市规划设计研究院，2018）

规划区外乡镇的城镇空间和开发边界由下层次规划进行划定

研究表明，上述三种空间形态基因恒久传承，共同构成了成都城市形态的基本特征。其中，“两江环抱，城水相依”“北偏东向，垂直格网”是成都特有的地域空间形态基因；“正南北向，中轴重围”则是我国历代都城以及诸多郡治城市普遍存在的空间形态基因。

该地域西北高、东南低的地形，西北—东南流向的水文特征，东北—西南的主导风向以及地域日照条件，是生成这些空间形态基因的地域自然环境基因；区域统筹、因势利导的建城经验与智慧以及礼制营城制度，是生成这些空间形态基因的营城文化基因。

成都城市空间形态基因的生命力源于该地域特殊的自然环境条件，源于先民因势利导，顺应与利用自然的传统建城智慧。同时，传统礼制营城制度下井然有序的空间模式，也符合近现代以来中心突出、层次分明的空间偏好，加之城市轴线与街道一旦形成便有延续传承的特性，因而能够恒久传承，至今仍对该地域城市形态产生着重要影响。

第8章　重庆城市空间基因的解析与传承

本章以历史文化名城重庆为例，解析重庆城市空间形态基因，探索基因的传承：首先基于重庆历史城区空间形态特征的演变过程解析空间形态基因，结合文献资料和实地调研，运用历史地图转译、形态类型学、GIS空间分析、图示语言等方法，从山水格局、城市结构、街巷空间、建筑形态四个层面，梳理重庆城市营建过程与空间形态特征，按照“经久延续，控制城市形态特征”的原则，识别与提取空间基因，进而分析其延续与变异的机制；最后探讨空间基因传承导控的途径①（图8-1）。

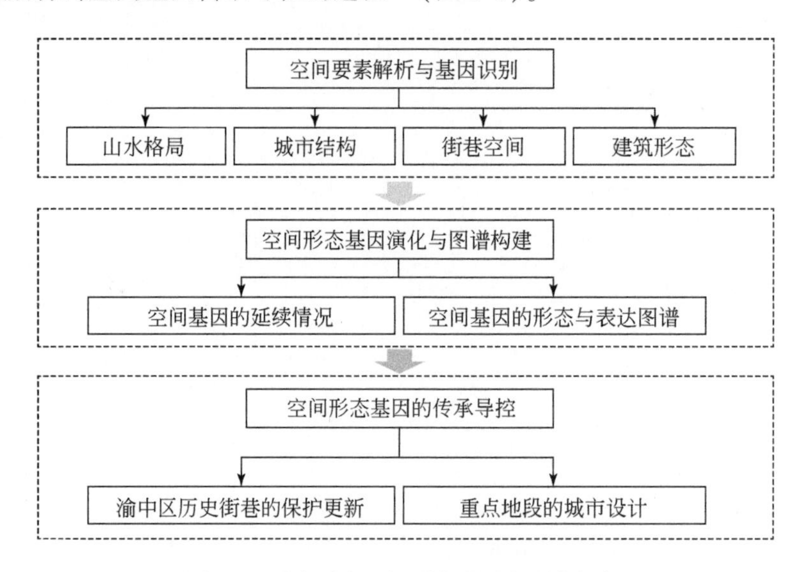

图8-1　重庆城市空间形态基因的研究框架

8.1　山水格局特征与空间基因

城市山水格局反映了城市与地域环境之间相互依托、彼此协调的复杂关系，在重庆2000多年的建设历史中，城市空间经历了多个时期的拓展与演变，城市与山水要素之间互动关系始终贯穿其中，形成了“四峰横贯、两江环抱、一叶江州、山城虎踞”山水格局特征。

---

① 作者于2022年开设了本科毕业设计课程“空间基因的识别与传承——重庆历史城区重点地段空间形态分析与城市设计”，结合教学实践探索空间基因理论在城市设计中的应用。3位教师（李旭、黄勇、戴彦），加上1位硕士研究生助教和12位本科生共同组成研究团队，历时三个月，探索重庆城市空间形态基因的解析与传承，以此为基础形成了本章主要内容。

8.1.1 传统时期“两江襟带，片叶浮沉”

形如片叶、浮沉两江的整体特征源于重庆独特的自然环境与古代建城防御的需要，古代重庆城市与山水关系的互动大致经历了四次演变历程（图8-2），奠定了重庆“四峰横贯、两江环抱、一叶江州”山水格局。

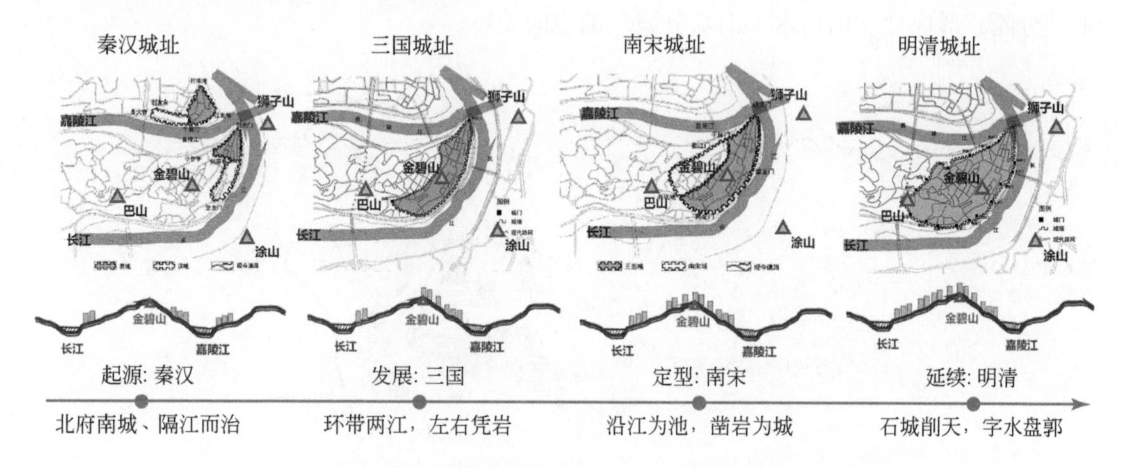

图8-2　古代重庆城市山水格局的形成及演变

重庆城选址于长江、嘉陵江交汇处的高地，最初源于“周武王克商，封同姓为巴子，遂都此地，因险固以置城邑，并在高岗之上”①；先秦张仪第一次筑城，城市呈点状集中布于巴水两侧，以“南城北府、隔江而治”的双城形式存在。而后汉代承袭秦制，分别沿两江沿岸进行一次城市扩张。三国时期，李严第二次筑城，选址于两江半岛，在前一时期的基础上进行扩建②。城址以山水为界，南至今朝天门至南纪门沿江一带，北邻城中山脉（约在今大梁子、人民公园、较场口一线）。南宋时期，彭大雅第三次扩筑重庆城，将原来的下半城的区域扩大至上半城范围，并在大梁子金碧山下（江州结脉处）设立了行政中心衙署，逐渐形成据高制胜的格局。

至明代，戴鼎第四次筑城，基本延续了宋代城垣的走向，按照“象天法地”的原则将城门和城墙进行了调整与扩建。明清时期，城市整体空间格局基本保持稳定，由土城加固为石城，呈现“石城削天，字水盘郭”的山水城关系（周勇，2014）。

---

① （东汉）班固. 2012. 中华国学文库：汉书（套装全4册）. 北京：中华书局.

② 《巴县志》中“佛图关控巴城之咽喉，环带两江，左右凭岩，俯瞰石城如龟，自下望之若半天然……东下鹅颈岭，山脊修耸，不绝如线，李严欲凿此通流，使全城如岛，诸葛武侯不可，乃止。”勾勒出李严大城沿长江而筑的今下半城格局。

8.1.2　近现代："揽山拥江，多重轮廓"

开埠后重庆突破城墙向半岛西侧和对岸的江北、南岸发展；1937 年重庆市区人口急剧增加，城市组团式布局，空间向周边区域大幅扩展（图 8-3），呈"扇面山水，淡墨轻描"的山水重庆印象①。城市建设仍然集中于两江交汇处，以中梁山、铜锣山两山作为天然的地理分隔，形成"傍山倚水、山水分城"的空间关系。

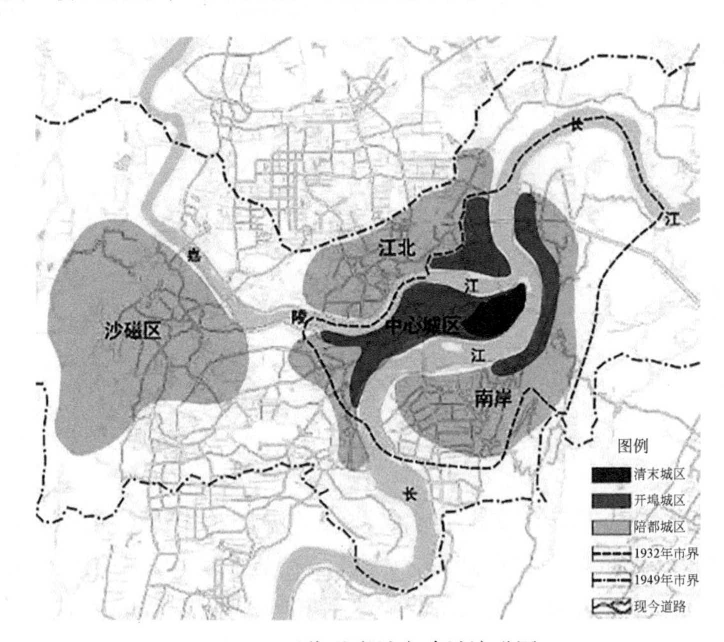

图 8-3　近代重庆城市建城演进图

1949 年以后，城市进一步扩张，重庆城市用地结构呈"多中心、组团式"布局，改革开放后，城市现代化建设进程加快，重庆空间扩张进一步打破大山大水的地理限制，从近代"傍山倚水"变为"揽山入城、拥江发展"的山水城关系（图 8-4 和图 8-5）。

从三维视角看，城市的山地特征十分明显，并且呈现从"自然山体为主导"到"人工构筑为主导"的趋势。传统时期由于经济技术水平薄弱，人类改造自然的能力有限，建筑体量小，零星的建筑簇群散布于山体之间，此时的天际轮廓线以自然山体为主；近代，随着社会进步，建筑体量与高度增加，山体自然轮廓线被局部遮挡，天际轮廓线由"水际线、地平线、建筑轮廓线以及隐约的山脊线"构成；现代，城市趋向于集约化、立体化发展，形成了自然地形地貌与人工建成环境相映成趣的三维空间，水际线、地平线、高层建筑轮廓线形成多层次城市天际线。近年来"山水城市"建设下人工构筑空间形态与山地地形相融合的趋势，"滨江延伸、地势高峻、多重轮廓"的天际线特征更加突出，形成了重

① 朱自清《重庆一瞥》将重庆的整体意象描绘为"一幅扇面上淡墨轻描的山水画"，即使"雾渐渐消了，轮廓渐渐显了，扇上面着了颜色，但也只淡淡儿的，而且阴天晴天差不了多少似的"。

庆独特的城市形态特征（图 8-6）。

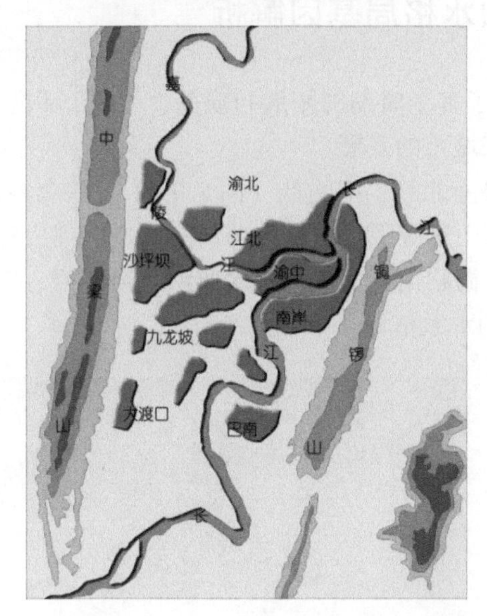

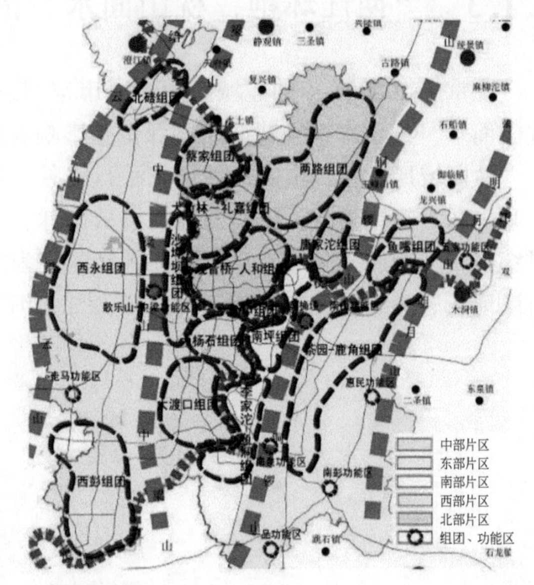

图 8-4　现代时期重庆山水格局（平面）

重庆市规划设计研究院．重庆市城乡总体规划（2007 ~ 2020 年）

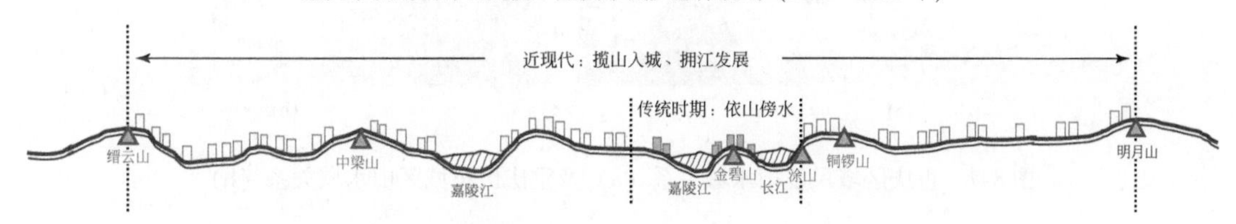

图 8-5　重庆自然山水格局演变过程（竖向）

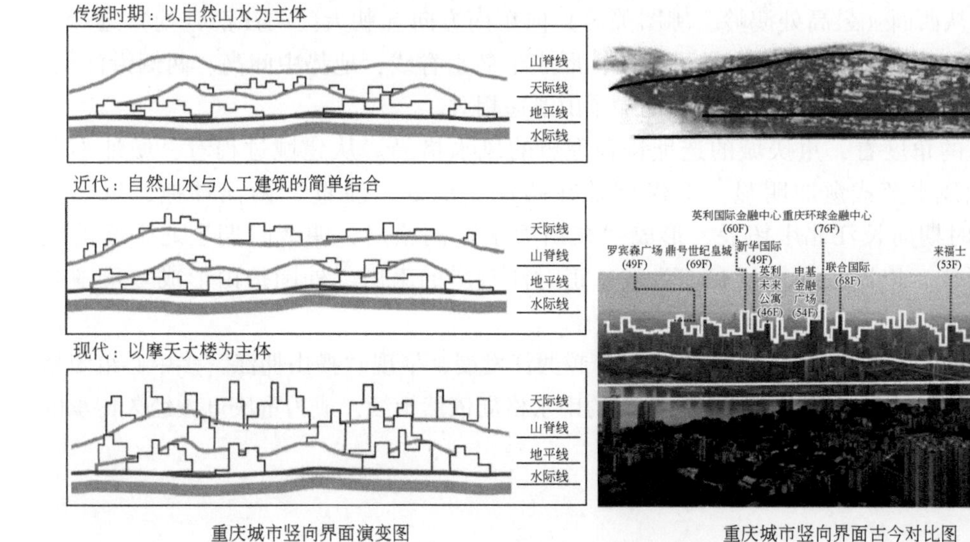

图 8-6　重庆城市竖向界面演变

根据历史资料改绘

8.1.3 “两江环抱，枕山面水”的山水格局基因解析

在重庆2000多年的建城史中，城市空间经历了多个时期的拓展与演变，“两江环抱，枕山面水”的山水格局特征始终保留并影响着后来城市的发展。

从区域尺度看，重庆地处川东平行岭谷，地势南北高，中间低（图8-7）。山脉众多，明月山脉、铜锣山脉、中梁山脉、缙云山脉、云雾山脉等平行山岭自西向东形成连绵山峰贯穿于城区南北。区域水系以长江和嘉陵江为主，御临河、五步河、梁滩河、箭滩河、黑石滩河、后河和花溪河为辅，构成“两江七河”的水系格局（李瑞，2007）。

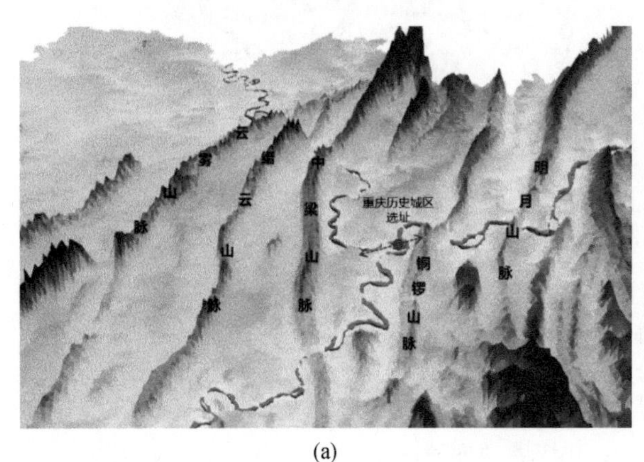

(a)

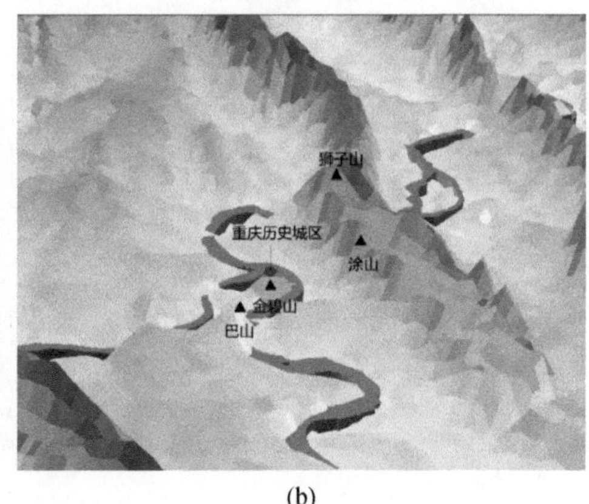

(b)

图8-7 重庆区域尺度山水城关系（a）及重庆历史城区山水城关系（b）

渝中半岛位于长江与嘉陵江的交汇之处，三面临水，仅有西面与陆地相连。整体地势西高东低，从西面（最高处鹅岭、佛图关等）向东南方向（朝天门两江汇合处）逐渐降低；南北方向上，大、小梁子山横贯东西，形成半岛山脊线，地势中间高、两侧沿江低，“据高形胜”，与南岸的涂山、东北面的狮子山遥遥相对。

从风水的角度看，重庆城的选址符合理想的风水格局。从建城过程看，城址不断变化，理想风水范式愈加明显。秦汉城址在两江交汇处，注重“两江环抱，生气汇聚”；三国时期向长江北岸拓展，形成“枕山面水”的格局，明清时期坐北朝南的立向与轴线形成，以巴县衙署所在地为穴，正对江对岸的南山，外围护山形成多重围合（图8-8）。

近现代以后，尽管城市向半岛西侧、跨越两江发展，呈现“揽山拥江”多中心组团格局，但历史城区“两江环抱，枕山面水”的山水格局依然延续，成为重庆母城经久传承的山水格局基因。

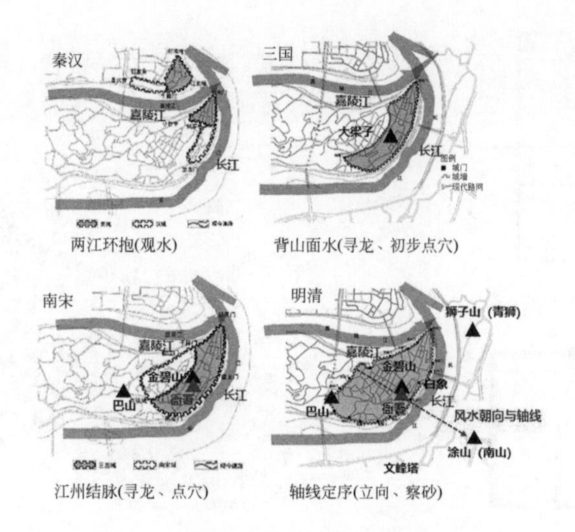

图 8-8　传统时期重庆城市历代风水实践

8.2　城市结构特征与空间基因

巴蜀地区自秦汉起逐步纳入中央统一体系中，城市营建思想共同受到《周礼》营国制度、《管子》“天人合一”思想、风水理论等的综合影响。在重庆山地地形背景下，对自然环境与礼制秩序的综合考虑，因地制宜运用相关建城思想，解决了山地城市建设活动的复杂问题与环境需求。

就重庆城市结构而言，具体体现在城市轴线、道路骨架、城门城墙等方面。①城市轴线。由于重庆山地地形复杂，城市没有明显的“中轴对称、居中为尊”轴线关系，仅体现在局部关系中。其城市轴定位可以概括为“山水定轴、府衙定轴”。②道路骨架。重庆地区受到营国制度中棋盘式道路网的影响，但并不严格遵从“九经九纬”的规整形式，而是根据复杂地形与环境变化灵活布置。③城门城墙。城门城墙是古代军事防御的重要组成部分，也是对外交通的重要通道，重庆根据城市建设需要与“象天法地”思想共设有九开八闭十七座城门。

8.2.1　城市轴线的形成与演变

重庆历史城区山水格局暗含着一条近南北向的轴线，背倚金碧山，朝向南岸的涂山。清代，这条轴线愈发清晰，形成“金碧山—衙署—太平门—南山”一线的城市中轴及多条纵向次轴；中央山脊线则由“通远门—较场口—金碧山—朝天门”形成半岛之脊，与城市中轴近乎垂直。由于山地地形与自然因素，城市并未形成《周礼 · 考工记》营城结构中“三横三纵”的规整方正结构。一定程度上，重庆的城市轴线是礼制秩序在山地环境中的灵活体现（图 8-9）。

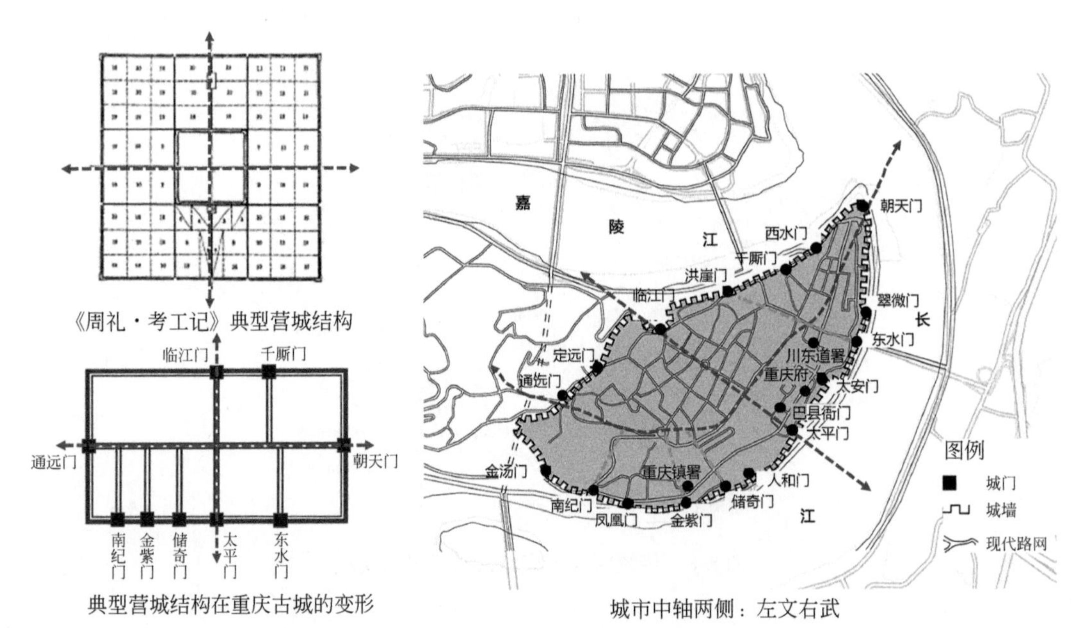

《周礼·考工记》典型营城结构

典型营城结构在重庆古城的变形

城市中轴两侧：左文右武

图 8-9　重庆“城市中轴+半岛之脊”城市结构解析

左上-《华阳国志·蜀志》记载；左下、右-作者绘制

分析历史营建过程可以发现城市中轴历经朝代更替而多次变化。考古资料显示，今渝中半岛老鼓楼遗址曾为南宋府衙所在地（后为明夏皇宫），轴线呈“东北—西南”走向，清朝改建，轴线发生了85°改变，形成了今“西北—东南”走向，沿“金碧山—衙署—太平门—南山”的城市中轴（图 8-10）。重要的衙署建筑（巴县衙门、重庆府衙、川东道

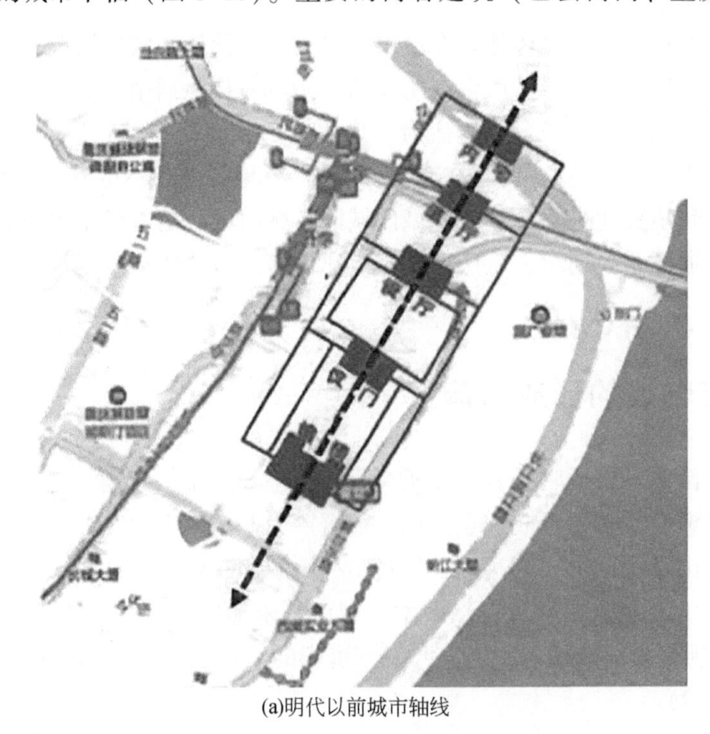

(a)明代以前城市轴线

清朝重庆城图

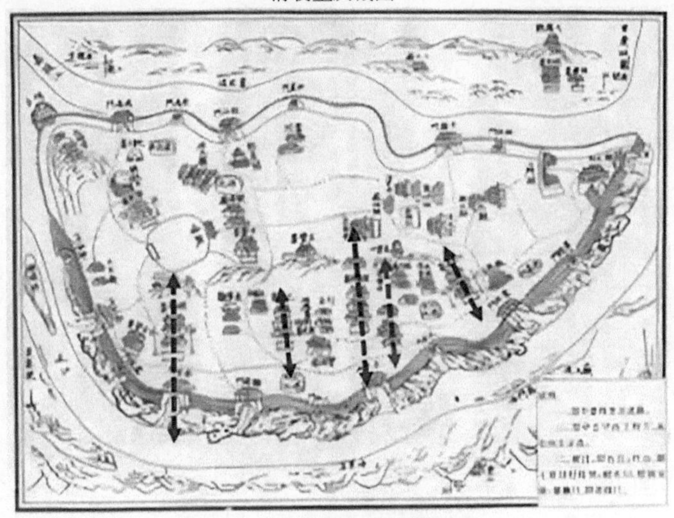

(b)清代以后城市轴线

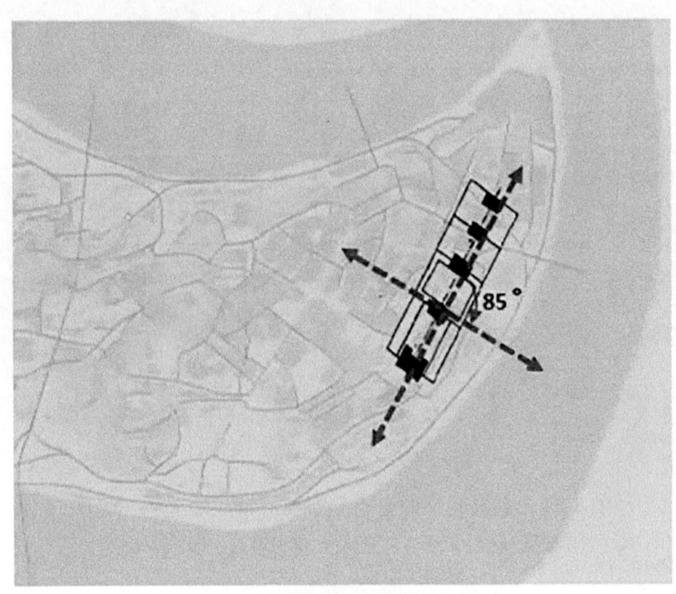

(c)城市轴线变化

图 8-10　城市轴线变化示意图

图（b）根据清乾隆年间巴县古城图改绘

署）择中布置（图 8-11）；其他重要公共建筑，如重庆镇署、文庙、城隍庙等则按照礼制等级制度，左文右武分布在两侧，这些公共建筑的轴线与城门联系形成多条纵向的城市次轴。例如，行政类衙署建筑自低等级到高等级位于轴线及轴线东侧；军事类建筑，如左营游击署、重庆总镇署布置于轴线右侧。其中，重庆总镇署、巴县署、川东道署和浙江会馆分别对应金紫门、太平门、东水门。

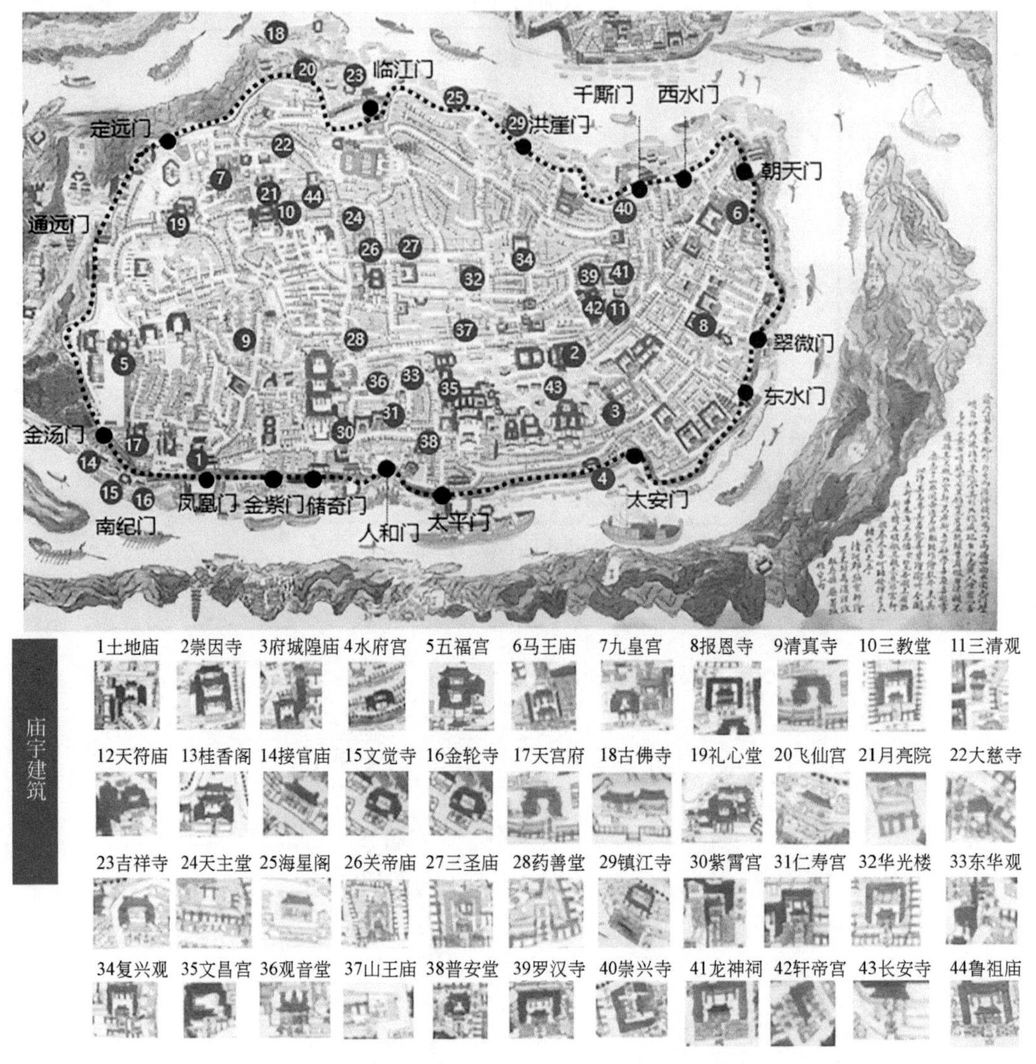

图 8-11　重要建筑的空间分布及与轴线的关系示意图

根据《清-光绪（1886 年）重庆府治全图》改绘

重庆因其地形的特殊性（传统时期重庆城池所在区域有超百米的高差），在礼制定序的基础上，适应城中自然山体走势，形成了“通远门—较场口—金碧山—朝天门”的近东西走向的中央山脊线，这条轴线从建城初期至明清时期逐渐完善，穿越渝中半岛，串联城中多个重要公共建筑，延续至今（图 8-12）。

近现代以来，重庆城市逐渐向外扩张，形式更加复杂、多样，但城市轴线一直延续传承下来。“中轴”往北拓展至解放碑，形成“解放碑—人民公园（金碧山）—巴县衙门遗址—太平门遗址—南山老君洞”的空间序列（图 8-13）。中央山脊线与轨道交通、主干道结合紧密，以新的空间形式延续下来。例如，中央山脊线与重庆轨道交通 1 号线（重庆市首条建成通车的地铁线路）重合，连接城内各个区段商务商业、行政、文化、重要公园等不同功能。

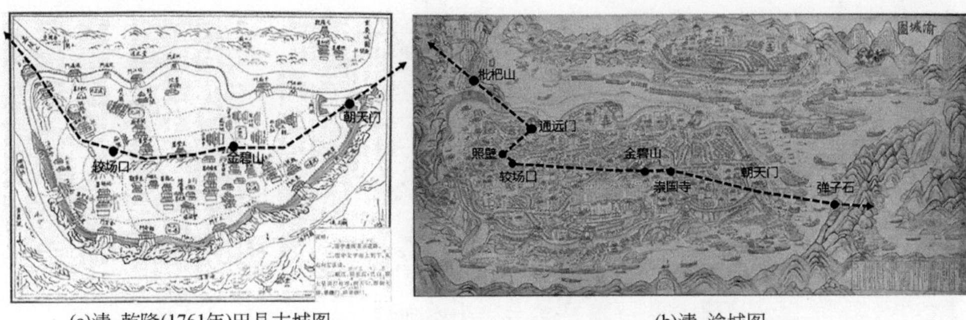

(a)清-乾隆(1761年)巴县古城图　　(b)清-渝城图

图 8-12　传统时期半岛之脊

根据清-乾隆（1761 年）巴县古城图、清-渝城图改绘

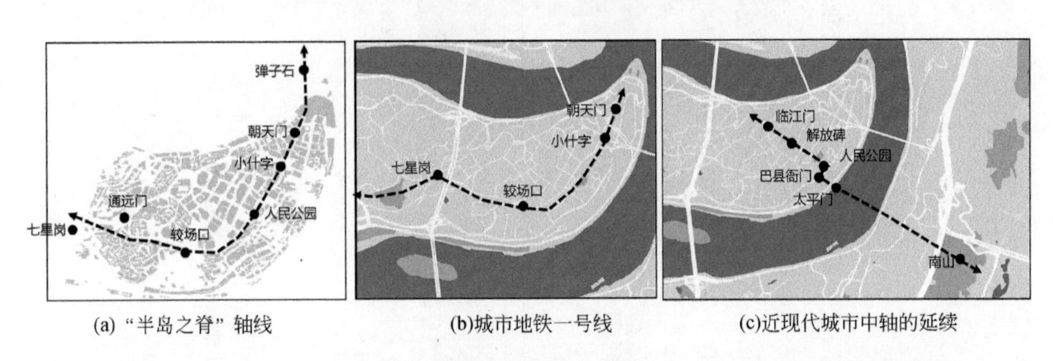

(a)“半岛之脊”轴线　　(b)城市地铁一号线　　(c)近现代城市中轴的延续

图 8-13　“半岛之脊" 轴线与轨道交通路线对比图［（a）和（b）］及近现代城市中轴延续情况（c）

8.2.2　城门城墙的形成与演变

城门城墙的数量、空间位置与城市结构紧密关联。重庆历史上经历过四次筑城，最早的城门记载出现在三国时期的李严筑城，设置青龙门（水门）、白虎门（陆门）两座城门作为通往城外的关口，城址临江靠山，城墙以崖为垣，夯土构筑；南宋时期，随着城市规模扩大，城门数量增加至五个，分别为洪崖门、千厮门、镇西门、熏风门、太平门，城墙为石基砖墙结构；明代依宋末旧城址筑石城，城门城墙在“象天法地、天人合一”思想影响下，形成“九开八闭，以象九宫八卦”之势（图 8-14）。同时城门也有不同的型制特征（图 8-15），

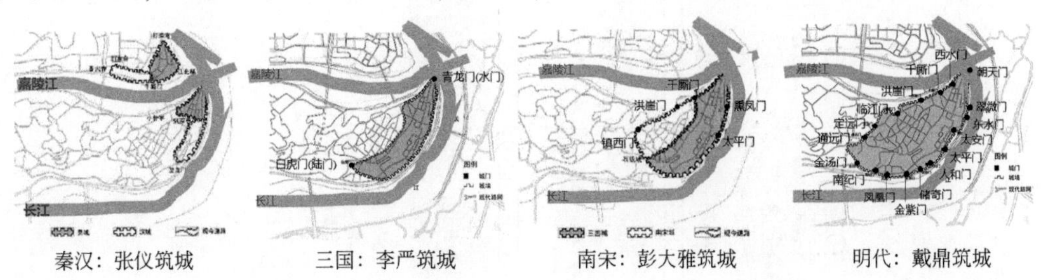

秦汉：张仪筑城　　三国：李严筑城　　南宋：彭大雅筑城　　明代：戴鼎筑城

图 8-14　传统时期重庆古城门城墙的形成与演变过程

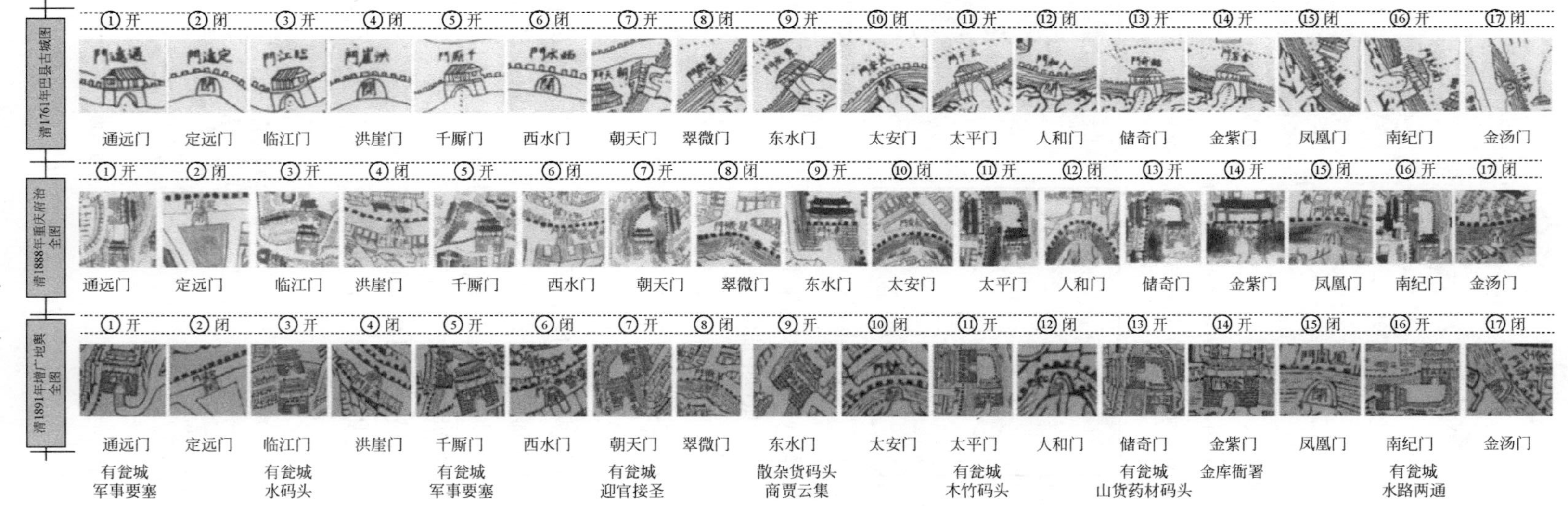

图8-15 传统时期重庆古城门城墙的形成与演变过程

根据1898~1900年《增广重庆地舆全图》整理绘制

闭门不开，仅有门的形式，其上没有城楼，也不能通行；开门供通行，根据位置不同，有的建有瓮城，城楼也有单层、二层之分。“九开八闭”反映了山城市井生活，民间谚语“朝天门，大码头，迎官接圣……储奇门，药材帮，医治百病……金紫门，恰对着，镇台衙门……南纪门，菜篮子，涌出涌进”，城门及附近地段各司其职，是城市公共活动最为集中的地段（图 8-16）。城墙内外因山地地形形成外低内高的情况，以崖为城，以江为壕，城堤一体，体现了《管子》“因天材，就地利，城郭不必中规矩，道路不必中准绳”的城市营建思想（图 8-17）。

图 8-16　不同城门的功能

引自《重庆城墙遗址保护实施方案》

近现代以来，随着城市的扩张，加上防御功能不存，古城墙、城门逐渐被拆除，“九开八闭，石城削天”的城墙、城门格局不复存在。仅四座城门留存下来，三座开门（太平门、东水门、通远门）、一座闭门（人和门），三处城门（千厮门、南纪门、储奇门）的部分瓮城遗址遗存下来①。部分城门虽已不存，但其名称以路名、地名、交通站名、建筑名等形式传承下来，如千厮门隧道、千厮门大桥、南纪门街道、储奇门行街、朝天门广场、洪崖洞民俗风貌区、临江门地铁站与公交站、金紫门大厦等。开门因其与人们的生活紧密联系，在变迁中以各种形式进行文化传承，在现代城市中仍有一定印迹，诸多闭门则消失于闹市。通远门成为以文化休闲与旅游功能为主的遗址公园；水陆交通转换的朝天门，成为重庆最大的综合交易市场与水路客运码头，同时连接多个中央商务区，是目前重

① 资料来源：重庆市规划设计研究院历史文化名城规划研究所 . 2016. 重庆城墙遗址保护实施方案。

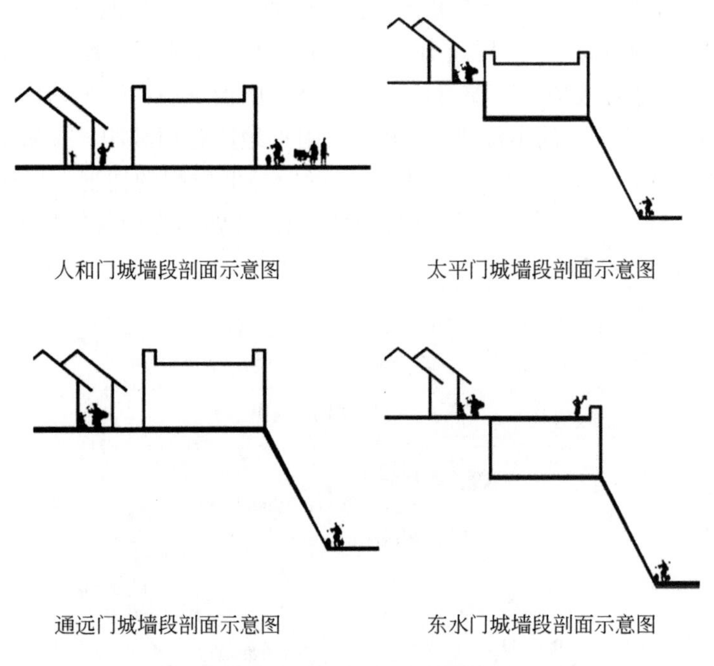

图 8-17　不同城门段城墙的剖面图

引自《重庆城墙遗址保护实施方案》

庆最繁华的地区之一，延续了传统的经济、交通职能。

重庆古城墙的变迁与城门类似，因城市空间的建设扩展，现存城墙 17 处，总长约 4404m（包含 40 独立存在的宋代城墙），其中露明城墙 34 段，约 3396m，掩埋城墙 22 段，约 1008m①（图 8-18）。其中，相对较连续的城墙主要分布在东水门至储奇门、南纪门至通远门一带；随着时代发展，传统时期防御、防洪、空间分割的功能被更替，转变为历史文化景观、旅游、公共休闲为核心的现代功能，如通远门、东水门城墙公园、环城墙步道等。

8. 2. 3　道路骨架的形成与演变

明代“九开八闭十七门”的格局是传统时期重庆主要道路形成的基础，其开门之间的联系形成城市的主要道路，体现了“城门引导、横纵协同”的形态特征，也形成了“三横两纵”的路网格局（图 8-19）。其中，东西向三条主干道分别为：①东水门—木牌坊—会仙桥—上都邮街—下都邮街—走马街—棉絮街—通远门；②朝天门—接圣街—打铁街—半边街—木货街—走马街—棉絮街—通远门（顺应山脊线）；③朝天门—陕西街—新鼓楼街—三牌坊—金马寺街—南纪门。一条南北向主干道为临江门—桂花街—太平门，另一条则是千厮门与东水门之间的曲折联系。

① 资料来源：重庆市规划设计研究院历史文化名城规划研究所 . 2016. 重庆城墙遗址保护实施方案。

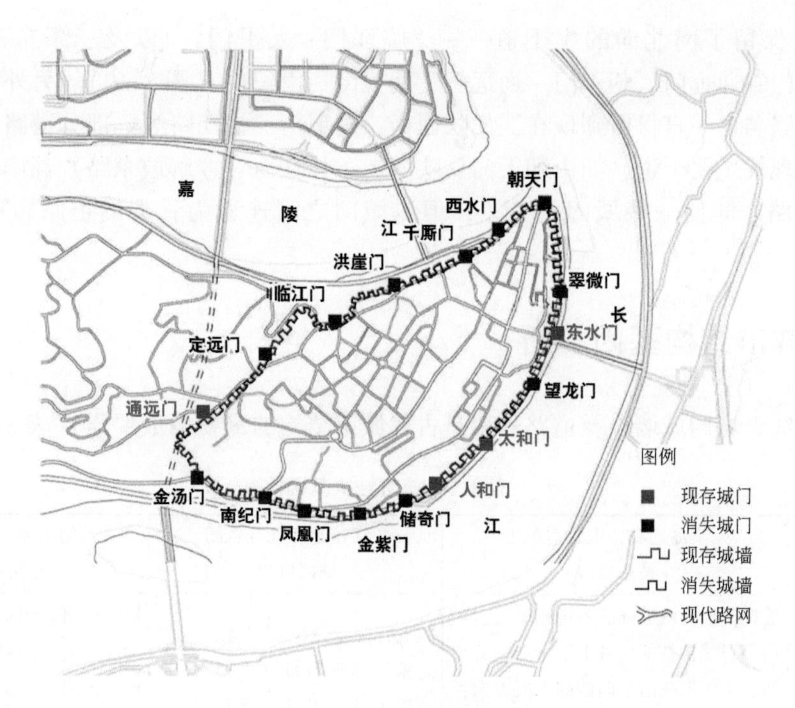

图 8-18　城门城墙现状图

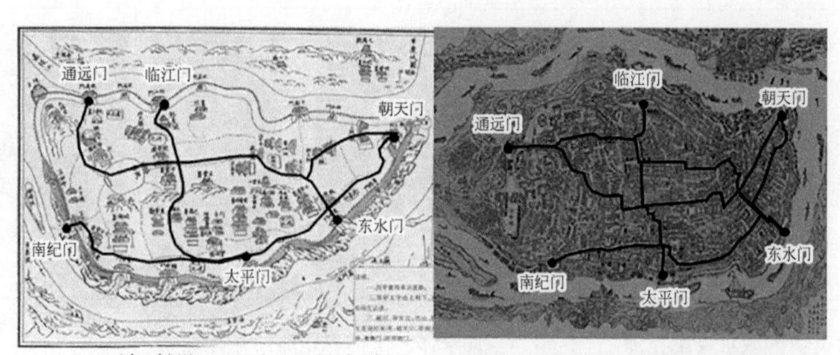

(a)清-乾隆(1761年)巴县古城图　　(b)清-光绪(1891年)增广地舆全图

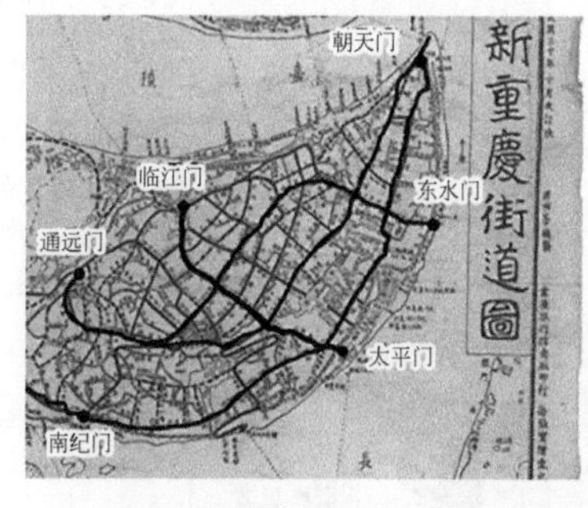

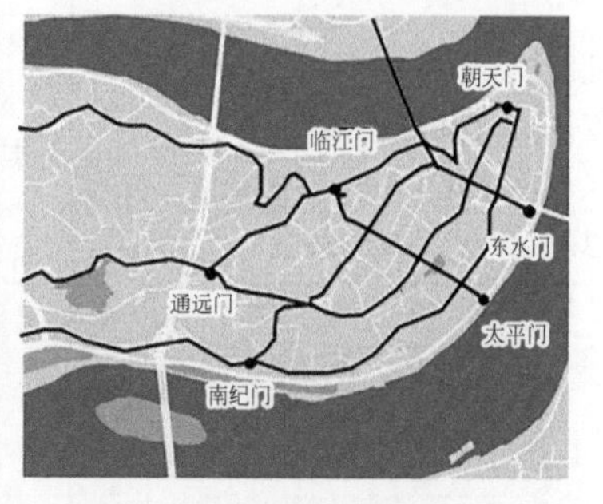

(c)1941年最新重庆街道图　　(d)2022年重庆街道图

图 8-19　街巷结构演变图

根据历史地图改绘

近现代保留了南北向的主干道——“临江门—太平门”，以及三条东西向的主干道——东水门—通远门、朝天门—通远门、朝天门—南纪门（图 8-19）。另外，与城门相连的部分道路名也一直保留到现在，如陕西街、打铜街、临江路等。部分道路则突破城门限制延伸成现代主要干道，如由朝天门、陕西街、林森街（今解放东路）经南纪门延伸至菜园坝等道路。即使一些城门消失了，但以城门之间连通为骨架的道路布局依然延续下来。

8.2.4 城市结构基因解析

城市轴线、城门城墙以及道路骨架是古代城市结构的重要构成要素（表 8-1）。按照

表 8-1 城市结构基因

类型		半岛之脊，中轴对位 （城市轴线）	象天法地，九开八闭 （城门城墙）	城门引导、横纵协同 （道路骨架）
生成机理	构成规则	脱离传统营城原则的不规则轴线，顺应山脊线、基本接近上下半城的分界线，天然形成由东向西的发展方向；以东南朝向为基准，垂直等高线，面向长江	以五行确定方位，“九宫八卦之象”确定数量（九道开门、八道闭门），以表“金城汤池”之意；讲求生克关系	以“九开八闭十七门”的格局为基础，东—西、西北—东南、西南—东北卦位相连遵循九宫八卦；东北—西卦位顺应地形
	图示	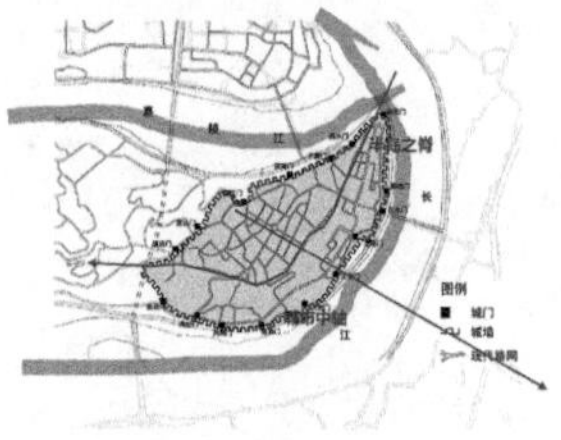	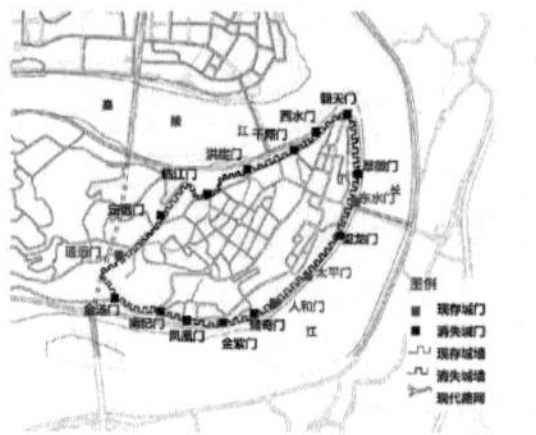	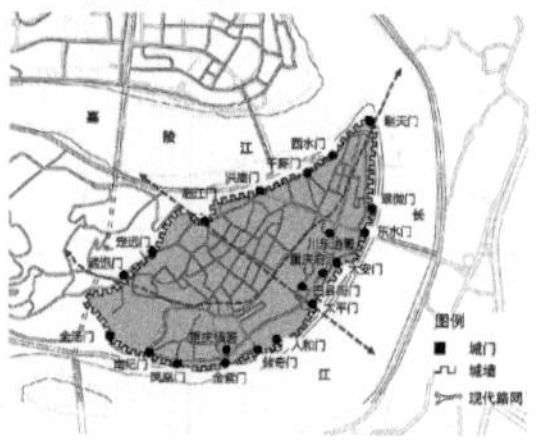
	自然地理	水文：区域水资源充沛 地形：地势南低北高	水体、山体界定城门城墙轮廓	山体走向：地势南低北高、上下半城高差 水文：水体走向
	社会文化	礼制：居中为尊、等级分明 军事：城门城墙、筑城防御 风水及《管子》中因地制宜的规划思想	风水：中国传统建城形制遵循八卦关系（先天八卦）	观念：“迎山接水、朝迎接引”的风水思想；九宫八卦关系；取法自然、择山逐水的原始朴素聚居思想
生成机理	图示	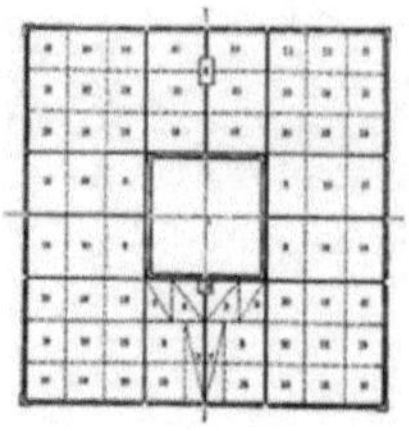 王城规划结构图	 先天八卦图	

“经久延续，控制城市形态特征”的原则，提炼出“半岛之脊，中轴对位”的城市轴线基因与“象天法地，九开八闭”城门城墙基因、“城门引导、横纵协同”的道路骨架基因。其中，轴线受到自然山水秩序，如山体走向、水体边界的强烈影响，礼制“居中为尊”“等级分明”的观念影响了城市中轴及重要公共建筑的空间分布，风水堪舆则对轴线、城门的形态与布局府衙位置、城池的朝案定向起到了决定性作用。

8.3 街巷空间特征与空间基因

8.3.1 “坡高路陡，行路迂回”的传统街巷空间

1. 街巷平面形态

传统时期的重庆街道网络以重要功能节点或空间控制性要素之间的联系为基础而生成，街巷整体空间可分为城西、城东、上下半城四个区域。整体来看，其街巷有着“对应城门，自由延展”的形态特征（表8-2）。因重庆山地地形特点，街巷布局灵活、类型多样，整体平面形态呈现出自由网状、树枝网状、方格网状三种类型。

表8-2 传统时期：街巷平面形态类型

类型	特征图示	形态特征	分布特征	路网肌理形态	形成因素
自由网状		自由散状 四通八达	城西、下半城区域，地形地势条件复杂		用地局限 地势起伏
树枝网状		线性延伸 一街多巷	城东、下半城区域，地势狭长、进深较短		用地局限 线性交通
方格网状		横纵交错 秩序规整	上半城核心区域，地势平缓、用地充裕		用地充裕 地势平缓 礼制思想

资料来源：特征图示由作者绘制；路网肌理形态由作者根据《增广地舆全图》改绘。

（1）自由网状：出于适应山地地形与城市发展的需要，自由网状的路网形式广泛存在于重庆城市的道路布局中，主要体现在地形坡度较大的城西以及下半城区域，形态自由，空间层次分明。街道平行或垂直于等高线形成格网，划分不同功能片区并联系不同功能片

区；内部形成不规则巷道，尺度多变，顺应地势，形成自由丰富的街巷空间肌理。

（2）树枝网状：树枝网状路网形式以“一街多巷”的格局为特征，一条主要街道为骨架，数条巷道在两侧展开形成次级骨架。这类路网形式多应用于建设用地有限的地方，主要街道平行于等高线沿单线向两侧延伸，次要巷道与主街连接，蜿蜒曲折，主要承担生活性功能。清代重庆下半城沿江一带的狭长用地，以朝天门—陕西街—新鼓楼街—三牌坊—金马寺街—南纪门为主要干道，文化街、门二巷、响水街等巷道位于两侧，形成清晰的“长街短巷、线性统领”的树枝网状结构。

（3）方格网状：方格网状路网形式体现着中正、规整的礼制思想，形态规则、秩序整齐，其形态由纵横道路交织而成，交通可达性较好，历史上方格网状路网形式仅在重庆相对平整、建设用地较多的上半城出现。此外，数条街道十字交叉形成的格网也是“天心十道”风水思想的体现。

2. 街巷竖向形态

爬坡上坎是山地城市人们出行的日常状态，由于地形的高差大，竖向形态上具有“梯坎纵横、顺势而为”的形态特征。历史城区有上下半城之分，南北交通的联系以坡道、梯道、平台等形成多样的空间形式，垂直或斜交于等高线起着重要的连接作用（表 8-3），其中典型的如玉带街、千厮门行街、较场口十八梯（图 8-20）。

表 8-3　传统时期：街巷竖向形态交通要素类型表

类型	特征图示	形态特征	典型例证
步道坡道		斜面限定 联结高差	
梯道台阶	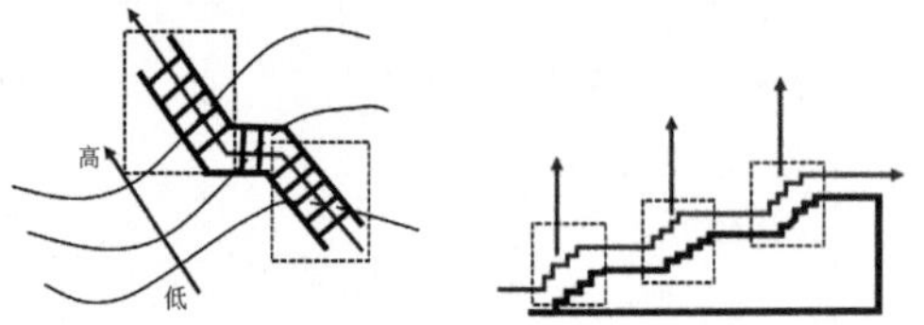	斜面限定 联结台地	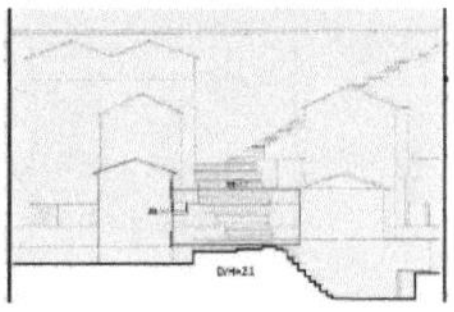
平台	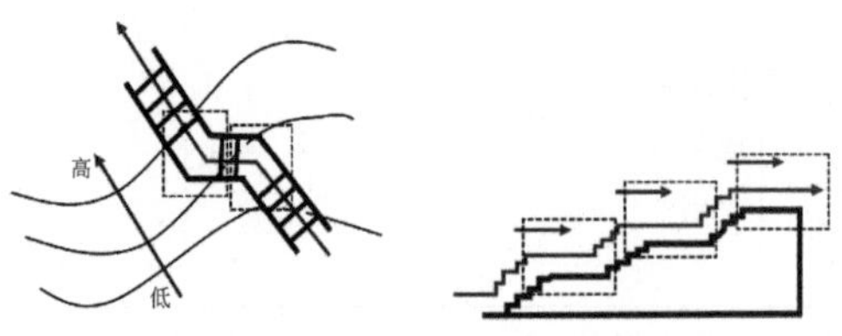	水平限定 过渡高差	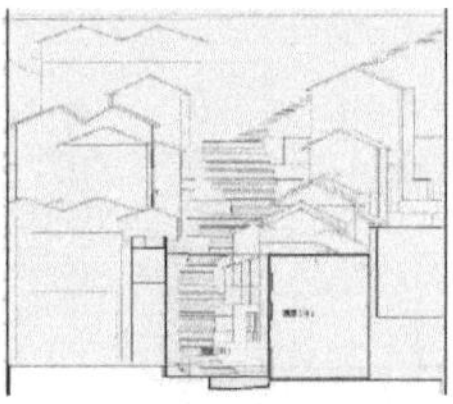

续表

类型	特征图示		形态特征	典型例证
堡坎	高 低		垂直限定 三维支撑	—

资料来源：典型例证来源于《增广地舆全图》《十八梯传统风貌街区实施方案文本》。

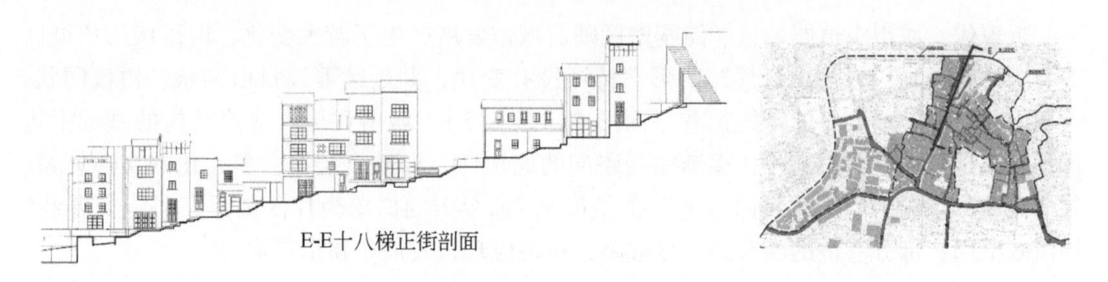

图 8-20 十八梯竖向空间

引自《十八梯传统风貌街区实施方案文本》

建筑布局形式上，通过“纵横交错、上下错叠”等方式消解地形上高差，形成街巷空间的立面、内部连通上的变化（表 8-4）。“纵横交错”指两个沿街建筑间采用纵墙面与横墙面交错相连的方式进行错位设计，巧借高差，智取空间。位于台地或缓坡等地势相对平缓区域的建筑往往以纵墙面面向街巷，出入口朝向街巷设置，临街空间对外开放；陡坡等高差较大的地方，用地局促，建筑以横墙面面向街巷，进退布局，形成宽窄不一、收放结合的街巷空间，如东水门历史街区的东正街和下洪学巷。“上下错叠”指高差较大的地势

表 8-4 传统时期：街巷竖向形态立面变化类型表

类型	特征图示		形态特征	典型例证	形成因素
纵横交错			纵墙－台地或缓坡 横墙－陡坡	东水门东正街	用地局限，地势起伏
上下错叠			错层建筑多标高入口	东水门下洪学巷	

资料来源：典型例证中东水门东正街和下洪学巷的剖面图来源于《山地历史城镇街巷空间特征及其保护研究》（方波，2005）。

通过多个建筑的灵活布置化解高差，建筑采用错层的形式创造多标高入口以满足交通需求，在沿街立面上建筑顺应地势层层错叠，界面丰富，建筑内部连通，内部街巷在不同高度的联系中形成具有三维立体特征的空中通道层，如洪崖洞。

8.3.2 多层次、多元化的现代交通空间

1. 街巷平面形态

近现代，城市中道路数量、路网密度随着城市发展产生了较大变化，但重庆历史城区街巷中“对应城门，自由延展”的形态特征没有变化，并延续着以自由网状、树枝网状、方格网状三种类型并存的传统街巷平面形态（表 8-5）。城市在原有道路结构的基础上进行拓宽、延长、整合与新建，逐渐完善路网的通达性，形成多层次、多元化的交通体系，外接内连，减弱了原来“行路迂回”的情况①。如今天的白象街片区仍留有“一街多巷”的清晰格局；部分巷道的断头路、尽端路，在适应现代发展中得以贯通。

表 8-5 近现代：街巷平面形态类型表

类型	特征图示	形态特征	分布特征	路网肌理形态	形成因素
自由网状		自由散状 四通八达	城西、下半城区域，地形地势条件复杂	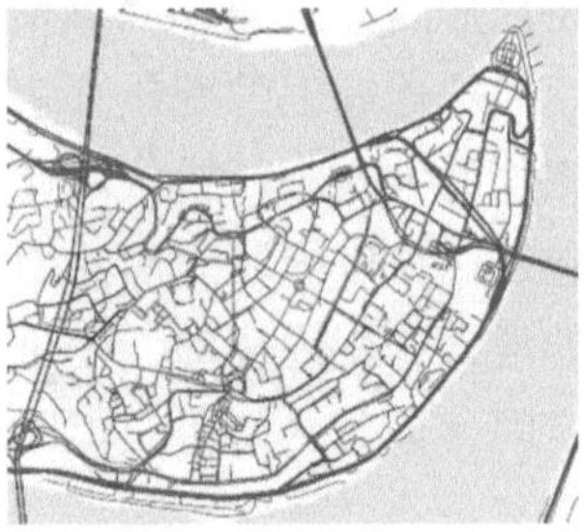	用地局限 地势起伏
树枝网状		线性延伸 一街多巷	沿江区域，地势狭长、进深较短	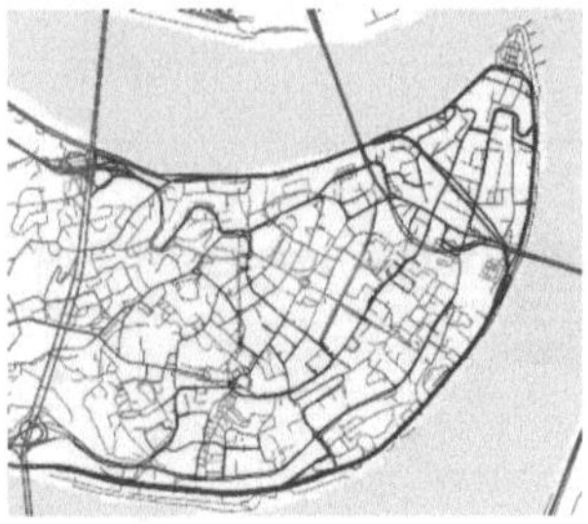	用地局限 线性交通

① 民国时期，“狭窄脏乱、迂回坎坷”是道路给人的普遍印象。1929 年重庆设市以后，城墙逐渐被拆除，新建了中区干道、南区干道和北区干道三条干线。1938 年对旧市区道路疏通拓宽，按经纬路布局，新修了车行道，上半城初步形成了方格网型的道路网络。下半城新建道路较少，仅有和平路、中兴路、凯旋路几条主干道，内部仍为传统街巷。

续表

类型	特征图示	形态特征	分布特征	路网肌理形态	形成因素
方格网状	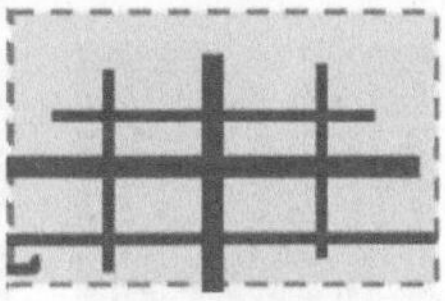	横纵交错秩序规整	上半城核心区域及朝天门码头，地势平缓、用地充裕	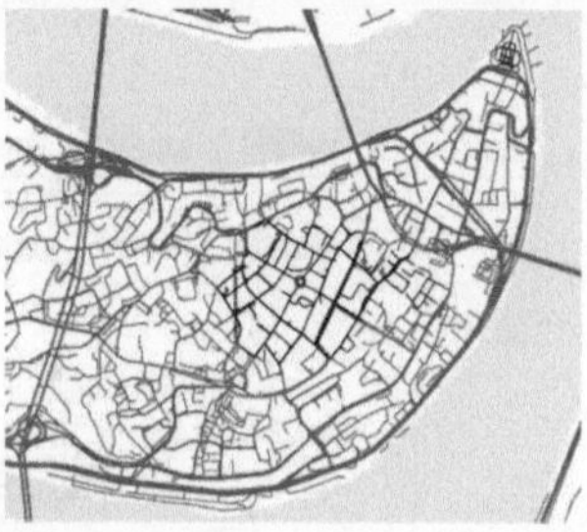	用地充裕 地势平缓 礼制思想

资料来源：路网肌理形态来源于 2017 级本科生毕业设计《空间基因的识别与传承——重庆历史城区重点地段空间形态分析与城市设计》（陈建朋，李嘉禾，李新宇，等）。

2. 街巷竖向形态

近现代，以步道、梯道、台阶等山地特殊步行空间联系形式（表 8-6），在地形高差限制的空间中仍然广泛存在，以云梯步道方式划分街区和地块，具有适应地形变化、兼具交通、休憩多种功能的优点，延续到现在，如依托原有的山地垂直步行交通系统所打造的城市山城步道、十八梯、千厮门梯道等。另外，通过建筑间上下错叠、灵活布置化解高差的空间营建手法也沿袭下来，如重庆望龙门附近的白象居，巧妙利用“空中走廊”“分层入户标高”化解 38m 的地形高差，实现 4 ~ 25 层不设电梯“高层变多层”的住宅形式，具有浓厚的山地建筑特色。另外，一些适应山地环境的现代交通在传统形式的基础上发展起来，扶梯、索道、缆车、轻轨、高桥、立交等现代化交通形式综合实现了山地城市三维立体的空间拓展，如跨江索道（长江索道、嘉陵江索道）、两路口皇冠大扶梯及跨江大桥、穿楼轻轨等。新交通形式扩展了原有山地城市街巷的空间形态形式，便捷性和连通性较高，使部分传统山城梯道、步道，原有的交通、生活职能向休闲旅游方面发生转变。

表 8-6　近现代：街巷竖向空间形态变化类型表

类型	特征图示	形态特征	典型例证
传统交通要素组织	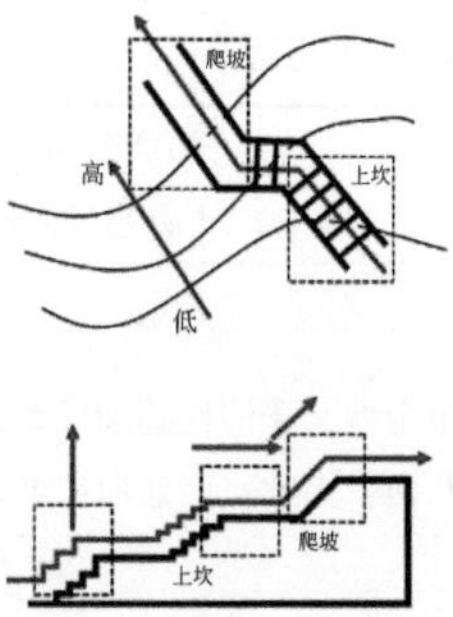 爬坡 高 上坎 低 上坎 爬坡	步道、梯道、台阶等山地特殊要素组合形成竖向联系	 山城巷

续表

类型	特征图示	形态特征	典型例证
建筑排列组合变化		建筑上下错叠、空中走廊、分层入户标高化解高差	白象居空中走廊、退台建筑
现代立体交通介入	高 低	扶梯、索道、缆车、轻轨、高桥等上天入地、空中连通	轻轨、高架

资料来源：典型例证来源于《重庆市渝中区山城巷及金汤门传统风貌区保护实施方案》（中国城市规划设计研究院西部分院）、《重庆市志・地理志》（重庆市地方志编纂委员会总编辑室，1992）。

8.3.3 街巷空间基因解析

有关城市结构特征的分析表明街道平面结构有“对应城门，自由延展”的特点，同时城门与道路形成“迎山接水”之态，吸纳山川灵气，加上“梯坎纵横、顺势而为”的街巷竖向特征，共同反映了因地制宜、顺应自然的营建智慧（表8-7）。

表8-7 街巷空间基因（街巷平面与竖向）

类型		对应城门，自由延展 （街巷结构基因）	梯坎纵横、顺势而为 （街巷竖向形态基因）
空间形态基因	时空分布	遍布全城，于清代叠加成型； 自由网状，地形坡度较大的城西以及下半城区域；树枝网状，狭长用地；方格网状，上半城相对平整地带	遍布全城，于清代叠加成型； 东西向：街巷；南北向：坡道、梯道、堡坎、台地等

续表

类型		对应城门，自由延展 （街巷结构基因）	梯坎纵横、顺势而为 （街巷竖向形态基因）
空间形态基因	构成规则	垂直或斜交于等高线，通过多元交通要素的空间组织形式或沿街建筑排列组合形成空间变化来消解高差	垂直或斜交于等高线，通过多元交通要素的空间组织形式或沿街建筑排列组合形成空间变化来消解高差
	图示	方格网状 自由网状 树枝网状	爬坡上坎
形态生成机理	自然环境	地形：地势南低北高、上下半城高差 水文：区域水资源充沛，商业航运条件优越	地形：地势南低北高、上下半城高差 水文：区域水资源充沛
	经济技术	产业：商业集聚、街巷密布 技术：地形改造技术	产业：商业集聚、街巷密布 技术：地形改造技术
	社会文化	观念：道家取法自然、天人合一的思想和因地制宜、就地取材的态度	观念：道家取法自然、天人合一的思想和因地制宜、就地取材的态度

8.4 建筑形态特征与空间基因

8.4.1 传统时期建筑形态特征：随形就势，重屋垒居

巴渝建筑体现着人适应山地环境的营建智慧，元稹自注“巴人多在山坡架木为居”，汉时高岗上“重屋垒居”，水岸则“隔江结舫水居五百余家”；清末已是“贾楼民居，鳞次栉比，层楼叠屋，一望迷离”①。舆图中“庙宇衙斋”等建筑的形象清晰而明显，集中分布在城门附近，突显于背景的民居。但因此也“郡治江州，时有温风，遥县客吏多有疾病。地势侧险，皆重屋累居，数有火害，又不相容。结舫水居五百余家，承二江之会，夏水涨盛，坏散颠溺，死者无数”②。依山就势、重屋垒居的建筑形态易受火灾，水岸及滨水建筑也易受夏季洪水的严重危害。山地复杂环境下的营建智慧表现了人居环境建设与山水自然环境的相互影响、循环演进过程。

① 来源于1886年，由巴县知县国璋主持编绘的《重庆府治全图》，“贾楼民居，鳞次栉比，层楼叠屋，一望迷离”为图右下方文字。

② 来源于《华阳国志·巴志》。

巴渝传统建筑营建充分体现了与自然环境相互适应的特点，竖向高差处理方法可总结为“山地营建十八法”，即“台、挑、吊；坡、拖、梭；转、跨、架；靠、跌、爬；退、让、钻；错、分、联”（李先逵，2016）。其中，“台、吊、架、靠、跌、爬”为重庆山地单体建筑常用方式。“台”即分层筑台，常采用半填半挖的方式争取规整用地，多适用于合院建筑化解高差。“吊”和“架”处理手法类似，“吊”常见于陡坡或临崖处，建筑为不破坏原有自然基底，利用穿斗木柱支撑自身重量；“架”则是全干栏方式，整座建筑由支柱支撑起来。“靠”为靠崖，通过木结构嵌入崖体，紧贴崖壁而建，房屋略微内倾或层层向内收敛。“跌”为下跌，建筑上部靠崖建设，逐步下跌，以吊脚或筑台作为下部支撑。“爬”是指建筑在高差大的环境中逐台布置，灵活选择坡道、台阶等联系各分台的方式，形成层层上爬的竖向形态，如较场口十八梯。总体而言，传统时期重庆形成以吊脚楼为原型的建筑形态，结合多种营建手法，巧借高差、灵活空间，呈现“随形就势，重屋垒居”的空间特征（表8-8）。

表8-8　传统时期：单体建筑竖向形态类型

类型	特征图示	形态特征	典型例证	形成因素
台		分层筑台 规整用地	重庆酉阳龚滩古镇临河高筑台民居	用地局限 地势起伏
跌、爬		逐台布置 层层联系	重庆磁器口大石梯坎街与改造后的十八梯	
靠		靠崖接地 保护基底	重庆潼南大佛寺靠崖式殿宇	
吊、架		架空接地 保护基底	洪崖洞改造前	

群体建筑则灵活运用单体建筑的高差处理方式来化解地形高差问题。豪户大院等居住建筑通过不同建筑的排列组织来化解地形高差，平面上自由组合，竖向上通过“错、分、联”等处理手法来灵活排列附属建筑，为核心建筑腾出规整空间，如朝天门码头、临江门、千厮门等地的吊脚楼群体建筑，有机组合而呈现出“重屋累居”的空间形态。

公共建筑因功能与等级的影响，建筑体量较大，轴线较长，常通过“分台与串联”的方式和院落合理组织来化解高差，其中以会馆建筑的分层筑台式处理最为典型（表 8-9），其院落空间、建筑空间与地形相适应，按照高差使山地分段平整化，以轴线为引导，串联“门厅-（院落+台地）-建筑-（院落+台地）-建筑”等多个标高空间，台地之间用梯道、步道连接，形成参差变化、高低错落的多天井重台重院的形式。例如江边坡地上的湖广会馆，整体高差达十余米，坡度约 30°，营建时分为五个台地，以台阶与堡坎等方式处理分台之间的高差，院落、建筑、台地三大空间在轴线的引导下相互渗透，构成“分层筑台、因势定序”的竖向空间形态特征。此外，建筑群在营建中巧借自然高差形成戏台、看厅等可供观演集聚的空间，五个台地所联结的中心序列上分别布局着门厅入口空间、戏台观演空间、看殿合乐空间、祀神空间等主要功能空间，厢房、配殿等辅助空间则绕其两侧围合出院落，总体上呈现“台—院—殿”层层递进的空间序列（许芗斌，2018）。

表 8-9　传统时期群体建筑平面及竖向形态类型

类型	特征图示	形态特征	典型例证	形成因素
居住建筑	 高低错落 “错”：前后上下错开 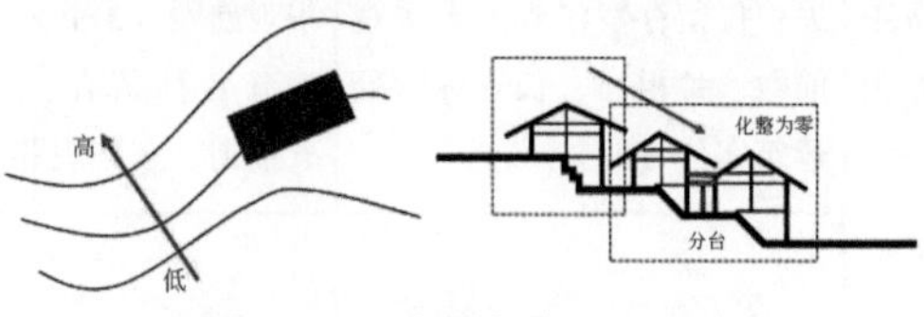 高　低　化整为零　分台 “分”：分层、分台、化整为零	通过建筑的排列组织化解高差		用地局限地势起伏
	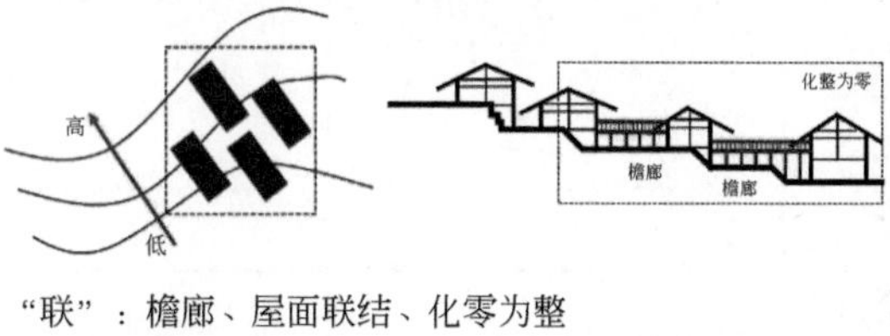 高　低　化整为零　檐廊　檐廊 “联”：檐廊、屋面联结、化零为整			
公共建筑	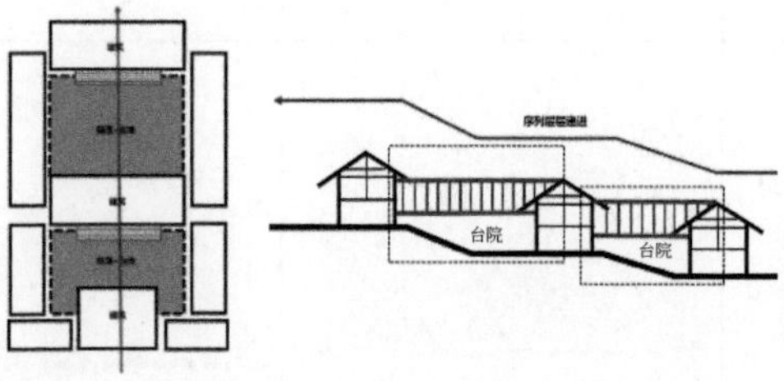 序列层层递进　台院　台院	通过院落的组织布局化解高差		

资料来源：特征图示由作者绘制；典型例证参考《增广地舆全图》。

8.4.2　近现代标志性建筑突显，山地特色鲜明

近现代以后，传统公共建筑大部分被拆毁改建，部分被改为商业建筑（如 1913 年拆毁重庆府改建为商场，1926 年拆建川东道署为市场等）、学校或行政办公建筑，部分建筑被拆毁但名字传承下来，如巴县衙门街、“道门口”街道、左营街、五福宫街、五福街、东华观巷等（欧阳桦，2011）（表 8-10）。

表 8-10　各时期公共建筑空间分布演变

<table>
<tr><th>类型</th><th>平面形制</th><th>传统时期</th><th>近代</th><th>现代</th></tr>
<tr><td rowspan="2">衙署建筑</td><td rowspan="2">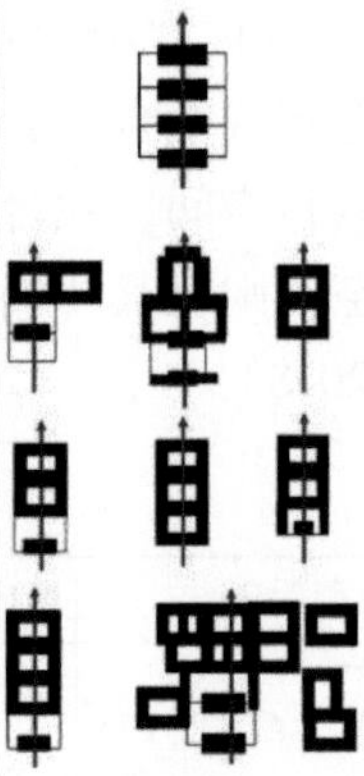</td><td>行政类型+军事类型：川东道署、重庆府、巴县衙门、重庆镇署、右营都开府、左营游击署等（8 个）</td><td>大部分拆毁或改建；
仅留存巴县衙署部分建筑（1 个）</td><td>建筑实体留存：巴县衙署遗址（1 个）
街道名称留存：巴县衙门街、“道门口”街道、左营街</td></tr>
<tr><td>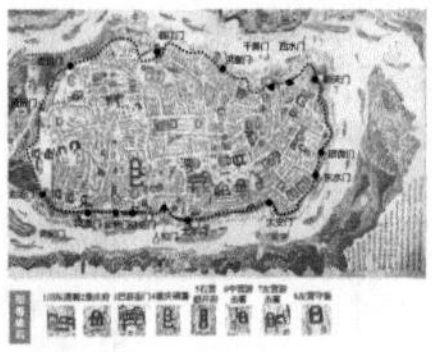</td><td>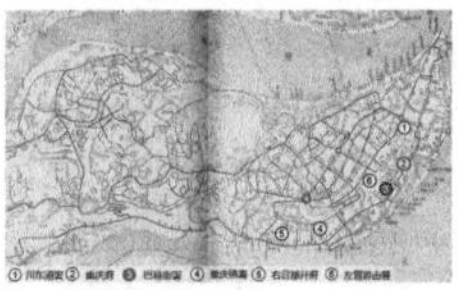</td><td>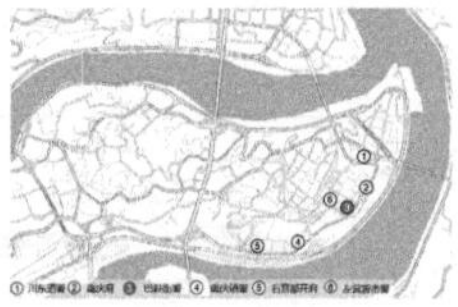</td></tr>
<tr><td rowspan="2">宗教建筑</td><td rowspan="2">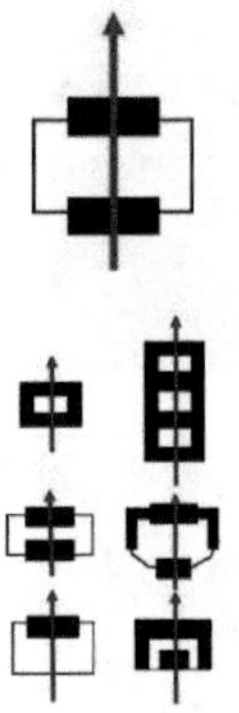</td><td>佛教+道教+伊斯兰教：崇因寺、东华观、五福宫、马王庙、报恩寺、长安寺、鲁祖庙、清真寺等（43 个）</td><td>五福宫、府文庙、马王庙消失；仅留存罗汉寺、东华观前殿、鲁祖庙、长安寺四处建筑实体（4 个）</td><td>建筑实体留存：罗汉寺、东华观前殿（2 个）
街道名称留存：五福宫街、五福街、东华观巷</td></tr>
<tr><td></td><td></td><td>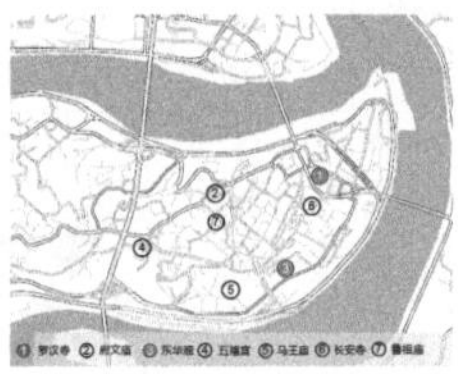</td></tr>
<tr><td rowspan="2">礼制建筑</td><td rowspan="2">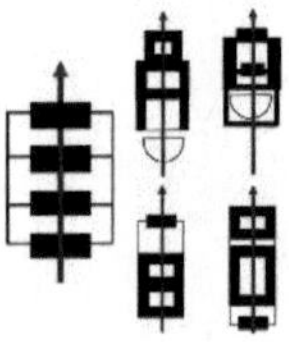</td><td>字水书院、魁星阁、东川书院、考棚、巴县学署</td><td>均在开埠之后消失</td><td>消失</td></tr>
<tr><td></td><td>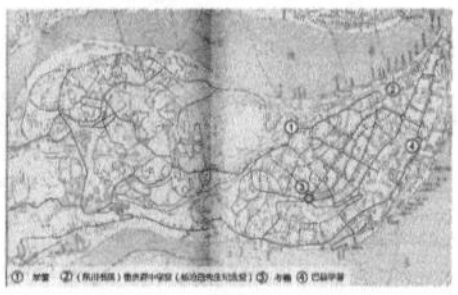</td><td>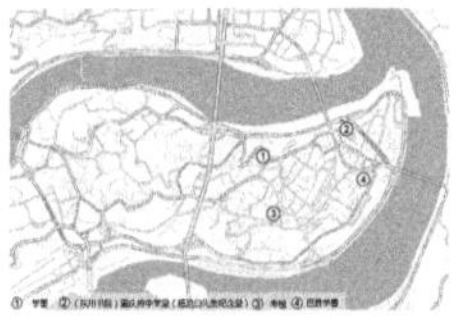</td></tr>
</table>

续表

类型	平面形制	传统时期	近代	现代
会馆建筑	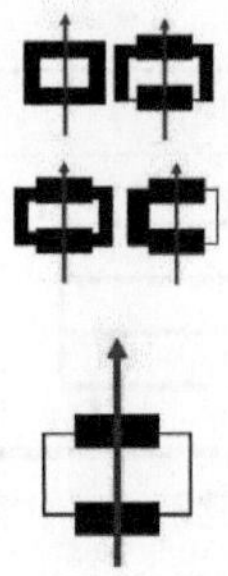	湖广会馆、广东会馆、江南会馆、江西会馆、陕西会馆、福建会馆、山西会馆、浙江会馆（8 个）	浙江会馆、江西会馆消失	湖广会馆（统称）：广东会馆、江南会馆、两湖会馆、四个戏楼，以及广东公所、齐安公所
		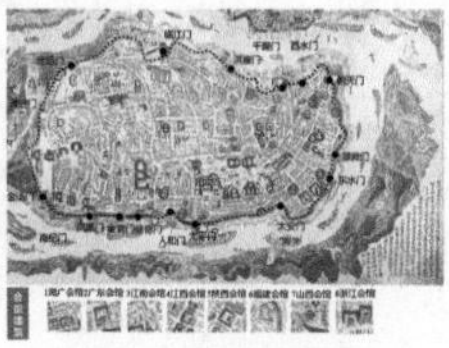	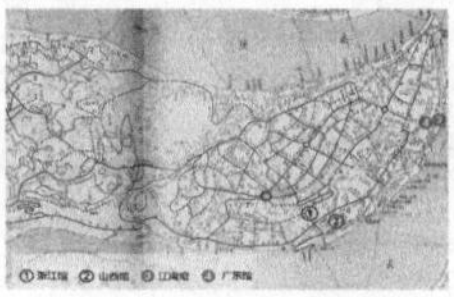	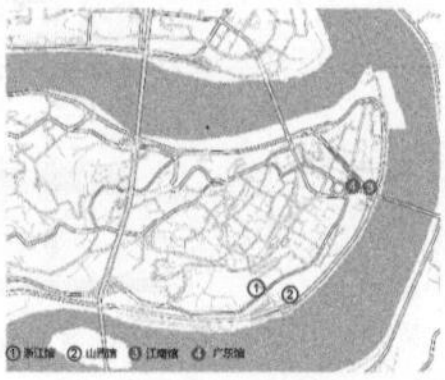

资料来源：平面形制由作者绘制；历史演变根据历史地图改绘。

平面形态上，公共建筑的平面空间形态较传统时期更加追求功能需求，体现出本土建筑文化与外来建筑思潮碰撞、融合的过程。居住建筑向塔式高层、板式多层与小高层、商住楼等现代住宅形式转变，出现高层分区集中布置、院落分区分散连接等平面形态（表 8-11）。

表 8-11　近现代时期建筑平面形式演变

类型	传统时期	近代	现代
建筑原型	 “一”字形　合院型 建筑技术限制下，平面主要为“一”字形和合院型等较简单的形态	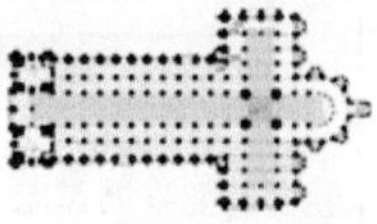 拉丁十字形制教堂 西方古典主义建筑平面形制：开埠后传入重庆	 分区集中设置 现代主义建筑：功能分区较为复杂，结合紧密
山地变型	 “一”字形　合院型 由于山地建设条件，平面落地时进行变形，发生建筑走向弯曲、院落位移	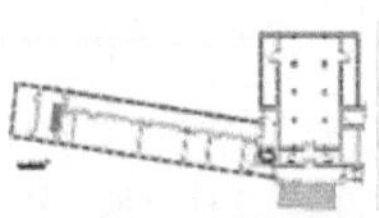 仁爱堂(拉丁十字变形) 适应地形的形式改变：平面单元之间错动	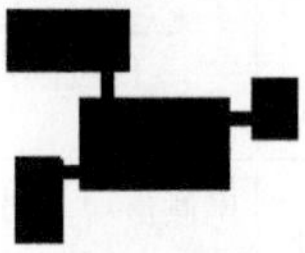 分区离散设置 适应山地地形：不同功能分区之间倾向于离散设置在建设条件较好的用地上
空间特征	建筑走向弯曲、院落等空间发生位移	平面组成单元之间形成错动	建筑功能分区离散设置，平面形态自由，不同分区间飞桥等交通联系

竖向形态上，随着时代发展，建筑由“低层院落—多层板式—高层点式”演替，虽高层建筑林立，但一些沿江、临崖地区的吊脚、错叠、分化、分层筑台等适应地形的山地建筑手法依然留存下来，山地特色明显（表 8-12）。尤其以洪崖洞、白象居等为代表的现代

标志性建筑结合居住、旅游、文化、娱乐、餐饮等多种业态，随形就势，巧借高差，形成“立体式空中步行街”，在垂直方向上联系不同标高的建筑出入口，形成奇幻的山地特色，成为现代凸显的独特性意象。

表 8-12　近现代建筑竖向形态演变

类型	传统时期	近代	现代
建筑原型	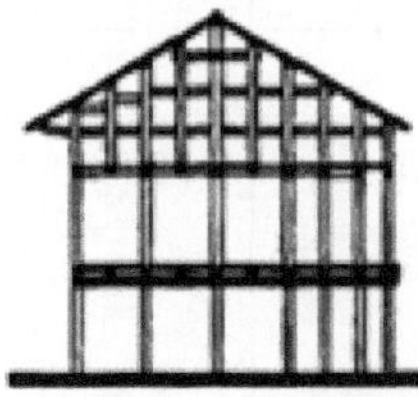 干栏式建筑：首层悬置适应气候	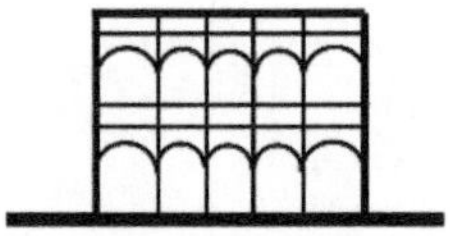 西方古典主义建筑开埠后传入重庆	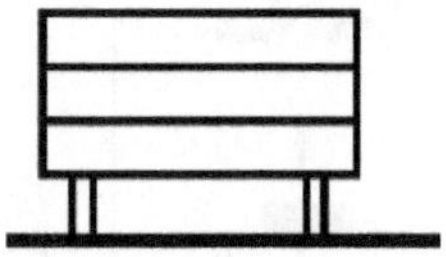 现代主义建筑：底层架空是现代主义建筑的重要特征
山地变型	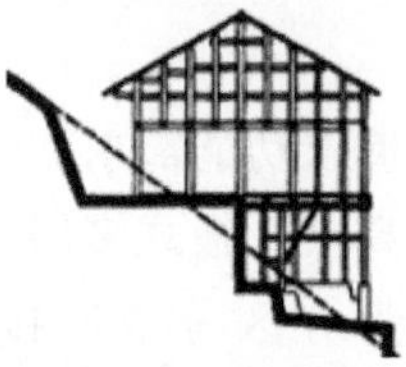 吊脚建筑：首层悬置适应气候与地形，以点接地，形成单侧靠地面的建筑形式	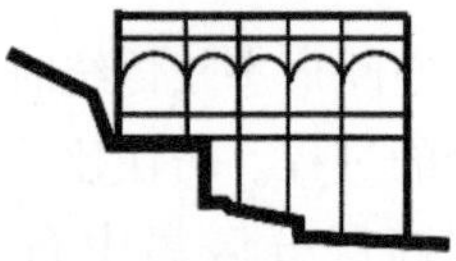 外来建筑适应地形：采用错层等手法加以改变	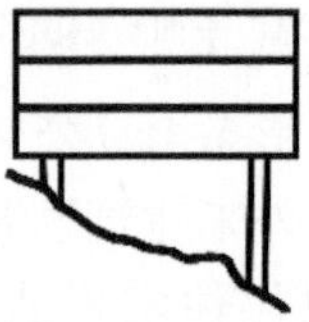 适应山地地形：悬空首层与坡地地形结合，形成单侧靠地、覆土等建筑形式
气候适应	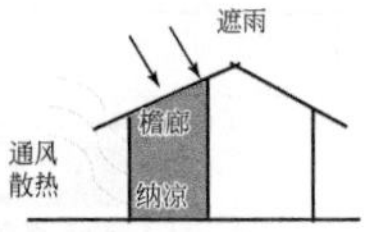 遮雨 檐廊 通风散热 纳凉 传统宽檐、檐廊空间：扩大使用面积、适应气候	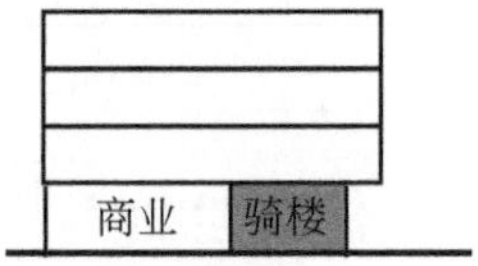 商业　骑楼 建筑外廊 迎合商业发展需求、适应气候	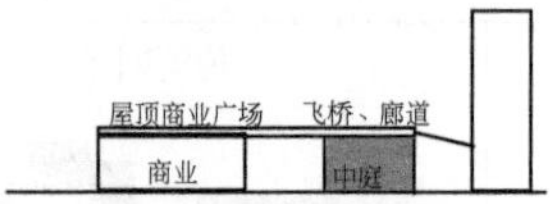 屋顶商业广场　飞桥、廊道 商业　中庭 现代限定边界模糊的公共空间：迎合商业、交通发展需求
院落空间	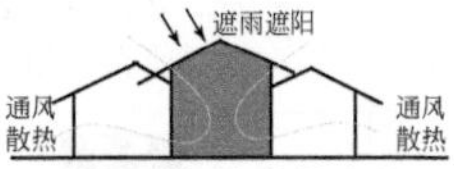 遮雨遮阳 通风散热　通风散热 传统内向性院落空间	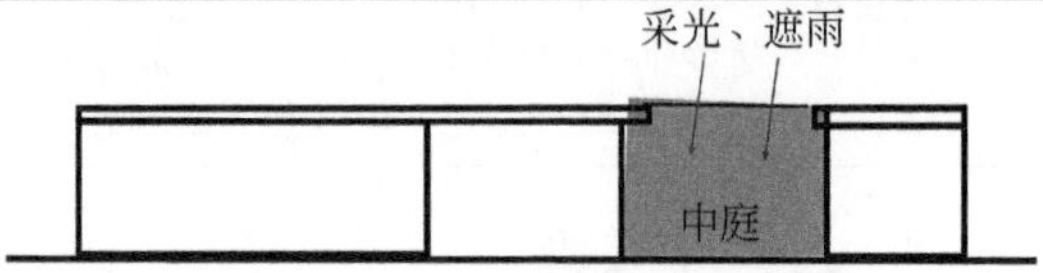 采光、遮雨 中庭 半开敞公共活动空间、迎合现代功能需求	
空间特征	单侧落地，另一侧以支撑结构落地，用作功能空间（畜栏等）	两侧实体落地，错层化解高差	悬空首层空间，用作公共空间等，结合悬挑等手法实现轻盈的空间感受
模式提取			

8.4.3　建筑及群体组合的空间基因解析

结合传统时期建筑空间形态的历史过程，按照“经久延续，控制城市形态特征”的原则，可提取出“随形就势、平面组合自由；竖向连接多维”的空间基因（表 8-13）。

表 8-13　建筑形态基因

类型		随形就势、平面组合自由 （平面建筑形态基因）		竖向连接多维 （竖向建筑形态基因）
空间形态基因	时空分布	居住建筑：礼俗分明、形制灵活  院落式　条带式	公共建筑：中轴对称、多重院落 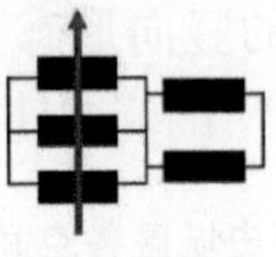 多重多进院落	适应地形与气候环境，建筑群落通过本身倚山而上，通过吊脚、错叠、分化、分层筑台等山地建筑手法适应高差；单体建筑通过建筑构架适应地形高差及防水防潮等功能需求  多重院落　单体建筑
	构成规则	根据山地建设条件及形制功能，自由变换平面形态，通过弯曲、平面错位、竖向错叠等方式适应地形及气候 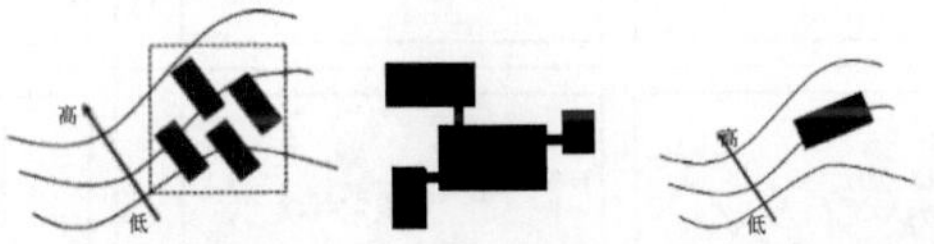 垂直于等高线　分散分区连接　平行于等高线		①群体建筑：错叠、分层、连接 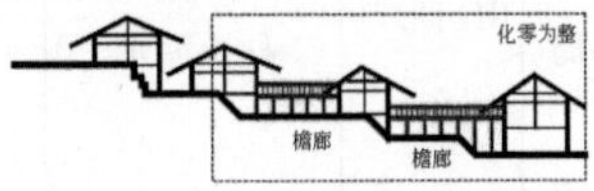 化零为整　檐廊　檐廊 ②“山地营建十八法”：“台、吊、架、靠、跌、爬” 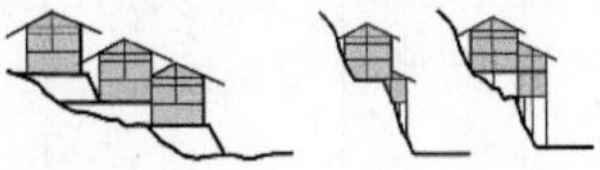
形态生成基因	自然环境	①地形：地势西高东低、高差大；②气候：冬冷夏热、风缓潮湿； ③资源：植被茂密，盛产竹木、黏土		
	社会文化	观念：取法自然、天人合一的思想和因地制宜、就地取材的态度 移民文化：文化融合，建筑形式融合（穿斗结构）、杂处混居、形式灵活		

8.5　空间形态基因演化解析与图谱构建

城市像一个有机体，城市形态演变表征着城市空间的物质要素与非物质要素的时代适应过程。部分形态要素在演进过程中不断沉淀，在不同时代表现出相同的、稳定的秩序；而更多的要素则在不断的适应中形成新的空间特征。为探究不同的形态要素的延续结果差异背后的原因，本节将结合前文梳理提取传统时期的空间基因，以时间为线索，纵向梳理各个基因在近现代的发展演变，探究空间基因的延续与演变机制，厘清城市形态要素形成演变的规律，探索其传承的方法与途径。

延续性主要体现为空间形态的稳定性与传承性，主要有两种方式：一种是保持原有形态的直接延续；另一种是融入了新的形式的传承，但它们遵循共同的组构规则，具有同源性。

8.5.1 空间基因的延续

通过对传统时期重庆历史城区空间形态特征及其成因进行分析，多层级空间要素在长期的历史演进中形成了部分稳定传递的空间形态，从山水格局、城市结构、街巷空间、建筑空间四类空间形态中识别出 8 个空间形态基因（表 8-14）："两江环抱，枕山面水"的山水格局基因，"半岛之脊，中轴对位"的城市轴线基因，"象天法地，九开八闭"的城门城墙基因，"城门引导，横纵协同"的道路骨架基因，"对应城门，自由延展"的街巷结构基因，"梯坎纵横，顺势而为"的竖向形态基因，"随形就势，平面组合自由"的平面建筑形态基因以及"竖向连接多维"的竖向建筑形态基因。

表 8-14　重庆历史城区各空间基因延续情况汇总表

空间层级	空间要素	提取的空间基因	基因图示	生成机理
宏观山水格局	山川形胜	两江环抱，枕山面水		
	城市轴线	半岛之脊，中轴对位		
宏观城市结构	城门城墙	象天法地，九开八闭		
	道路骨架	城门引导，横纵协同		—
中观街巷空间	街巷结构	对应城门，自由延展		—

续表

空间层级	空间要素	提取的空间基因	基因图示	生成机理
中观街巷空间	竖向形态	梯坎纵横，顺势而为		—
微观建筑空间	建筑平面形态	随形就势，平面组合自由		—
	建筑竖向形态	竖向连接多维		—

8.5.2 空间形态基因的影响因素

空间形态是多种环境因素影响的结果，空间形态特征的稳定影响因素有地域性物质环境、时代性传递的观念与营建智慧。自然地理环境因素是城市空间形成的物质基础和本底要素，在重庆 2000 多年历史的发展中，自然环境始终是城市发展的基础，贯穿于城市发展的各个阶段；社会文化在时代更迭中演替，但传统的营建智慧、传统观念性共识等依然被遗存下来，成为现代城市中的物质与非物质性文脉，影响着空间形态的发展。而社会经济、政治军事、社会文化等随着历史的演替不断更新变化，动态影响城市空间形态的发展（图 8-21）。

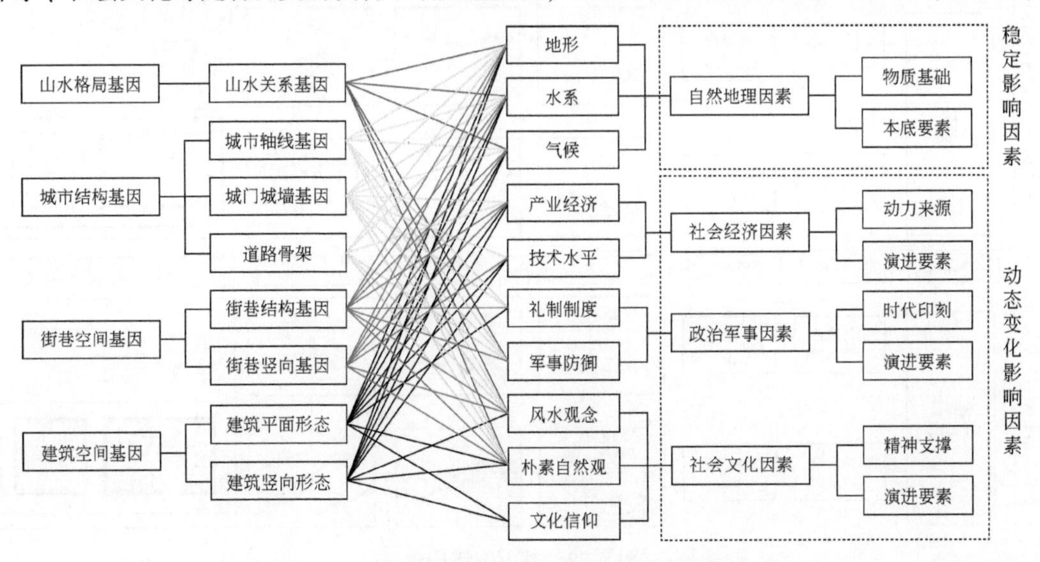

图 8-21　传统时期城市空间基因与影响因素关系

同时，由于城市形态具有延续继承的规律，“城市的功能和目的缔造了城市的结构，但城市的结构却较这些功能和目的更为经久”。城市的组织结构一旦形成之后，城市的理想形式或原形形式，便十分令人吃惊地很少再有变化（刘易斯·芒福德，1989）。

8.5.3 空间形态基因及其表达图谱

综上，本书从山水格局、城市结构、街巷空间、建筑空间四个方面梳理了 8 个基因，形成空间基因及其表达图谱，为规划设计传承空间基因提供参考（图 8-22）。

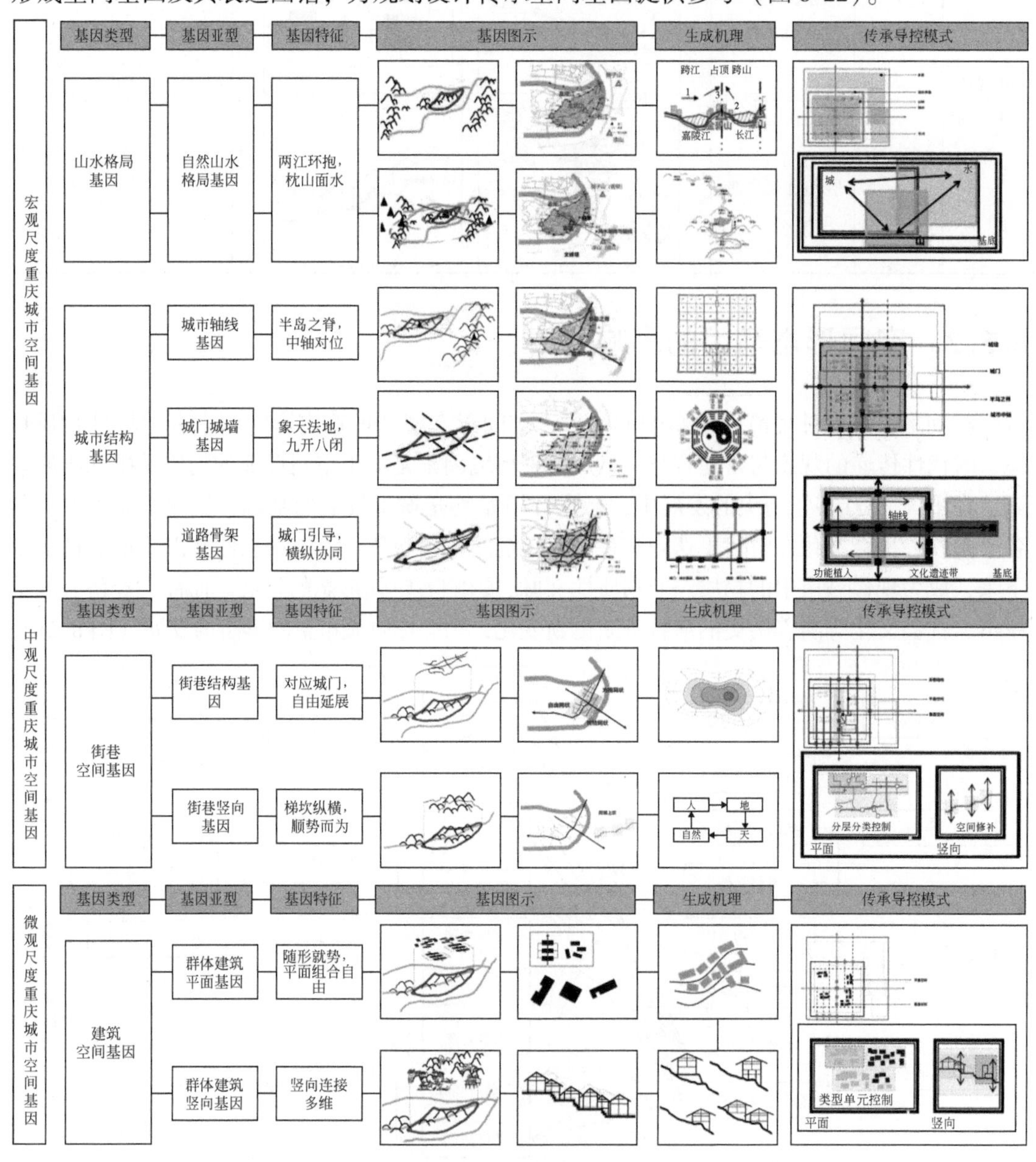

图 8-22 基因图谱构建

8.6 空间形态基因传承导控

8.6.1 空间形态基因传承导控方法

重庆悠久的历史文脉与独特的自然环境共同孕育了极具地域特点的空间基因，面对城市的发展，保持城市特有的形态、留存与发扬城市特色是空间基因传承的关键。本节将梳理基因传承与表达的关键性要素，探索空间基因的传承导控方法。

以完整性、适时性、适地性、延续性为导控原则，针对不同层级形态要素提出以下导控策略。

（1）采用关键要素控制法对宏观的山水格局进行控制：基于山水格局基因与地域自然环境基因的关键构成要素，确定山水格局保护范围，划定视廊、视域控制范围，制定分区分级控制导则，保护与传承城市山水格局特征。

（2）用层级结构控制法对历史城区中观的道路系统进行控制：基于街巷结构基因，确定历史城区街道路网的分级保护范围，针对道路系统、道路宽度制定控制导则，传承街巷结构基因。

（3）采用形态类型单元导控法对历史城区内微观的建筑空间进行引导。根据建筑肌理类型、年代、性质等将其划分为不同的形态类型单元，制定导则，对单体建筑形式、群体组合及建筑风貌进行引导，传承建筑空间形态特征；基于建筑空间基因，探索其在现代建筑中的创造性发展，实现空间基因在发展中的传承（表 8-15）。

表 8-15 传承导控整体框架

<table>
<tr><th>导控尺度</th><th>导控基因</th><th>规划导控方法</th><th>保护更新要素</th><th>形态管控手段</th></tr>
<tr><td rowspan="5">宏观</td><td rowspan="3">山水格局基因</td><td rowspan="3">关键要素控制法</td><td>点：天际线波峰波谷、标志性建筑、节点空间</td><td>要素定位与控制</td></tr>
<tr><td>线：山线、水线、视线、城市轮廓线</td><td>范围、尺度、层次限定与保护</td></tr>
<tr><td>面：横向城市界面、纵向城市界面</td><td>不同关键空间界面分区控制</td></tr>
<tr><td rowspan="2">城市结构基因</td><td rowspan="2">关键要素控制法</td><td>点：轴线的转折与延伸点、城门城墙遗址节点</td><td>要素定位与控制</td></tr>
<tr><td>线：轴线的延伸路径、城门城墙遗迹路径</td><td>场地结构形态的关联性保护</td></tr>
<tr><td rowspan="2">中观</td><td rowspan="2">街巷空间基因</td><td rowspan="2">层级结构控制法</td><td>平面：整体路网形式、具体街巷形式</td><td>道路宽度、线型控制</td></tr>
<tr><td>竖向：步行系统</td><td>道路界面控制</td></tr>
<tr><td rowspan="2">微观</td><td rowspan="2">建筑空间基因</td><td rowspan="2">类型单元导控法</td><td>平面：现代建筑风貌区、传统建筑风貌区、现代与传统风貌碰撞区</td><td rowspan="2">建筑肌理控制
现代建筑中的创造性发展</td></tr>
<tr><td>竖向：传统风貌区建筑、现代建筑</td></tr>
</table>

8.6.2 实践案例：渝中区历史文化特色街巷识别与保护更新

街巷是人们接触和认识城市形象、感受城市历史文脉最为关键的要素，也是城市空间形态的重要组成部分。本节以渝中区历史街巷空间为实践案例，结合空间形态基因传承导控方法，通过构建评价指标体系，评估街巷的现状历史价值与环境品质，同步参考结合步行系统规划以及相关部门的更新项目，提出要素规划控制导则，进行设计示范（图 8-23）①。

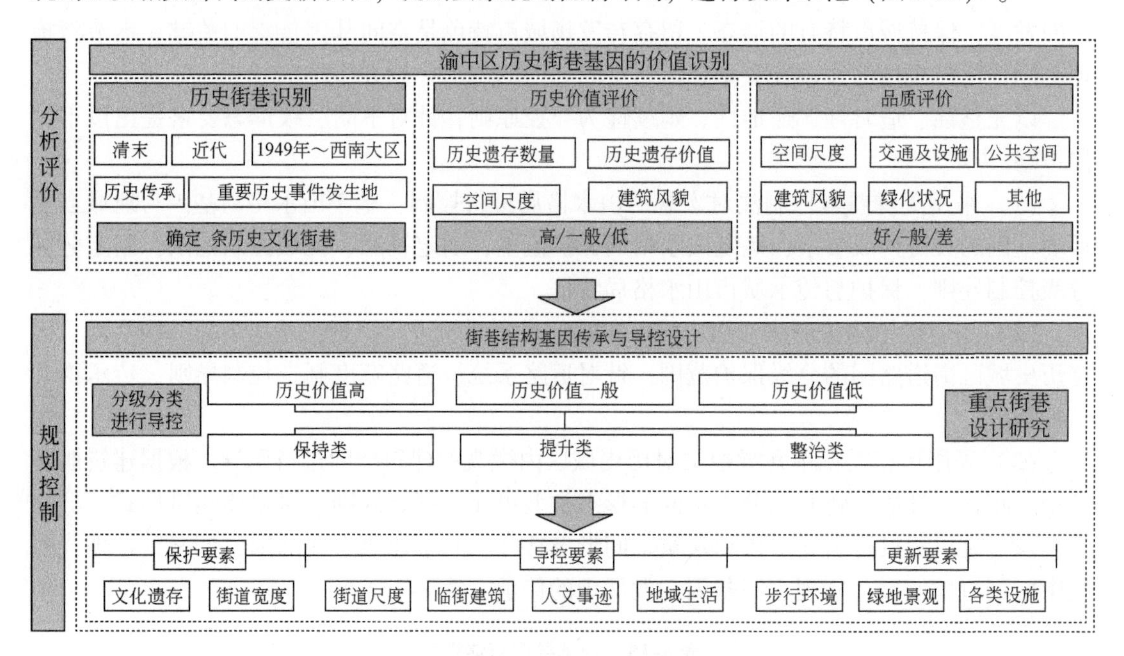

图 8-23 渝中区历史街巷基因保护传承框架

1. 渝中区历史文化特色街巷概况

渝中区全域面积 23.24km^2，作为重庆“母城”，具有丰厚的历史文化底蕴，积淀了巴渝文化、革命文化、三峡文化、移民文化、抗战文化、统战文化等多种文化形态，历史文化资源富集。现有历史文化街区 3 处，传统风貌区 9 处；文物 149 处；历史建筑 42 处。历史街巷作为历史文化传承载体，也是城市更新行动的重要部分（图 8-24）。

2. 历史文化特色街巷价值识别与评价

梳理渝中区各历史时期街巷（图 8-25），清末传承至今的街巷占总街道数量的 6%，

① 该案例源自作者参加的实际项目“重庆市渝中区城市更新专项规划”，作者负责其中的历史文化街巷识别与保护更新。项目组结合实际开设了研究生公共设计课程，共有 8 位硕士研究生及团队成员参与，探索重庆历史特色街巷的保护与更新，案例部分的文字及图纸资料节选自该项目成果。

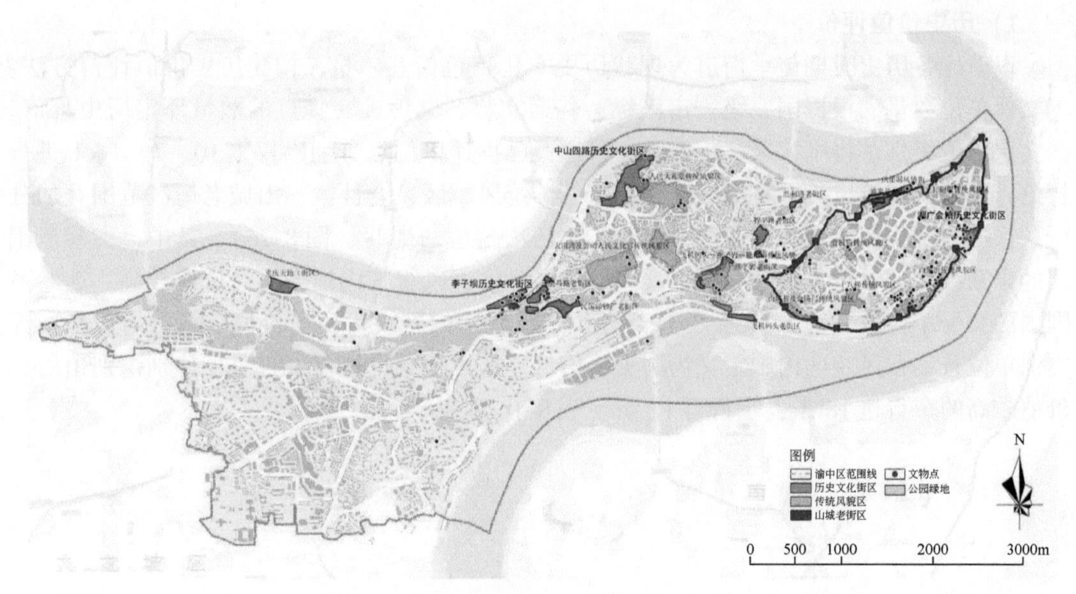

图 8-24　渝中区历史文化街巷现状分析图

引自《“深耕渝中区”发展空间拓展实施方案》

包括 55 条路段车行路段（共计 15762m），32 条步行路段（共计 6558m）。新中国成立初期传承至今的街巷占总街道数的 2%，近代传承至今的街巷占 11%，包括 65 条车行路段（共计 35418m），8 条步行道（共计 3272m）。其中，车行路段是在现状路网基础上比较历史时期地图，结合志书城建记录，识别出清末、近代、新中国成立初期传承至今的街巷，步行路段根据传统风貌区、老街区、老社区范围等，结合相关部门更新项目和现状调研梳理而出。

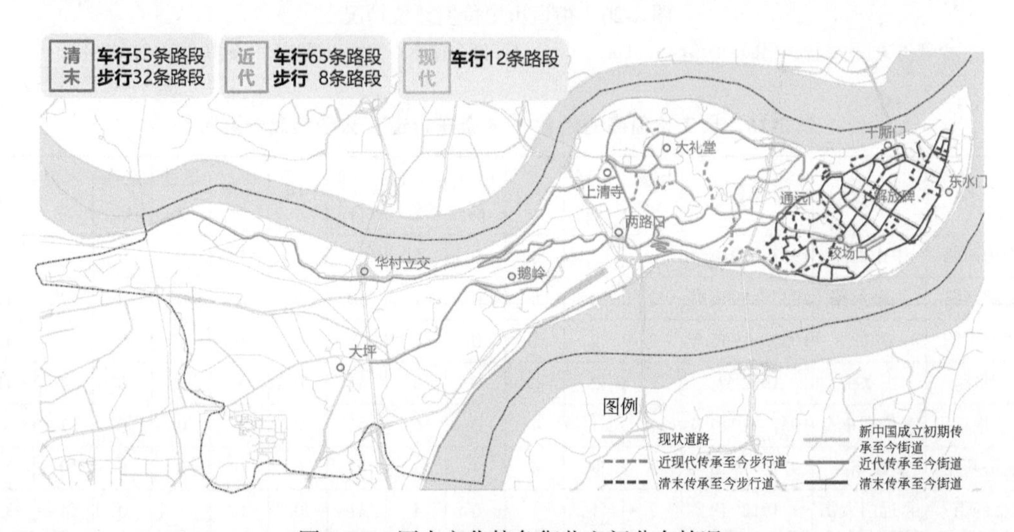

图 8-25　历史文化特色街巷空间分布情况

1）历史价值评价

以上述各历史时期传承街道为现状历史文化特色街巷总量，构建历史价值评价方法：①文保单位数量。根据国家级、市区级、普通文物、已拆迁文物点的数量评定历史价值。②文保单位级别。将国家级、市区级、普通、已拆迁单位点分别以权重 10、7、4、1 进行打分。③现状建筑风貌。将历史文化街区、传统风貌区、老社区、山城老街区范围叠加分析。根据三个指标综合打分情况，划定不同历史价值的街巷（图 8-26）。其中，街巷范围内的国家级文保单位个数较多（1～6 个），同时位于风貌区内视为历史价值较高；街巷范围内的文保单位数量为 1～2 个，且部分位于风貌区内则视为历史价值一般；街道基本无文保单位且不在风貌区内则定义为历史价值低。通过历史价值评价打分，分别识别出历史价值较高的车行道 18 条，步行道 12 条（表 8-16 和表 8-17）。

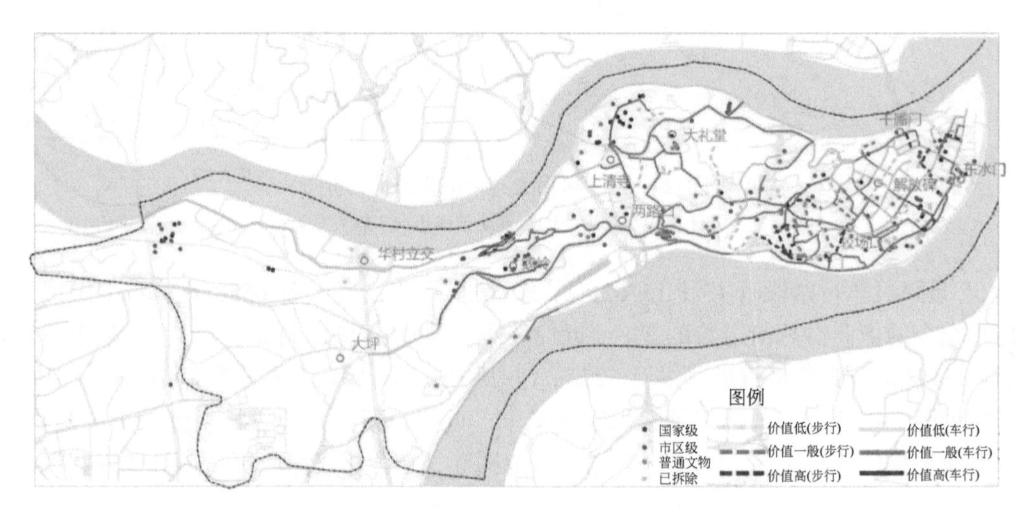

图 8-26　街道历史价值评价情况

少量街道长度较长（如新华路约 1.9km），为确保评价合理性，据主干道交叉口将其分段后进行评价

表 8-16　历史价值高的街巷（18 条车行道）分值信息一览表

今名	古名	年代	国家级	市区级	普通	已拆除	文保数	文保分	历史	传统	老社区	老街区	风貌分	综合
中山四路	中山四路	1937～1946 年	3	2	0	0	5	44	1	0	0	0	10	54
嘉陵新路	嘉陵新路	1937～1946 年	2	0	5	0	7	40	0	1	0	0	7	47
鹅岭正街	鹅岭	1937～1946 年	2	2	1	0	5	38	0	0	1	0	4	42
新华路	字水街	1912 年	2	2	0	0	4	34	0	1	0	0	7	41
李子坝正街	李子坝正街	1937～1946 年	1	1	4	0	6	33	0	1	0	0	7	40
嘉陵新路	嘉陵新路	1937～1946 年	2	0	4	1	7	37	0	0	0	0	0	37
金汤街	通远门大街	1912 年	2	1	1	0	4	31	0	0	1	0	4	35
解放东路	新鼓楼街，新丰街	1912 年	0	2	1	4	7	22	0	1	1	0	7	29
公园路	山王庙街	1912 年	2	1	0	1	4	28	0	0	0	0	0	28

续表

今名	古名	年代	国家级	市区级	普通	已拆除	文保数	文保分	历史	传统	老社区	老街区	风貌分	综合
白象街	白象街	1912 年	0	2	0	5	7	19	0	1	1	0	7	26
大溪沟街	上元桥街	1951 年	0	3	1	0	4	25	0	0	0	0	0	25
中山一路	中山一路	1937 ~ 1946 年	2	0	0	1	3	21	0	0	1	0	4	25
守备街、厚慈街	厚慈街	1912 年	1	0	2	0	3	18	0	1	0	0	7	25
曹家巷	曹家巷	1912 年	1	1	0	0	2	17	0	1	0	0	7	24
解放东路	三牌坊街，四牌坊街	1912 年	0	1	1	6	8	17	0	1	0	0	7	24
民生路	（堂街）、七星岗	1912 年	1	2	0	0	3	24	0	0	0	0	0	24
和平路	和平路	1937 ~ 1946 年	2	0	0	0	2	20	0	0	1	0	4	24
长江二路	未知	1937 ~ 1946 年	0	2	1	0	3	18	0	0	1	0	4	22

表 8-17　历史价值高的街巷（12 条步行道）分值信息一览表

今名	古名	年代	国家级	市区级	普通	已拆除	文保数	文保分	历史	传统	老社区	老街区	风貌分	综合
山城第三步道	山城第三步道	近现代	0	1	3	0	4	19	0	1	0	0	7	26
筷子街	筷子街	清末	0	2	1	1	4	19	0	0	0	0	0	19
大正市场北侧街道	金沙街	清末	1	0	0	1	2	11	0	1	0	0	7	18
马蹄街	—	清末	0	1	1	0	2	11	0	1	0	0	7	18
若瑟堂/民生巷	未知	近现代	1	1	0	0	2	17	0	0	0	0	0	17
山城巷	领事府巷	清末	0	1	0	0	1	7	0	1	1	0	7	14
新民街	寿心堂巷	清末	0	1	0	1	2	8	0	0	1	0	4	12
十八梯	十八梯	清末	0	0	1	0	1	4	0	1	0	0	7	11
至圣宫	—	清末	0	1	0	0	1	7	0	0	1	0	4	11
领事巷	领事府巷	清末	0	1	0	0	1	7	0	0	1	0	4	11
四方街	四方街	清末	0	1	0	4	5	11	0	0	0	0	0	11
书院巷	新建路	近现代	1	0	0	1	2	11	0	0	0	0	0	11

2）环境品质评价

历史街巷的环境品质评价选取空间尺度、建筑风貌、公共空间、交通系统、绿化系统、设施配套共六个方面作为一级影响因子，根据调研情况细分为 13 个二级影响因子，对街巷现状品质进行分级赋值，经加权计算后得到评价分值，参考评价分值确定历史街巷的保护与更新类型（表 8-18）。其中，大于 7 分（六类处于中上水平）定义为保持型街巷，得分 4.6 ~ 7 分视为提升型街巷，小于 4.6 分则视为整治型街巷。

表 8-18 历史价值评价与环境品质评价综合评价量表

序号	街巷名称	空间尺度	建筑风貌	公共空间	交通系统	绿化系统	设施配套	加权得分	街巷类型	历史价值
1	中山四路二段	10	37	41	61	17	30	8.98	保持型	高
2	中山四路一段	7	37	47	64	20	30	8.86	保持型	高
3	鹅岭正街	7	28	26	49	14	21	6.49	提升型	高
4	新华路（打铜街—曹家巷）	7	28	35	52	5	18	6.39	提升型	高
5	解放东路（C）	1	28	41	40	8	18	5.28	提升型	高
6	解放东路（B）	4	22	29	34	8	18	5.16	提升型	高
7	民生路	4	22	26	64	2	15	4.97	提升型	高
8	白象街	7	22	23	28	2	12	4.96	提升型	高
9	琵琶山正街一巷	4	22	26	22	11	15	4.97	提升型	中
10	鲁祖庙	7	25	23	34	2	6	4.58	整治型	中
11	四方街	4	16	11	33	2	9	3.33	整治型	高

结合历史街巷环境品质评价方法，选取了 8 条车行道，3 条步行道，进行品质评价，结果如图 8-27 所示。其中，保持型街巷各项品质均衡，整体品质优良；提升型各单项良莠不齐，整体品质一般；步行街环境品质处于欠佳水平，重点表现在绿化系统和设施配套方面。

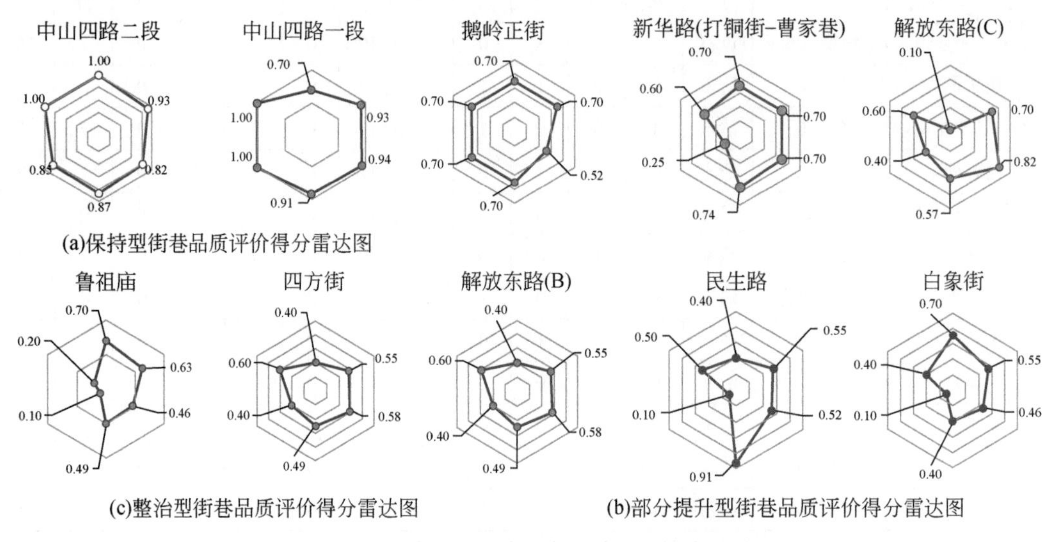

图 8-27 不同类型街道环境品质评价得分雷达图

3. 历史文化特色街巷保护与更新导则

通过历史价值评价和环境品质评价，提炼出不同品质类型的控制要素（包括保护、导控、更新 3 种要素类型及 9 种具体空间形态导控要素）。针对文化遗存、街道尺度提出保护要求，对临街建筑、人文事迹、地域生活、步行环境、绿地景观及设施等提出导控要求，同时对新华路及长江索道路段的现状历史资源、历史价值以及街巷环境品质等梳理分析，进行设计示范（图 8-28 和图 8-29），实现历史文化特色街巷的保护与传承。

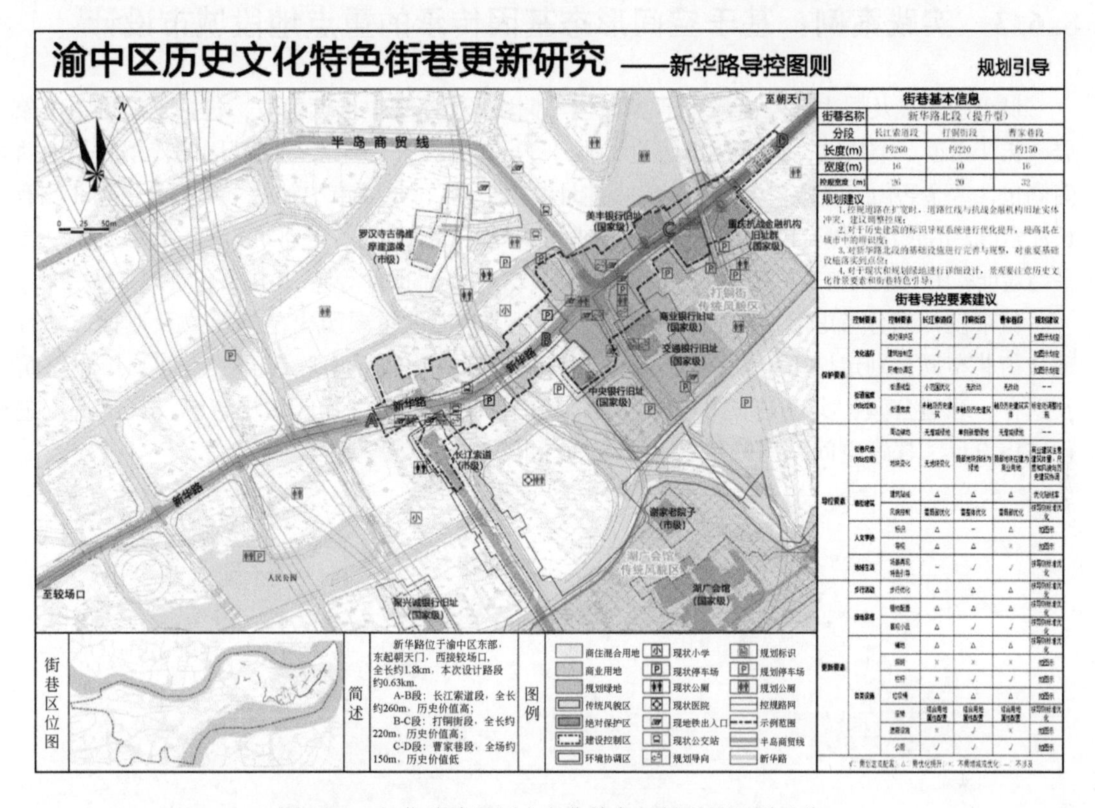

图 8-28　新华路路段历史文化特色规划引导图则示范

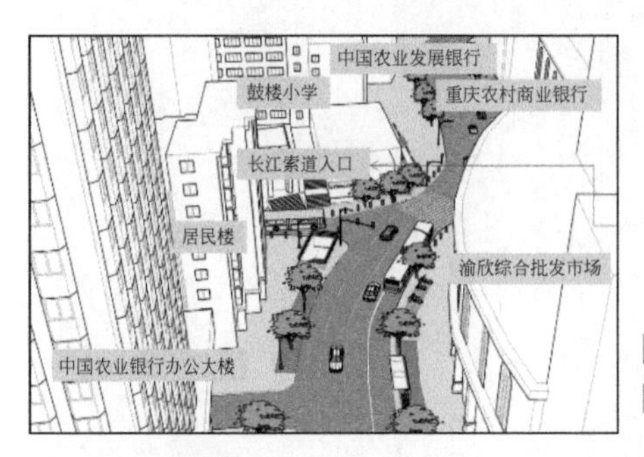

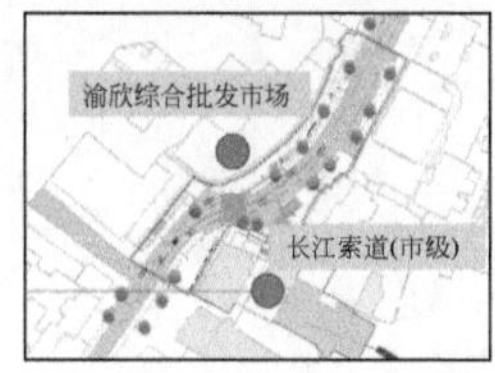

绝对保护区　建设控制区

文化遗存保护

1.历史建筑、文物古迹本身范围为绝对保护区;
2.历史建筑周围范围划定为建设控制区

临街建筑

1.建议沿街建筑立面保证70%以上的透明度。鼓励采用透明玻璃或开敞界面，以形成积极的街道界面；

2.建议沿街建筑立面的立柱保持原本的面貌，不被广告牌遮挡

图 8-29　长江索道路段的导控示范设计

8.6.3 实践案例：基于空间形态基因传承的重点地段城市设计

城市中轴线及周边地段承载着丰富的空间基因，选择其中重点地段，包括老鼓楼、白象居、长江索道三个片区，约 27.8hm^2 的用地，进行城市设计，探索空间基因的传承。基地西南侧包含“金碧山（现人民公园）老鼓楼遗址—太平门”，是城市中轴的重要部分，东北侧有长江索道，沿长江一侧有白象居，现存古树古木 3 处及不同时期历史建筑 6 处（巴县衙门、太平门遗址、中共重庆地方执行委员会旧址、国民政府外交部旧址等），历史文化资源丰富。

城市设计充分考虑城市中轴的重要性，梳理中轴上的重要历史建构筑物及遗存，结合现状街巷布局，划定城市中轴视线通廊①，其间规划文化线路串联起开放空间、历史建筑及遗存、绿地公园，实现对城市中轴空间结构的保护，针对各片区历史资源与现状特点进行城市设计，探索空间基因的传承（图 8-30 和图 8-31）。

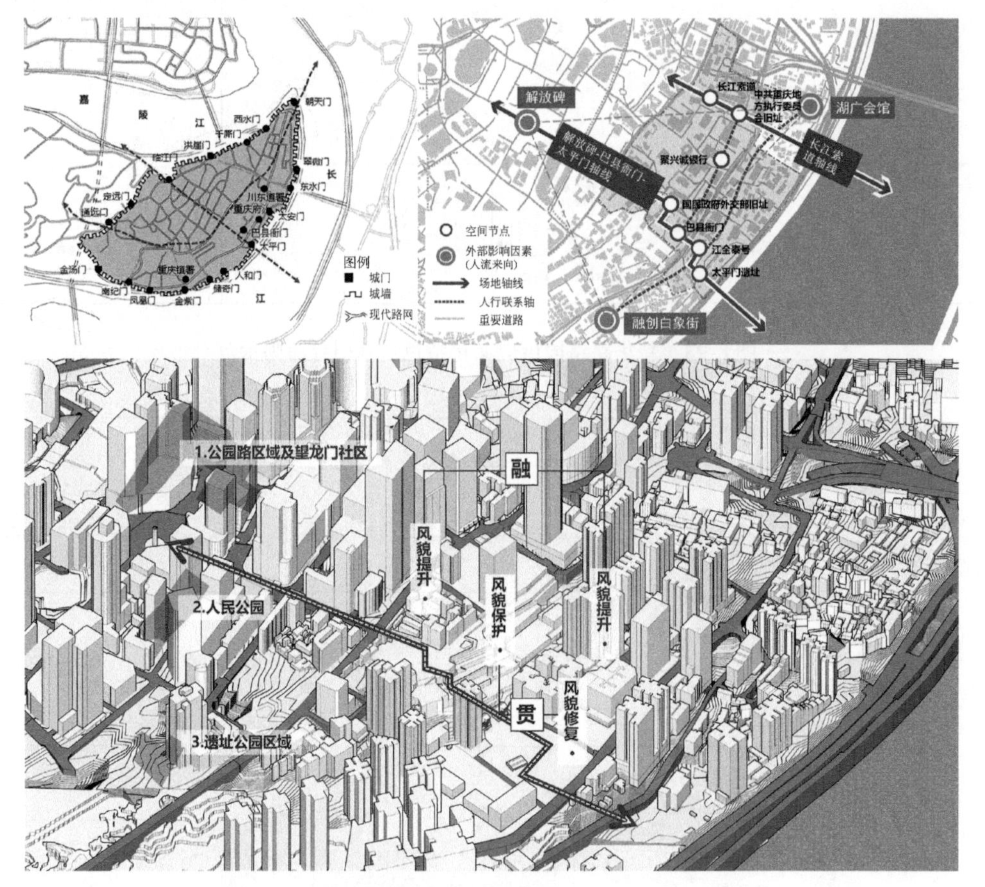

图 8-30 城市中轴及周边地区现状及规划结构分析图

选自重庆大学建筑城规学院城乡规划专业 2018 级毕业设计“空间基因的识别与传承——重庆历史城区重点地段空间形态分析与城市设计”，指导教师：李旭、黄勇、戴彦，助教：陈欣婧。节选的老鼓楼片区设计者为张心驰，白象居片区设计者为李嘉禾，长江索道站片区设计者为陈建朋。图 8-32 同

---

① 由于地形和具体历史建城活动的影响，这些文化遗址并不在一条直线上。

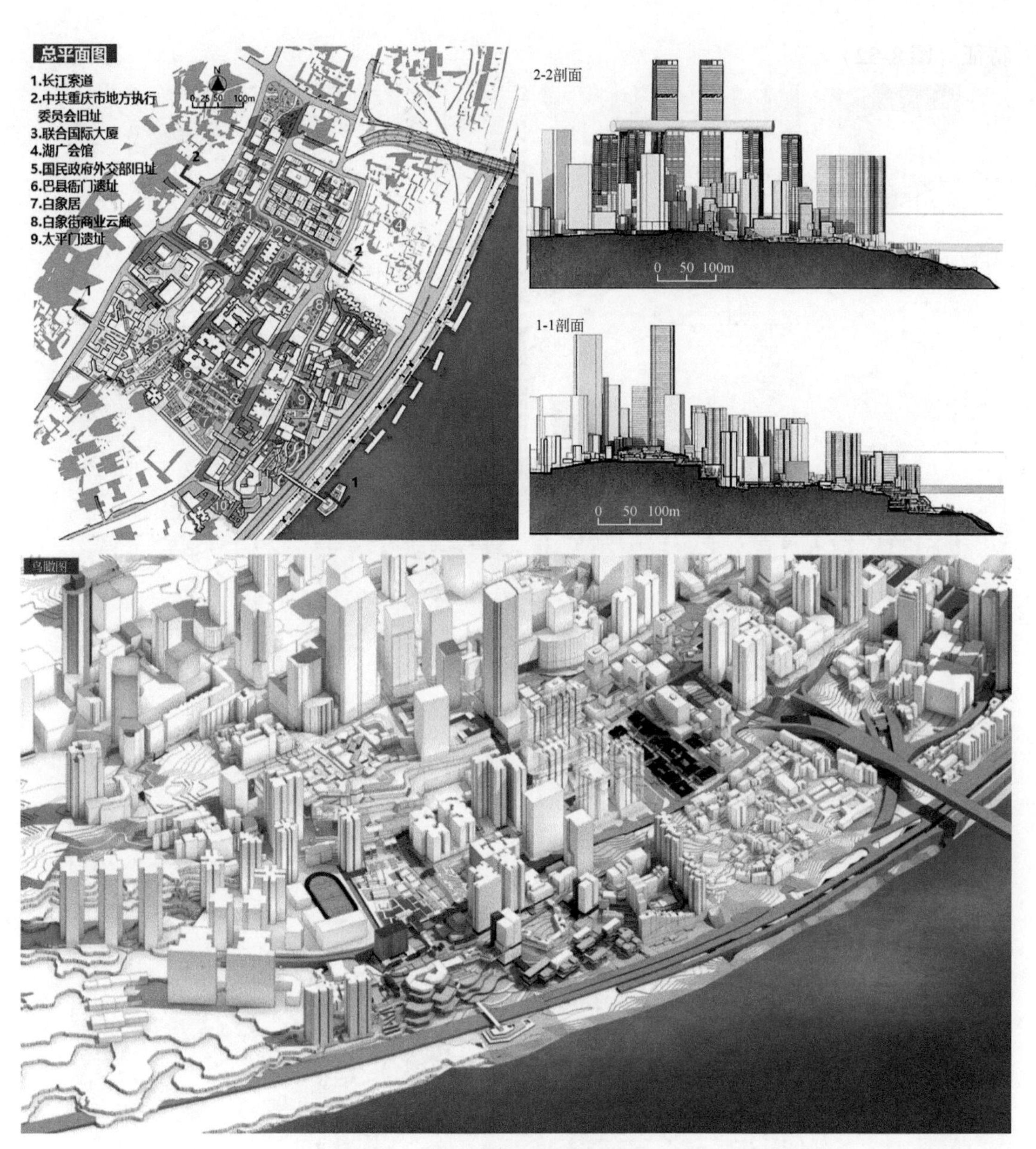

图 8-31　城市中轴及周边地区城市设计

1. 老鼓楼片区

老鼓楼片区在人民公园以北的上半城多为较老旧的高层建筑，因邻近解放碑十字金街，多为上宅下商，沿街底层商业以小商品批发或零售为主；在人民公园以南有巴县衙门旧址、江全泰号等丰富的文脉遗存。城市设计出于“融古贯今”的思路，上半城基于凉亭子、抱厅等建筑空间原型，纵横错叠的沿街立面空间基因，设计建筑间的连接部分与公共空间，增强各部分空间连接，提升环境舒适性，唤起场地活力。下半城以老鼓楼遗址公园为中心，场地景观设计通过绿地、铺地、景墙及景观小品延续原巴县衙门建筑形制与结构特征（图8-32）。

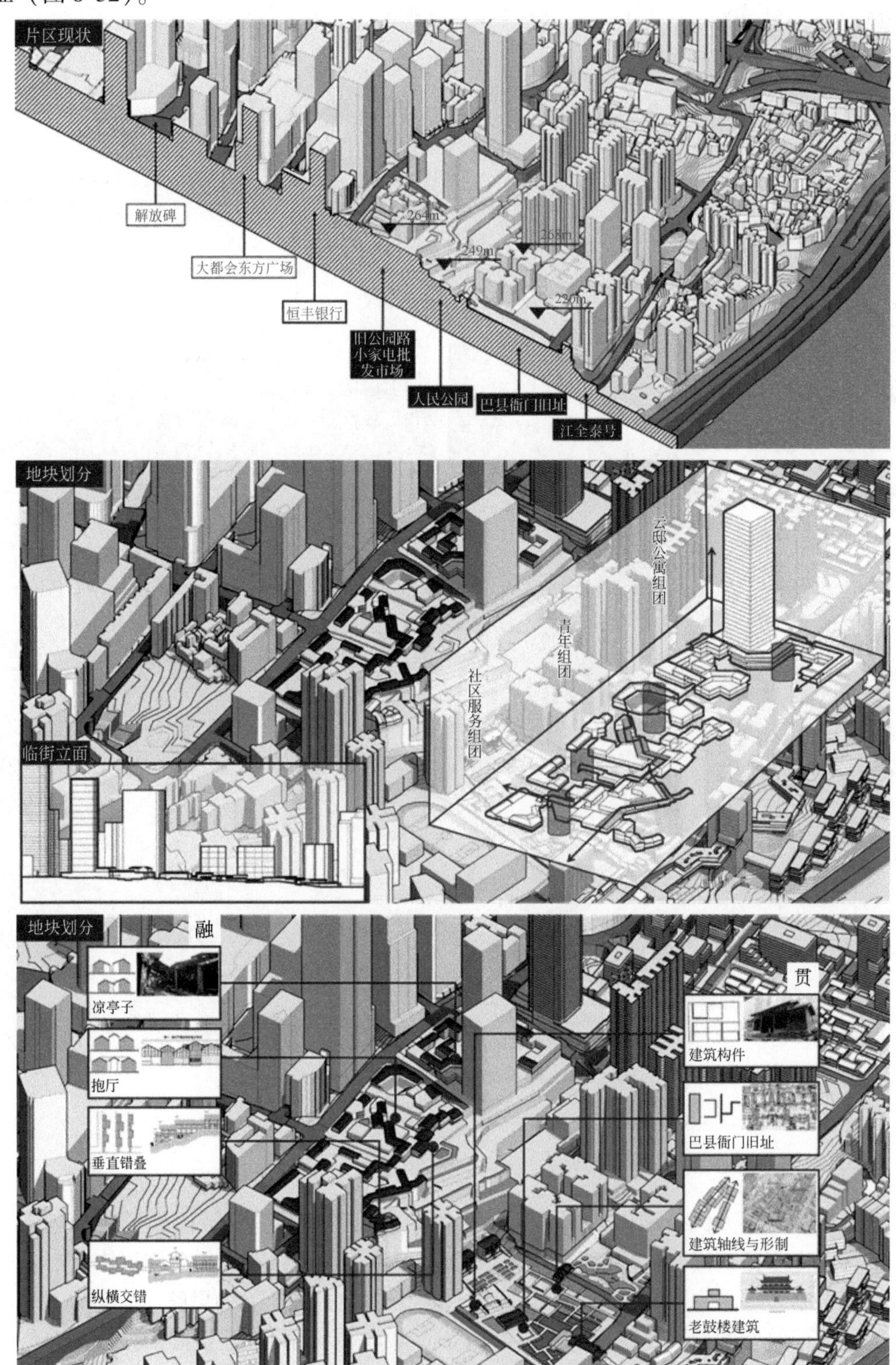

图8-32　老鼓楼片区城市设计（张心驰）

2. 白象居片区

白象居片区现状有三条平行街道穿越，之间有较大高差。白象居巧借高差，形成“立体式空中步行街”，在垂直方向上联系不同标高的建筑出入口，形成奇幻的山地特色，吸引了众多游客，成为现代凸显的独特性意象（图 8-33）。

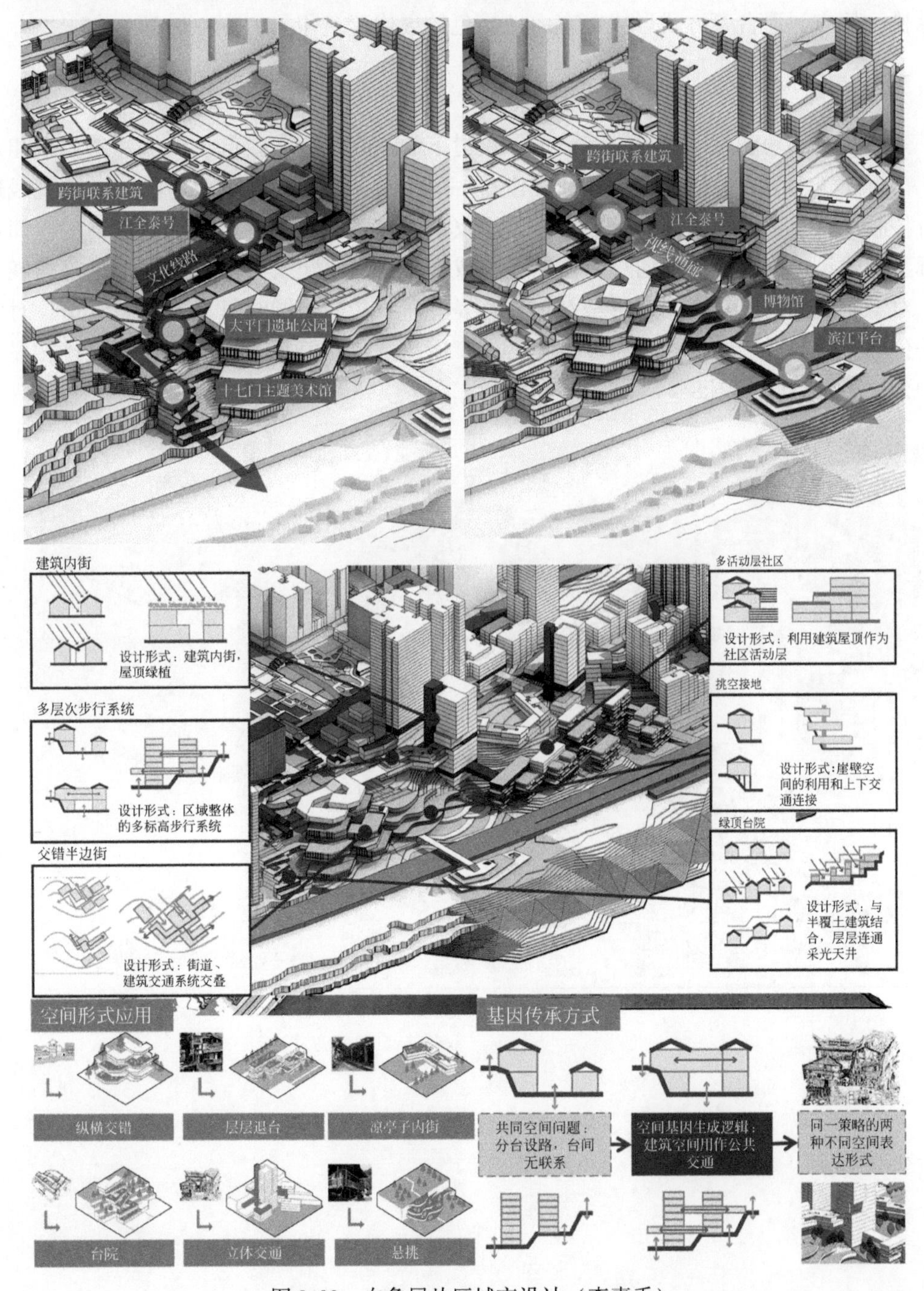

图 8-33　白象居片区城市设计（李嘉禾）

结合白象居特点，应用多个具有连接性特质的空间基因建立交通及景观空间连接体系。包括采用商业云廊联系场地内商业空间，为社区部分增加公共入户平台层，将分散的公共空间联系起来，实现片区重要节点的连接。提取空间基因生成逻辑，运用到现代城市空间设计中。例如，通过建筑多标高入口联系不同高差的台地或街道，形成多层次通行系统，实现立体多维的连接；基于重台叠院的建筑空间基因，形成绿色屋顶与台地院落；通过悬挑、架空、退台等方式形成富有山地特色的现代建筑印象。

3. 长江索道站片区

索道目前的功能只能满足过江要求，索道下的空间可达性较低；两侧建筑质量相对较差，待拆建筑多，人群活动较少，视线也有一定阻隔。城市设计重点对长江索道视线通廊进行控制。将索道站作为交通综合体，其不仅承担过江功能，还连接起索道下的空间；将视廊上的建筑控制在三层，通过体量错叠形成变化丰富的建筑立面，提供多角度的观江视野；对索道右侧的商业空间进行整合更新，提升商业功能的同时打通连廊与索道，对索道下的公共空间进行场地设计，通过设置云梯步道、挑台、凉亭等形成丰富的连接，提供丰富的公共活动空间（图 8-34）。

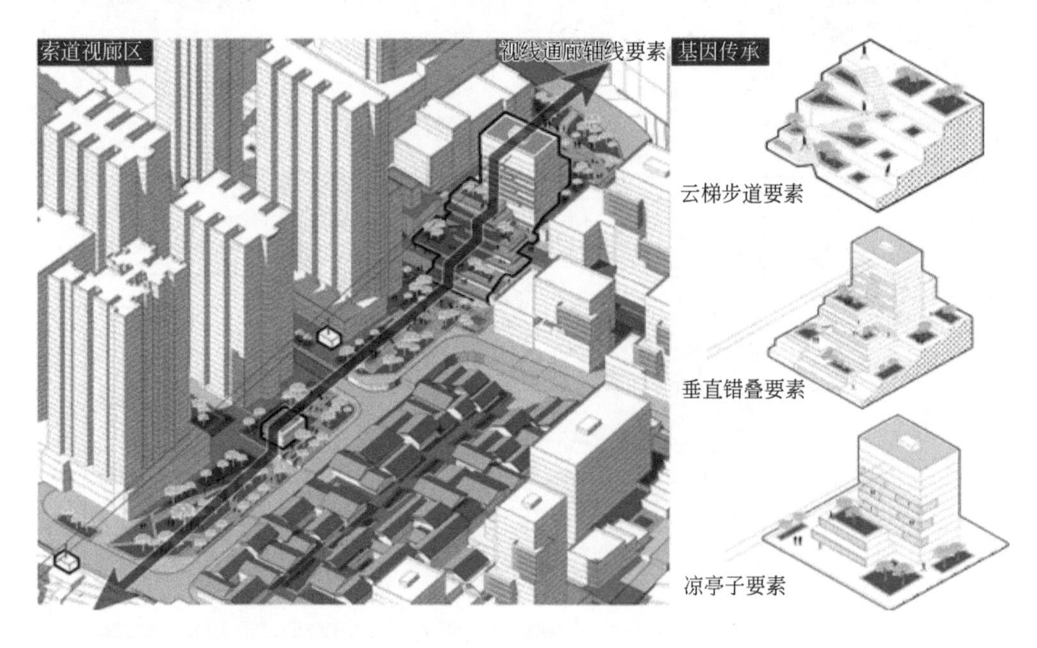

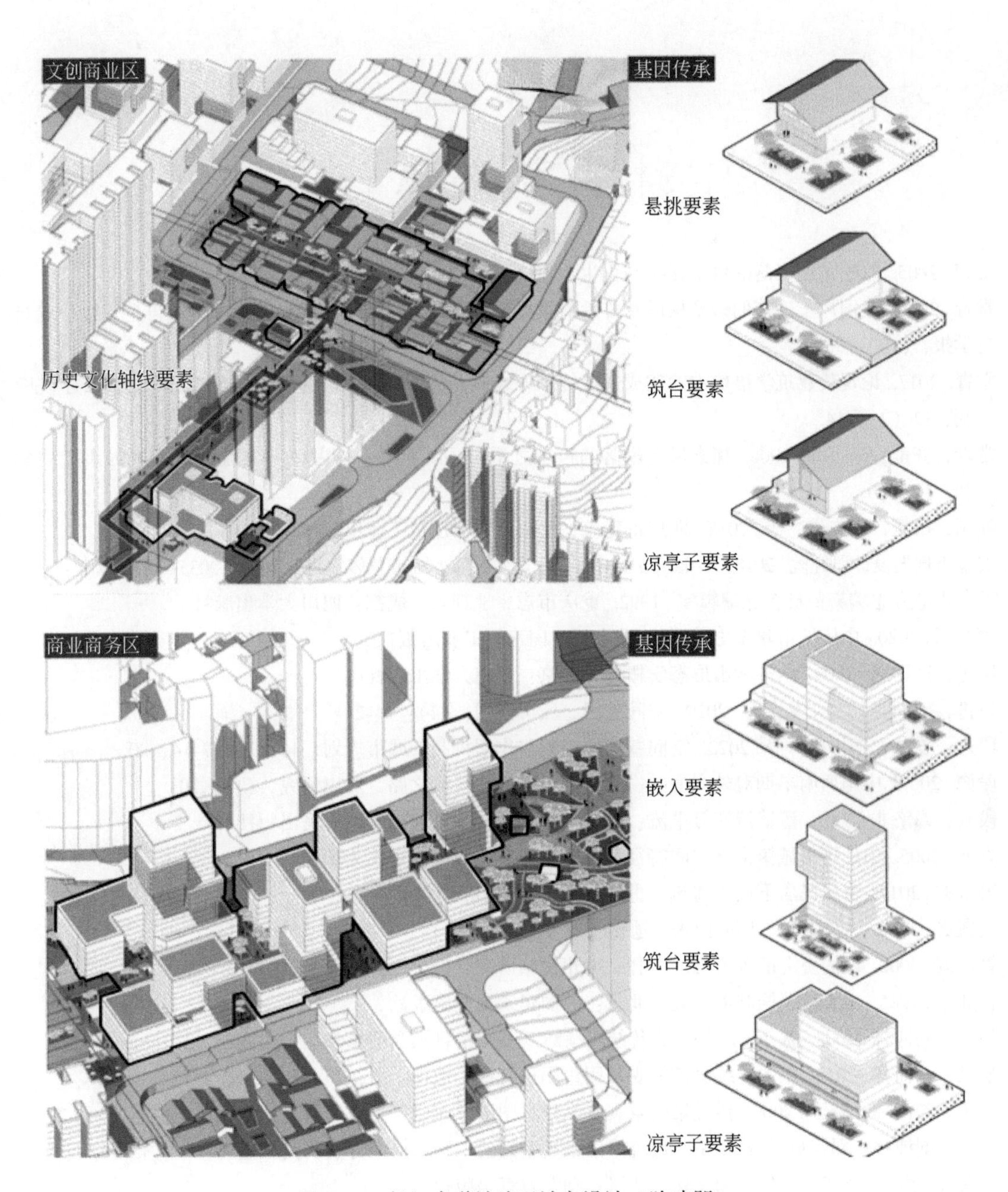

图 8-34　长江索道站片区城市设计（陈建朋）

参考文献

常青．2005. 略论传统聚落的风土保护与再生．建筑师，(3)：4.

常青．2016. 我国风土建筑的谱系构成及传承前景概观——基于体系化的标本保存与整体再生目标．建筑学报，(10)：9.

常青．2017. 论现代建筑学语境中的建成遗产传承方式——基于原型分析的理论与实践简．中国科学院院刊，32（7)：14.

常青，齐莹，朱宇晖．2008. 探索风土聚落的再生之道——以上海金泽古镇"实验"为例．城市规划学刊，(2)：6.

陈颖，田凯，张先进，等．2015. 四川古建筑．北京：中国建筑工业出版社．

成都市规划设计研究院．2018-03-06［2018-06-20］．《成都市城市总体规划（2016—2035年)》草案公示．

重庆市地方志编纂委员会总编辑室．1992. 重庆市志．地理志．成都：四川大学出版社．

董鉴泓．2020. 中国城市建设史．4版．北京：中国建筑工业出版社．

段进，邱国潮．2009. 国外城市形态学概论．南京：东南大学出版社．

段进，邵润青，兰文龙，等．2019. 空间基因．城市规划，(2)：14-21.

段进，姜莹，李伊格，等．2022. 空间基因的内涵与作用机制．城市规划，46（3)：7-14，80.

段渝．2009. 中国西南早期对外交通——先秦两汉的南方丝绸之路．历史研究，(1)：20.

段渝，谭洛非．2001. 濯锦清江万里流：巴蜀文化的历程．成都：四川人民出版社．

方波．2005. 山地历史城镇街巷空间特征及其保护研究．重庆：重庆大学．

冯维波．2017. 重庆民居下民居建筑．重庆：重庆大学出版社．

高翼之．2000. "基因"一词的由来．遗传，22（2)：2.

管彦波．2000. 西南史上的古道交通考释．贵州民族研究，(2)：4.

贺业矩．1985. 考工记营国制度研究．北京：中国建筑工业出版社．

胡最，刘沛林．2008. 基于GIS的南方传统聚落景观基因信息图谱的探索．人文地理，23（6)：4.

胡最，刘沛林．2015. 中国传统聚落景观基因组图谱特征．地理学报，70（10)：14.

胡最，刘沛林，陈影．2009. 传统聚落景观基因信息图谱单元研究．地理与地理信息科学，25（5)：5.

胡最，刘沛林，邓运员，等．2015. 传统聚落景观基因的识别与提取方法研究．地理科学，35（12)：7.

季羡林．2004. 长江上游的巴蜀文化．武汉：湖北教育出版社．

孔亚暐，张建华，闫瑞红，等．2016. 传统聚落空间形态构因的多法互证——对济南王府池子片区的图释分析．建筑学报，(5)：6.

蓝勇．1989. 四川古代交通路线史．重庆：西南师范大学出版社．

蓝勇．1993. 中国西南历史气候初步研究．中国历史地理论丛，(2)：13-39.

蓝勇．1994. 深谷回音：三峡经济开发的历史反思．重庆：西南师范大学出版社．

蓝勇．1999. 古代交通生态研究与实地考察．成都：四川人民出版社．

李畅，杜春兰．2014. 明清巴渝"八景"的现象学解读．中国园林，30（4)：96-99.

李和平，严爱琼．2000. 论山地传统聚居环境的特色与保护——以重庆磁器口传统街区为例．城市规划，

（8）：55-58.
李瑞 . 2007. 重庆都市人居环境建设十年跟踪（1997 ~ 2007）. 重庆：重庆大学 .
李先逵 . 2009. 四川民居 . 北京：中国建筑工业出版社 .
李先逵 . 2016. 川渝山地营建十八法 . 西部人居环境学刊，31（2）：1-5.
李旭 . 2010. 西南地区城市历史发展研究 . 重庆：重庆大学 .
李旭，许凌，裴宇轩，等 . 2016. 城市形态的“历史结构”：特征 · 演变 · 意义——以成都为例 . 城市发展研究，23（8）：52-59.
李旭，李平，罗丹，等 . 2019. 城市形态基因研究的热点演化，现状评述与趋势展望 . 城市发展研究，26（10）：9.
李旭，马一丹，崔皓，等 . 2021. 巴渝传统聚落空间形态的气候适应性研究 . 城市发展研究，28（5）：12-17.
李旭，陈代俊，罗丹 . 2022. 城市形态基因的生成机理与传承途径研究——以成都为例 . 城市规划，46（4）：44-53.
梁鹤年 . 2014. 西方文明的文化基因 . 北京：三联书店 .
林琳，田嘉铄，钟志平，等 . 2018. 文化景观基因视角下传统村落保护与发展——以黔东北土家族村落为例 . 热带地理，38（3）：11.
林向 . 2001. 试析宝墩文化古城址群 . 成都文物，（4）：4-7.
刘敦桢 . 1980. 中国古代建筑史 . 北京：中国建筑工业出版社 .
刘敦桢 . 2018. 中国住宅概说传统民居 . 武汉：华中科技大学出版社 .
刘敏，李先逵 . 2002. 历史文化名城物种多样性初探 . 城市规划汇刊，（6）：3.
刘沛林 . 2003. 古村落文化景观的基因表达与景观识别 . 衡阳师范学院学报，24（4）：8.
刘沛林 . 2014. 家园的景观与基因：传统聚落景观基因图谱的深层解读 . 北京：商务印书馆 .
刘沛林，邓运员 . 2017. 数字化保护：历史文化村镇保护的新途径 . 北京大学学报（哲学社会科学版）：54（6）：7.
刘森林 . 2009. 中华民居传统住宅建筑分析 . 上海：同济大学出版社 .
龙彬 . 2002. 中国古代城市建设的山水特质及其营造方略 . 城市规划，（5）：85-88.
陆元鼎 . 2003. 中国民居建筑上 . 广州：华南理工大学出版社 .
芒福德 L. 1989. 城市发展史起源、演变和前景 . 倪文彦，宋俊岭，译 . 北京：中国建筑工业出版社 .
欧阳桦 . 2011. 重庆近代城市建筑 . 重庆建筑，10（1）：51.
潘谷西，何建中 . 2017.《营造法式》解读 . 南京：东南大学出版社 .
潘曦，丘容千，林徐巍 . 2021. 滇西北井干式民居建筑的多民族比较研究 . 世界建筑，（9）：6.
浦欣成 . 2012. 传统乡村聚落二维平面整体形态的量化方法研究 . 杭州：浙江大学 .
邵润青，段进，钱艳，等 . 2020. 空间基因：驻留地方记忆的规划设计新途径——南京原近代民国首都机场案例 . 规划师，36（19）：7.
四川省文史研究馆 . 2006. 成都城坊古迹考 . 成都：成都时代出版社 .
孙大章 . 2004. 中国民居研究 . 北京：中国建筑工业出版社 .
童磊 . 2016. 村落空间肌理的参数化解析与重构及其规划应用研究 . 杭州：浙江大学 .
王会昌 . 1992. 中国文化地理 . 武汉：华中师范大学出版社 .
王均 . 2009. 传统聚落结构中的空间概念 . 北京：中国建筑工业出版社 .
王其钧 . 2008. 图解中国民居 . 北京：中国电力出版社 .
王树声 . 2006. 黄河晋陕沿岸历史城市人居环境营造研究 . 西安：西安建筑科技大学 .

王树声 . 2016. 中国城市山水风景“基因”及其现代传承——以古都西安为例 . 城市发展研究，（12）：1-4，28.

王树声，高元，李小龙 . 2019. 中国城市山水人文空间格局研究 . 城市规划学刊，(1)：27-32.

王竹，魏秦，贺勇 . 2004. 从原生走向可持续发展——黄土高原绿色窑居的地区建筑学解析与建构 . 建筑学报，(3)：4.

王竹，魏秦，贺勇 . 2008. 地区建筑营建体系的“基因说”诠释——黄土高原绿色窑居住区体系的建构与实践 . 建筑师，(1)：7.

隗瀛涛 . 1991. 近代重庆城市史 . 成都：四川大学出版社 .

乌再荣 . 2009. 基于“文化基因”视角的苏州古代城市空间研究 . 南京：南京大学 .

吴庆洲 . 2008. 中国古城防洪的成功范例——成都 . 南方建筑，(6)：9-13.

夏春，刘浩吾 . 2001. 成都府南河整治工程简介——人 · 居住 · 环境 · 城市 . 城市规划，25（11）：69-71.

熊宗仁 . 2000. 贵州研究夜郎五十年述评 . 贵州民族研究，(1)：8.

许芗斌 . 2018. 文化景观视角下的清代重庆城空间形态研究 . 北京：中国建筑工业出版社 .

颜星，黄梅 . 2003. 历史上的滇越交通概述 . 文山师范高等专科学校学报，16（4)：274-275，286.

杨立国，刘沛林 . 2017. 传统村落文化传承度评价体系及实证研究——以湖南省首批中国传统村落为例简 . 经济地理，37（12)：8.

杨柳 . 2005. 风水思想与古代山水城市营建研究 . 重庆：重庆大学 .

杨宇振 . 2002. 中国西南地域建筑文化研究 . 重庆：重庆大学 .

应金华，樊丙庚 . 2000. 四川历史文化名城 . 成都：四川人民出版社 .

翟洲燕，李同昇，常芳，等 . 2017. 陕西传统村落文化遗产景观基因识别 . 地理科学进展，36（9)：14.

翟洲燕，常芳，李同昇，等 . 2018. 陕西省传统村落文化遗产景观基因组图谱研究 . 地理与地理信息科学，34（3)：9.

张玉坤，李贺楠 . 2004. 中国传统四合院建筑的发生机制 . 天津大学学报（社会科学版)：2004（2)：101-105.

赵殿增 . 2005. 三星堆文化与巴蜀文明 . 南京：江苏教育出版社 .

赵燕菁 . 2011. 城市风貌的制度基因 . 时代建筑，(3)：4.

周勇 . 2014. 重庆通史 . 重庆：重庆出版社 .

邹逸麟 . 2001. 中国历史人文地理 . 北京：科学出版社 .

Gazulis N，Clarke K C. 2006. Exploring the DNA of our regions：Classification of outputs from the SLEUTH model. Lecture Notes in Computer Science，(4173)：462-471.

Silva E A. 2004. The DNA of our regions：Artificial intelligence in regional planning. Futures，36（10)：1077-1094.

Spar E. 2004. The DNA of our regions：Artificial intelligence in regional planning. Futures，36（10)：1077-1094.

Wilson A. 2010. Urban and regional dynamics from the global to the local：Hierarchies，‘DNA’，and ‘genetic’ planning. Environment and Planning B：Planning and Design，37（5)：823-837.

附　录

A. 山水格局相关影响因素的全序列属性表

古镇名称	巴蜀文化分区	职能	水体围合方式	河流等级	地理分区	地形	山体围合方式	立向-八维	风水思想社会文化—写意
崇州元通	蜀	航运为主的交通（商贸）型	凹岸+支流	江河	成都平原	平原	远山浅围	西南	—
巫溪宁厂	巴	无航运功能的（商贸+生活）型	跨两岸	江河	盆周山地	典型山地	两山相夹	北	—
双流黄龙溪	蜀	无航运功能的（商贸+生活）型	凸岸	江河	成都平原	平原	远山浅围	东南	—
江津吴滩	巴	航运为主的交通（商贸）型	凹岸+支流	溪流	川东平行岭谷	丘陵低山	三面围合	北	—
綦江东溪	巴	航运为主的交通（商贸）型	凹岸+支流	江河	盆周山地	丘陵低山	三面围合	东北	三山拱翠，三水共融
铜梁安居	巴	航运为主的交通（商贸）型	凹岸+支流	江河	川中丘陵	丘陵低山	三面围合	北	危城三面水
合川涞滩	巴	航运为主的交通（商贸）型	凹岸	江河	川中丘陵	丘陵低山	三面围合	东	崖江相生，分片发展
资中罗泉	蜀	无航运功能的（商贸+生活）型	跨两岸	溪流	川中丘陵	丘陵低山	三面围合	东	—
巴中恩阳	蜀	航运为主的交通（商贸）型	凹岸+支流	江河	川中丘陵	丘陵低山	三面围合	东	—
平昌白衣	蜀	无航运功能的（商贸+生活）型	凸岸	江河	川中丘陵	丘陵低山	三面围合	东南	—
金堂五凤	蜀	有航运功能的商贸+生活型	凹岸+支流	江河	川中丘陵	丘陵低山	三面围合	东南	—
古蔺二郎	蜀	无航运功能的（商贸+生活）型	直岸	江河	盆周山地	典型山地	两山相夹	东北	—
巴南丰盛	巴	无航运功能的（商贸+生活）型	远水	无	川东平行岭谷	平行岭谷	两山相夹	东	九龟寻母
广元昭化	蜀	无航运功能的（商贸+生活）型	凸岸	江河	川中丘陵	典型山地	两山相夹	东南	—

续表

古镇名称	巴蜀文化分区	职能	水体围合方式	河流等级	地理分区	地形	山体围合方式	立向-八维	风水思想社会文化—写意
三台郪江	蜀	有航运功能的商贸+生活型	凹岸+支流	江河	川中丘陵	丘陵低山	三面围合	南	—
犍为清溪	蜀	无航运功能的（商贸+生活）型	凸岸	江河	川中丘陵	丘陵低山	三面围合	南	—
自贡艾叶	蜀	无航运功能的（商贸+生活）型	凸岸	江河	川中丘陵	丘陵低山	三面围合	南	—
渝北龙兴	巴	无航运功能的（商贸+生活）型	远水	无	川东平行岭谷	平行岭谷	两山相夹	东	五马归巢
自贡牛佛	蜀	无航运功能的（商贸+生活）型	凸岸	江河	川中丘陵	丘陵低山	三面围合	西	—
达州石桥	蜀	无航运功能的（商贸+生活）型	远水	无	川中丘陵	丘陵低山	三面围合	西北	—
邛崃平乐	蜀	无航运功能的（商贸+生活）型	跨两岸	溪流	盆周山地	典型山地	三面围合	东南	—
潼南双江	巴	无航运功能的（商贸+生活）型	凸岸	江河	川中丘陵	丘陵低山	三面围合	西北	—
开县温泉	巴	无航运功能的（商贸+生活）型	凸岸	溪流	川东平行岭谷	平行岭谷	三面围合	东北	—
九龙坡走马	巴	无航运功能的（商贸+生活）型	远水	无	川东平行岭谷	平行岭谷	两山相夹	东北	—
阆中老观	蜀	无航运功能的（商贸+生活）型	远水	无	川中丘陵	丘陵低山	三面围合	西北	—
隆昌云顶	蜀	无航运功能的（商贸+生活）型	远水	无	川东平行岭谷	平行岭谷	一面依山	东北	—
酉阳龙潭	巴	无航运功能的（商贸+生活）型	凸岸	溪流	盆周山地	典型山地	两山相夹	东	—
富顺赵化	蜀	无航运功能的（商贸+生活）型	凸岸	江河	川东平行岭谷	丘陵低山	三面围合	东北	—
荣昌路孔	巴	有航运功能的商贸+生活型	凸岸	江河	川中丘陵	丘陵低山	三面围合	西北	—
自贡三多寨	蜀	无航运功能的（商贸+生活）型	远水	无	川中丘陵	丘陵低山	一面依山	西北	—
江津塘河	巴	航运为主的交通（商贸）型	凸岸	江河	川东平行岭谷	丘陵低山	三面围合	东南	一河之澳，群山围绕
宜宾李庄	蜀	航运为主的交通（商贸）型	凸岸	江河	川中丘陵	丘陵低山	三面围合	西北	江导岷山，峰排桂岭

续表

古镇名称	巴蜀文化分区	职能	水体围合方式	河流等级	地理分区	地形	山体围合方式	立向-八维	风水思想社会文化—写意
自贡仙市	蜀	航运为主的交通（商贸）型	凹岸	江河	川中丘陵	丘陵低山	三面围合	西	—
永川松溉	巴	航运为主的交通（商贸）型	凹岸+支流	江河	川东平行岭谷	平行岭谷	三面围合	东南	四水绕镇流，四山围镇聚
江津中山	巴	航运为主的交通（商贸）型	直岸	江河	川东平行岭谷	平行岭谷	三面围合	东南	—
万州罗田	巴	无航运功能的（商贸+生活）型	凸岸	溪流	川东平行岭谷	平行岭谷	三面围合	南	—
涪陵青羊	巴	无航运功能的（商贸+生活）型	远水	无	川东平行岭谷	丘陵低山	一面依山	南	—
江津石蟆	巴	无航运功能的（商贸+生活）型	远水	无	川东平行岭谷	丘陵低山	三面围合	南	—
北碚偏岩	巴	无航运功能的（商贸+生活）型	凸岸	溪流	川东平行岭谷	平行岭谷	三面围合	西	—
江津白沙	巴	有航运功能的商贸+生活型	凹岸+支流	江河	川东平行岭谷	丘陵低山	三面围合	西北	—
石柱西沱	巴	有航运功能的商贸+生活型	凹岸	江河	川东平行岭谷	平行岭谷	三面围合	西北	云梯直上，串江连山
洪雅柳江	蜀	航运为主的交通（商贸）型	跨两岸	溪流	盆周山地	典型山地	三面围合	东南	—
大邑安仁	蜀	航运为主的交通（商贸）型	凹岸+支流	溪流	成都平原	平原	远山浅围	西南	双河抱城，远山浅围
通江毛浴	蜀	航运为主的交通（商贸）型	凹岸+支流	江河	盆周山地	典型山地	三面围合	东南	—
大邑新场	蜀	无航运功能的（商贸+生活）型	直岸	溪流	成都平原	平原	远山浅围	西南	—
雅安上里	蜀	无航运功能的（商贸+生活）型	凸岸	溪流	盆周山地	典型山地	三面围合	南	十八罗汉朝观音
古蔺太平	蜀	航运为主的交通（商贸）型	凹岸+支流	江河	盆周山地	典型山地	三面围合	西北	—
合江福宝	蜀	无航运功能的（商贸+生活）型	直岸	溪流	盆周山地	丘陵低山	三面围合	西北	—
合江尧坝	蜀	无航运功能的（商贸+生活）型	远水	无	川东平行岭谷	丘陵低山	三面围合	西南	—

续表

古镇名称	巴蜀文化分区	职能	水体围合方式	河流等级	地理分区	地形	山体围合方式	立向-八维	风水思想社会文化—写意
宜宾横江	蜀	航运为主的交通（商贸）型	凹岸	江河	盆周山地	丘陵低山	三面围合	西北	—
龙泉驿洛带	蜀	无航运功能的（商贸+生活）型	远水	无	成都平原	丘陵低山	一面依山	西	客出龙泉，枕山抱水
屏山龙华	蜀	有航运功能的商贸+生活型	凹岸+支流	溪流	盆周山地	丘陵低山	三面围合	西北	—
黔江濯水	巴	无航运功能的（商贸+生活）型	凸岸	江河	盆周山地	典型山地	两山相夹	西	—
酉阳龚滩	巴	无航运功能的（商贸+生活）型	凸岸	江河	盆周山地	典型山地	两山相夹	西	—

B. 聚落平面肌理形态指标完整数据表

镇名	聚落面积	建筑面积平均值	建筑面积标准差	最大建筑面积	角度平均值	角度标准差	距离平均值	距离标准差	聚集度	宽长比	形状指数	建筑密度	道路绕行率	道路角度平均值	最大道路角度	最小道路角度
丰盛	0. 394	1. 000	0. 145	0. 400	0. 913	0. 109	0. 265	0. 406	0. 588	0. 615	0. 955	0. 749	0. 988	0. 267	0. 296	0. 000
上涞滩	0. 491	0. 734	0. 304	0. 265	0. 982	0. 000	0. 000	0. 000	0. 649	0. 798	0. 889	0. 639	0. 964	0. 525	0. 000	0. 845
下涞滩	0. 061	0. 674	0. 737	0. 935	0. 455	0. 314	0. 460	0. 436	0. 281	0. 570	0. 382	0. 848	0. 983	0. 350	0. 190	0. 891
龙兴	0. 746	0. 868	0. 291	0. 233	0. 734	0. 145	0. 226	0. 205	0. 453	0. 484	0. 464	0. 732	0. 969	0. 840	0. 070	0. 735
路孔	0. 087	0. 616	0. 275	0. 268	0. 026	0. 944	0. 764	0. 686	0. 470	0. 405	0. 956	0. 837	0. 883	0. 959	0. 320	0. 825
偏岩	0. 027	0. 885	0. 836	0. 902	0. 383	0. 376	0. 453	0. 640	0. 268	0. 478	0. 641	0. 864	0. 984	1. 000	0. 919	0. 549
双江	1. 000	0. 975	0. 267	0. 396	0. 779	0. 146	0. 120	0. 276	0. 442	0. 653	0. 742	0. 720	0. 986	0. 514	0. 287	0. 887
松溉	0. 902	0. 190	0. 717	0. 617	1. 000	0. 083	0. 429	0. 260	0. 419	0. 452	0. 437	0. 711	0. 965	0. 073	0. 220	0. 839
塘河	0. 000	0. 000	0. 983	0. 990	0. 098	1. 000	0. 869	0. 562	0. 573	0. 624	1. 000	0. 859	0. 993	0. 714	0. 161	0. 889
西沱	0. 198	0. 296	0. 898	0. 808	0. 659	0. 191	0. 555	0. 300	0. 375	0. 202	0. 153	0. 831	0. 968	0. 874	0. 669	0. 805
中山	0. 219	0. 119	1. 000	1. 000	0. 015	0. 857	1. 000	1. 000	0. 404	0. 102	0. 237	0. 881	0. 954	0. 685	0. 419	1. 000
濯水	0. 147	0. 729	0. 436	0. 643	0. 276	0. 623	0. 577	0. 437	0. 460	0. 220	0. 519	0. 844	0. 886	0. 000	0. 167	0. 010
老观	0. 337	0. 627	0. 757	0. 714	0. 000	0. 829	0. 583	0. 598	0. 207	0. 305	0. 000	0. 843	0. 929	0. 945	1. 000	0. 766
上里	0. 798	0. 946	0. 000	0. 000	0. 602	0. 214	0. 386	0. 352	0. 383	0. 516	0. 839	0. 736	0. 993	0. 382	0. 232	0. 582

C. 聚落平面肌理形态指标原始数据表

地块	建筑面积平均值	建筑面积标准差	建筑面积中位数	最大建筑面积	最小建筑面积	角度平均值	角度标准差	距离平均值	距离标准差	地块面积	聚集度	宽长比	形状指数	建筑密度	TOP3 AVE
丰盛1	0.470	0.604	0.268	0.632	0.107	0.487	0.403	0.455	0.416	0.542	0.358	0.309	0.267	0.918	0.422
丰盛2	0.401	0.559	0.109	0.539	0.182	0.309	0.403	0.461	0.427	0.847	0.645	0.771	0.925	0.725	0.524
丰盛3	0.662	0.475	0.249	0.746	0.300	0.281	0.188	0.590	0.658	0.199	0.559	0.222	0.719	0.915	0.421
上涞滩1	0.220	0.709	0.128	0.708	0.120	0.642	0.467	0.543	0.183	0.362	0.296	0.392	0.341	0.891	0.297
上涞滩2	0.025	0.921	0.058	0.951	0.106	0.635	0.541	0.428	0.081	0.266	0.417	0.557	0.587	0.795	0.085
上涞滩3	0.074	0.847	0.015	0.933	0.094	0.643	0.432	0.960	0.816	0.022	0.575	0.329	0.766	1.000	0.076
上涞滩4	0.038	0.884	0.050	0.910	0.102	0.401	0.335	0.506	0.043	0.251	0.295	0.345	0.222	0.960	0.147
下涞滩1	0.168	0.837	0.096	0.915	0.195	0.738	0.524	0.828	0.704	0.282	0.458	0.164	0.459	0.908	0.159
下涞滩2	0.092	0.878	0.153	0.913	0.161	0.544	0.463	0.916	0.848	0.062	0.504	0.250	0.546	0.993	0.065
下涞滩3	0.370	0.662	0.207	0.733	0.026	0.239	0.256	0.265	0.000	0.376	0.298	0.551	0.280	0.885	0.330
下涞滩4	0.821	0.748	1.000	0.880	0.689	0.728	0.649	0.000	0.525	0.198	0.370	0.996	0.683	0.794	0.226
下涞滩5	0.150	0.929	0.191	0.960	0.274	0.328	0.433	0.439	0.557	0.223	0.199	0.438	0.009	0.706	0.080
龙兴1	0.466	0.781	0.325	0.850	0.343	0.375	0.236	0.386	0.406	0.228	0.406	0.394	0.513	0.947	0.226
龙兴2	0.594	0.679	0.436	0.682	0.336	0.514	0.471	0.406	0.460	0.726	0.295	0.466	0.395	0.880	0.393
龙兴3	0.338	0.517	0.143	0.443	0.225	0.344	0.342	0.505	0.348	0.683	0.555	0.513	0.778	0.720	0.479
龙兴4	0.359	0.639	0.179	0.704	0.149	0.582	0.456	0.455	0.209	1.000	0.361	0.340	0.267	0.801	0.529
路孔1	1.000	0.000	0.330	0.463	0.342	0.770	0.604	0.247	0.291	0.107	0.487	0.414	0.706	0.921	0.383
路孔2	0.280	0.742	0.141	0.853	0.240	0.844	0.755	0.693	0.449	0.339	0.501	0.498	0.823	0.849	0.267
路孔3	0.228	0.897	0.302	0.955	0.268	1.000	0.973	0.851	0.849	0.075	0.621	0.319	0.816	1.000	0.077
路孔4	0.256	0.910	0.243	0.949	0.397	0.782	0.796	0.762	0.814	0.143	0.246	0.214	0.348	1.000	0.108
偏岩1	0.446	0.897	0.416	0.941	0.605	0.767	0.779	0.569	0.604	0.064	0.456	0.222	0.664	0.986	0.113
偏岩2	0.613	0.744	0.524	0.827	0.530	0.562	0.486	0.347	0.410	0.274	0.344	0.251	0.439	0.962	0.268
偏岩3	0.278	0.877	0.272	0.911	0.314	0.782	0.609	0.701	0.775	0.220	0.231	0.298	0.394	0.975	0.141
双江1	0.258	0.630	0.085	0.655	0.000	0.763	0.707	0.621	0.484	0.849	0.426	0.457	0.643	0.831	0.536
双江2	0.430	0.127	0.072	0.000	0.036	0.734	0.563	0.645	0.327	0.831	0.472	0.266	0.587	0.819	1.000
双江3	0.000	0.823	0.000	0.773	0.052	0.468	0.256	0.805	0.478	0.422	0.482	0.295	0.584	0.847	0.220
双江4	0.111	0.840	0.072	0.893	0.060	0.312	0.358	0.633	0.497	0.306	0.363	0.300	0.571	0.733	0.162
双江5	0.211	0.775	0.119	0.868	0.006	0.480	0.248	0.658	0.543	0.877	0.744	0.785	0.944	0.831	0.249
松溉1	0.417	0.901	0.525	0.950	0.375	0.332	0.552	0.247	0.410	0.082	0.374	0.591	0.650	0.942	0.097
松溉2	0.306	0.887	0.278	0.917	0.510	0.943	0.979	0.845	0.834	0.173	0.528	0.146	0.512	1.000	0.138
松溉3	0.299	0.653	0.206	0.663	0.085	0.437	0.554	0.622	0.411	0.362	0.394	0.405	0.685	0.856	0.302
松溉4	0.254	0.761	0.208	0.765	0.104	0.076	0.379	0.308	0.261	0.543	0.576	0.606	0.949	0.641	0.247
松溉5	0.650	0.585	0.449	0.762	0.262	0.188	0.252	0.061	0.267	0.207	0.643	0.614	1.000	0.584	0.240

续表

地块	建筑面积平均值	建筑面积标准差	建筑面积中位数	最大建筑面积	最小建筑面积	角度平均值	角度标准差	距离平均值	距离标准差	地块面积	聚集度	宽长比	形状指数	建筑密度	TOP3 AVE
松溉 6	0.060	0.922	0.097	0.939	0.045	0.337	0.380	0.687	0.652	0.403	0.355	0.561	0.670	0.772	0.087
松溉 7	0.047	0.890	0.064	0.919	0.079	0.192	0.296	0.533	0.334	0.409	0.359	0.383	0.464	0.774	0.124
松溉 8	0.404	0.653	0.206	0.702	0.355	0.356	0.392	0.400	0.170	0.546	0.316	0.533	0.302	0.816	0.398
塘河 1	0.099	0.931	0.127	0.963	0.192	0.631	0.638	0.666	0.463	0.131	0.512	0.613	0.753	0.935	0.059
塘河 2	0.101	0.838	0.065	0.909	0.083	0.856	0.872	0.705	0.384	0.111	0.385	0.723	0.659	0.994	0.121
塘河 3	0.230	0.834	0.201	0.878	0.194	0.930	0.965	0.876	0.777	0.236	0.632	0.264	0.765	0.974	0.159
西沱 1	0.198	0.914	0.240	0.952	0.107	0.403	0.359	0.733	0.668	0.071	0.426	0.383	0.670	0.896	0.063
西沱 2	0.345	0.658	0.131	0.772	0.197	0.613	0.752	0.607	0.341	0.169	0.342	0.239	0.429	0.952	0.269
西沱 3	0.202	0.844	0.103	0.919	0.347	0.826	0.808	0.884	0.716	0.046	0.455	0.361	0.733	0.808	0.080
西沱 4	0.457	0.808	0.425	0.880	0.130	0.301	0.323	0.323	0.321	0.147	0.364	0.332	0.569	0.912	0.169
西沱 5	0.421	0.910	0.412	0.943	0.617	0.198	0.243	0.764	0.747	0.104	0.600	0.306	0.746	0.731	0.099
西沱 6	0.201	0.930	0.241	0.970	0.242	0.674	0.390	0.888	0.928	0.133	0.655	0.278	0.779	0.958	0.068
西沱 7	0.026	1.000	0.123	1.000	0.319	0.776	0.532	0.984	1.000	0.097	0.631	0.234	0.704	0.959	0.000
中山 1	0.271	0.815	0.218	0.914	0.046	0.880	0.857	0.625	0.635	0.070	0.474	0.143	0.484	0.926	0.121
中山 2	0.065	0.966	0.142	0.984	0.207	0.921	0.904	0.864	0.865	0.063	0.529	0.138	0.448	0.928	0.021
中山 3	0.215	0.867	0.165	0.913	0.304	0.875	0.759	0.799	0.788	0.324	0.402	0.067	0.059	0.940	0.151
中山 4	0.202	0.853	0.127	0.884	0.204	0.868	0.740	0.843	0.925	0.617	0.437	0.077	0.000	0.982	0.215
濯水 1	0.419	0.583	0.181	0.679	0.152	0.881	0.919	0.666	0.463	0.371	0.328	0.230	0.192	0.953	0.446
濯水 2	0.148	0.943	0.197	0.973	0.227	0.330	0.278	0.575	0.291	0.119	0.378	0.462	0.562	0.882	0.062
濯水 3	0.331	0.694	0.185	0.749	0.124	0.954	0.910	0.765	0.746	0.241	0.556	0.133	0.395	0.938	0.249
濯水 4	0.643	0.742	0.422	0.849	1.000	0.935	1.000	0.739	0.847	0.035	0.764	0.494	0.951	0.991	0.135

D. 主要研究样本概况

龙兴古镇

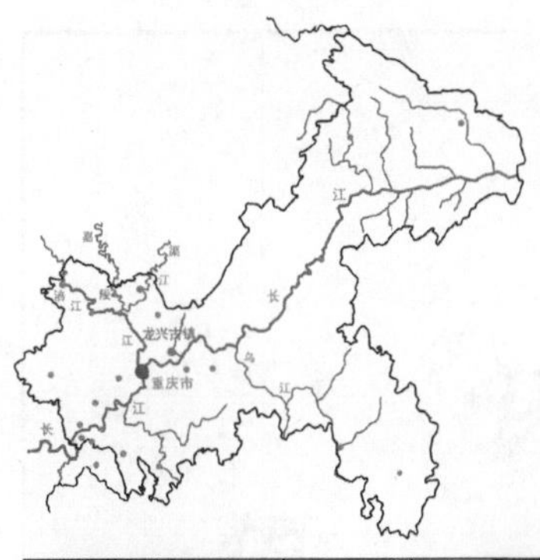

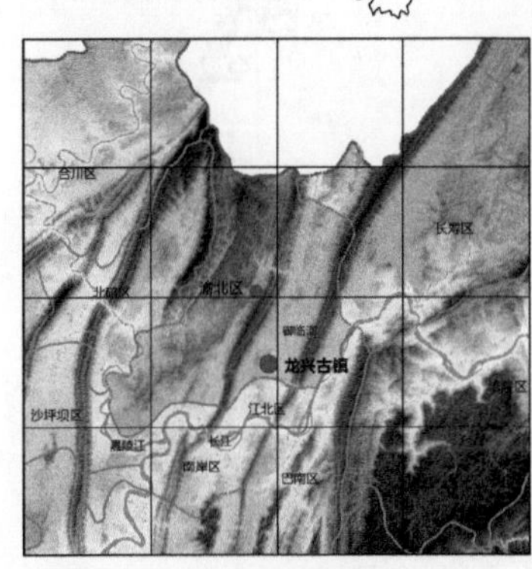

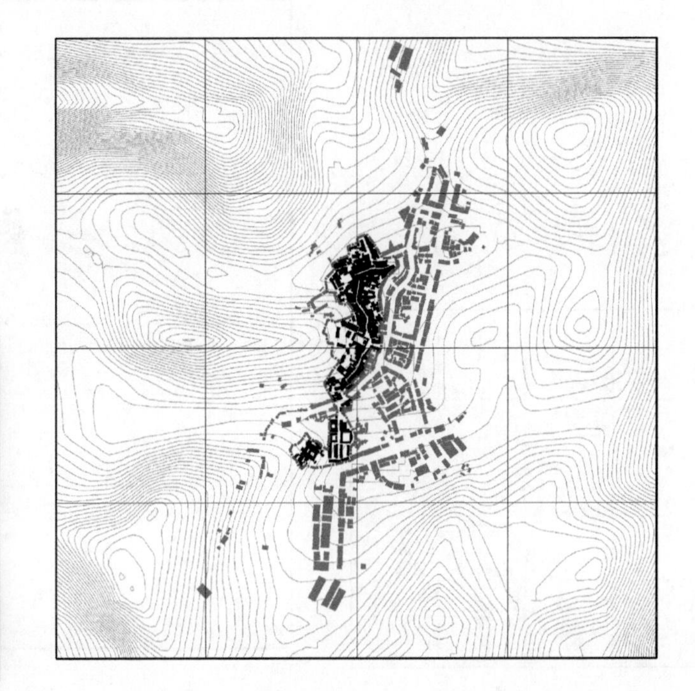

演变过程

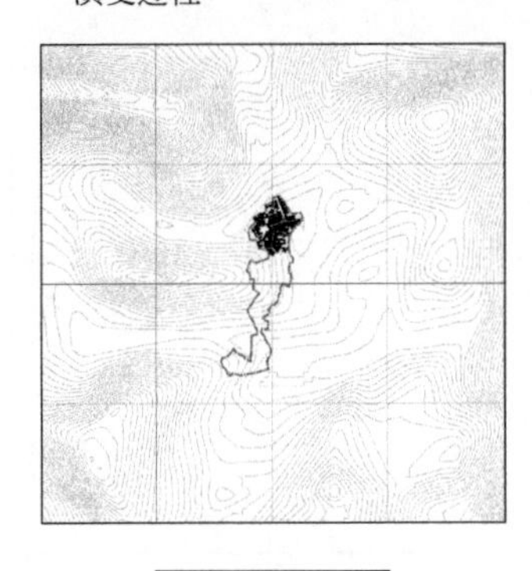

元末明初　　明末清中　　现状

发展概况

龙兴原名隆兴，地属渝北区，2004年被评为第二批中国历史文化名镇。据《江北县志》记载，龙兴“元末明初已有小集市，清初设置隆兴场，因传明朝建文帝曾在此一小庙避难，小庙经扩建而命名龙藏宫，民国初遂改为龙兴场”。龙兴古镇坐落于西北高、东南低的丘陵槽谷地带，距离御临河较远，龙珠岩、吴家山、蒋家坪、龙脑山四座山体从北、西、东三面环绕，有五条通衢大道汇聚于此，顺应自然山体，依山而建，有“五马归巢”之称。

涞滩古镇

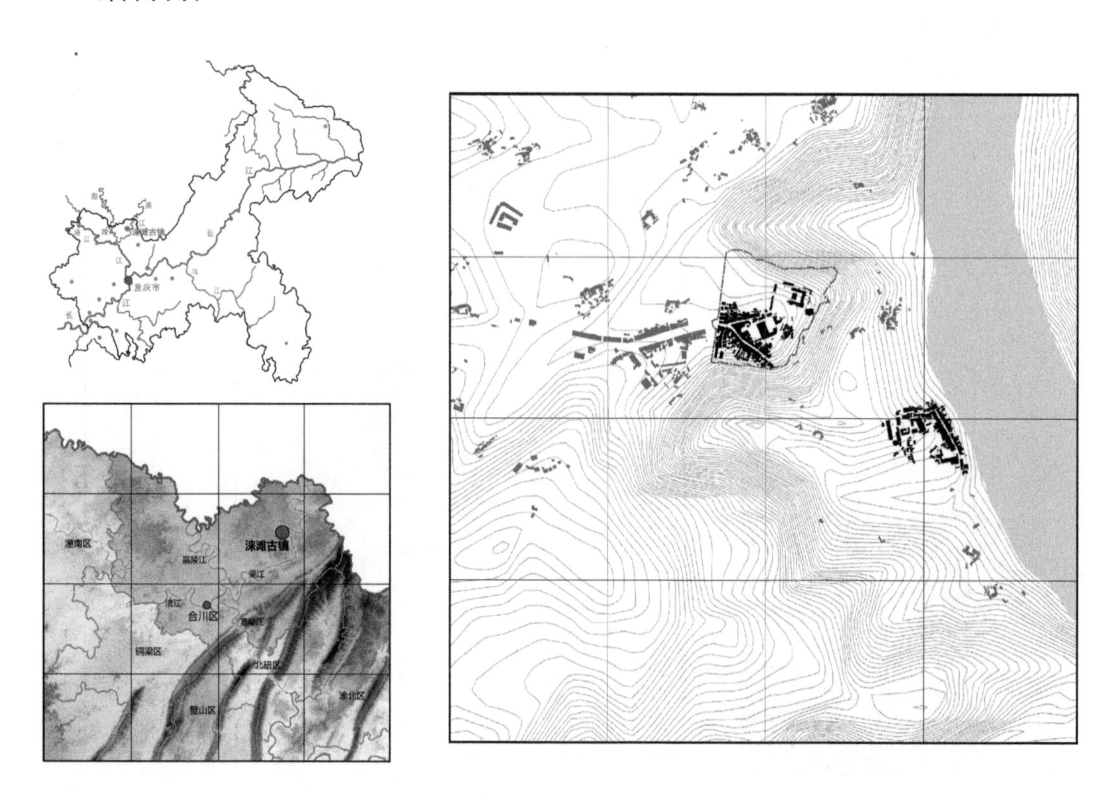

演变过程

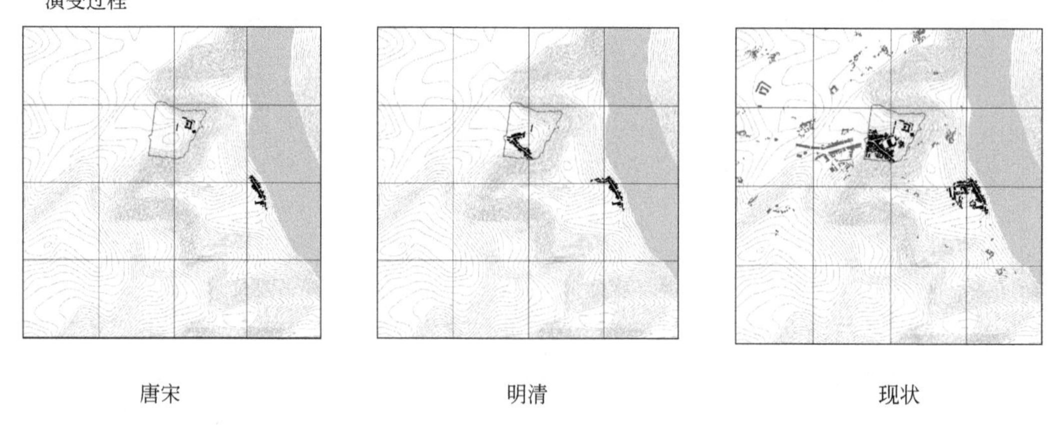

唐宋　　明清　　现状

发展概况

涞滩古镇位于重庆合川城区东北32km处的鹫峰山上，2003年被评为首批中国历史文化名镇，是重庆市至今唯一保存完好的山寨式场镇。涞滩因渠江水运之利，形成聚落，唐时二佛寺（时称鹫灵寺）盛名一时，至宋代建镇，已为川东北物资集散基地。古镇因渠江中心有险滩名涞滩而得名，分上、下涞滩，相对独立。下涞滩依山面水，上涞滩三面临崖，山寨形态保存完好，镇内宫、庙、民居建筑丰富，构筑顺应地势，山地特色鲜明。

安居古镇

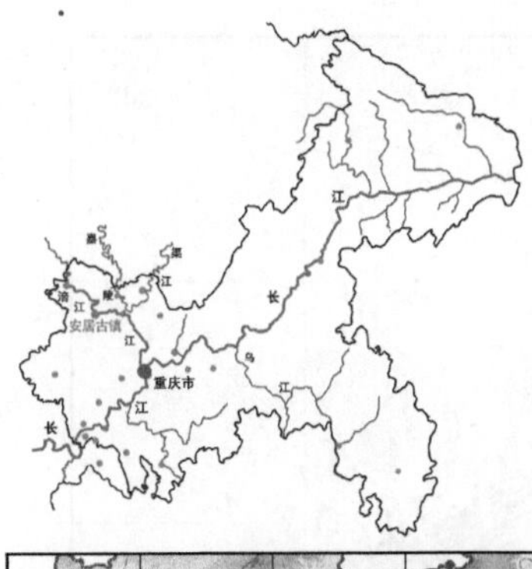

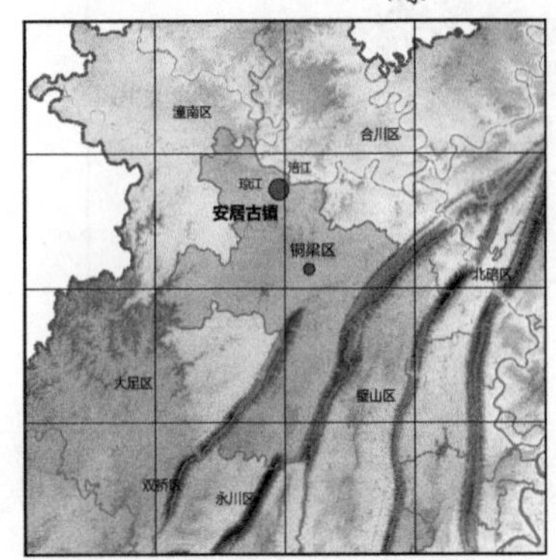

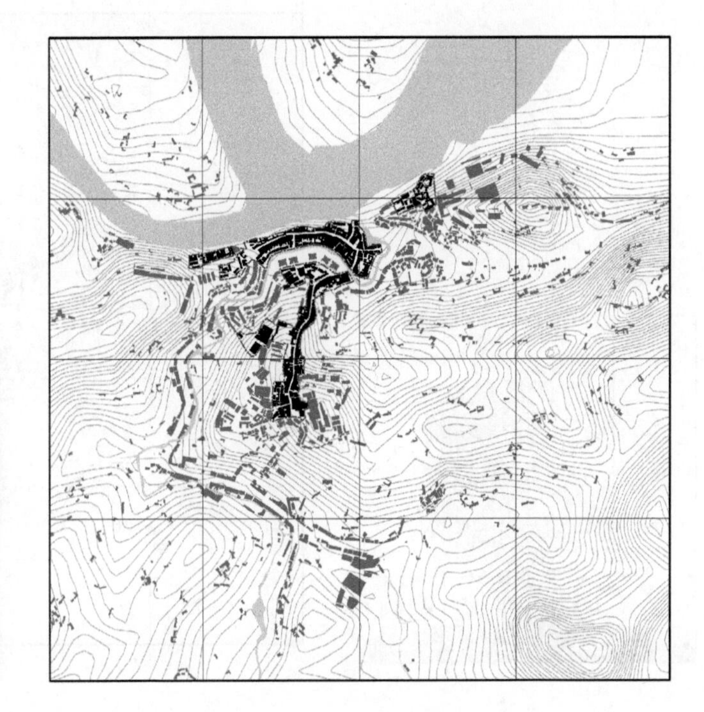

演变过程

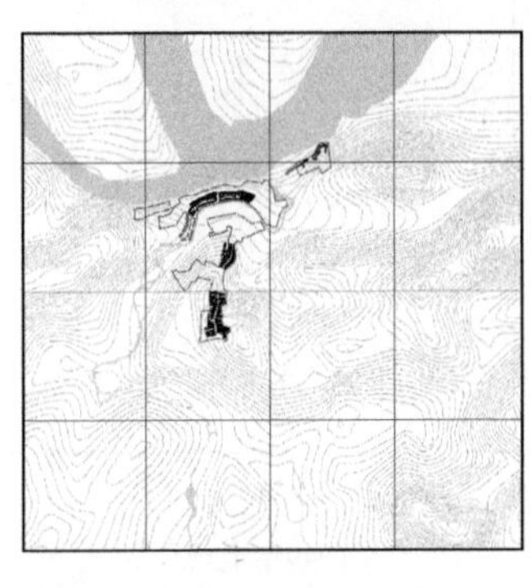

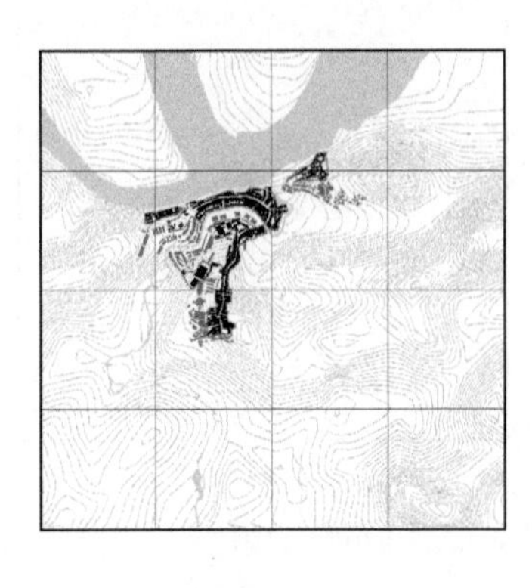

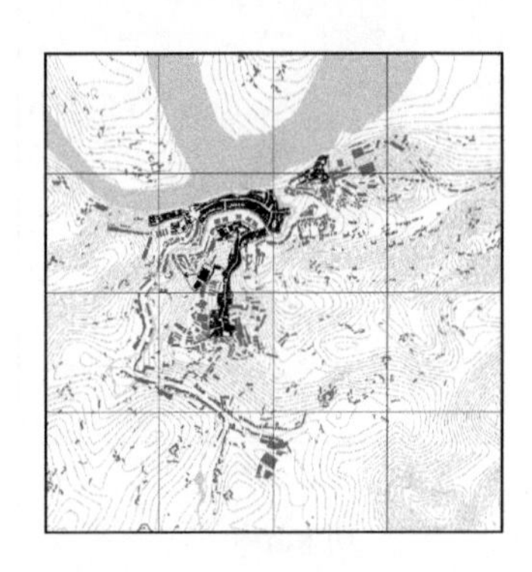

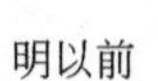

明以前　　清-民国　　现状

发展概况

安居镇位于铜梁城区东北17km处，2008年被评为第四批中国历史文化名镇。古镇坐落在琼江与涪江交汇处南岸，境内多低山，分布在古镇东、西、南三面。古镇历史源远流长，隋唐时期已有乡民聚居，南朝梁代时期开始形成场镇，1481年（成化十七年）9月曾为安居县治所在。寺庙、会馆、宗祠等建筑丰富，形成“九宫十八庙”之格局；安居八景（化龙钟秀、飞凤毓灵、紫极烟霞、玻仑捧月、石马呈祥等）更添诗画的审美意趣。

西沱古镇

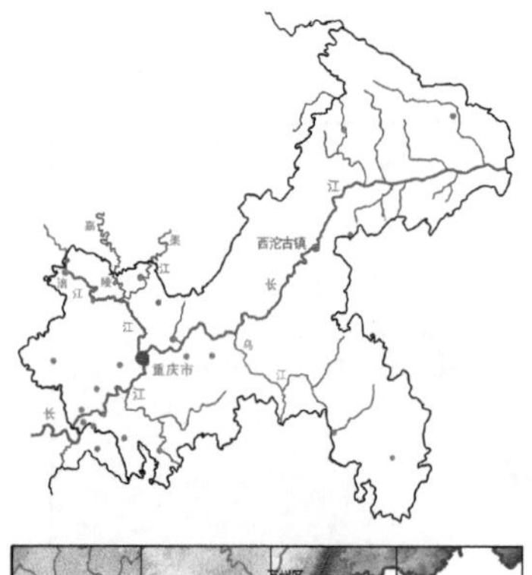

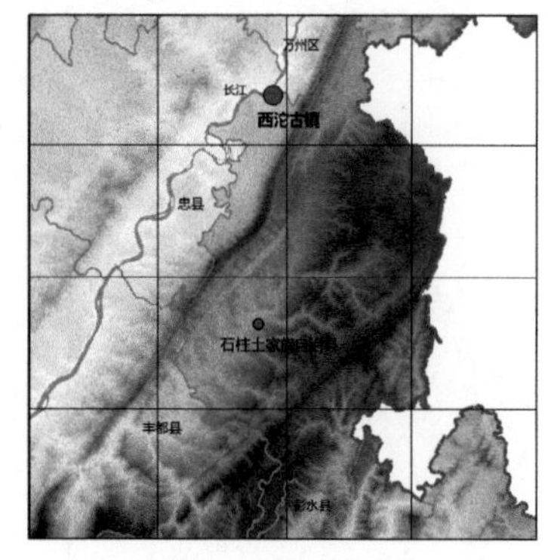

演变过程

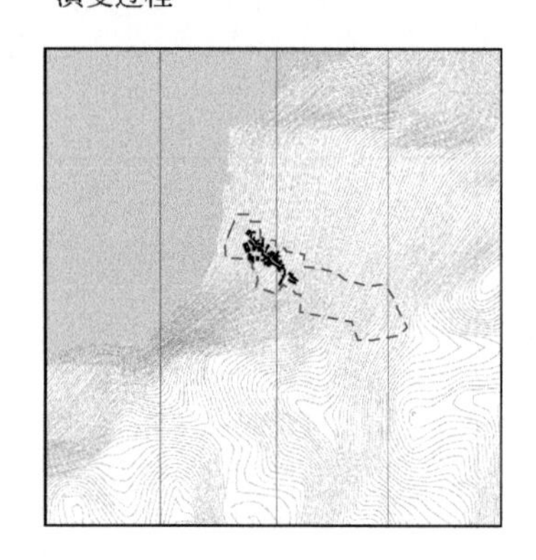

明末清中

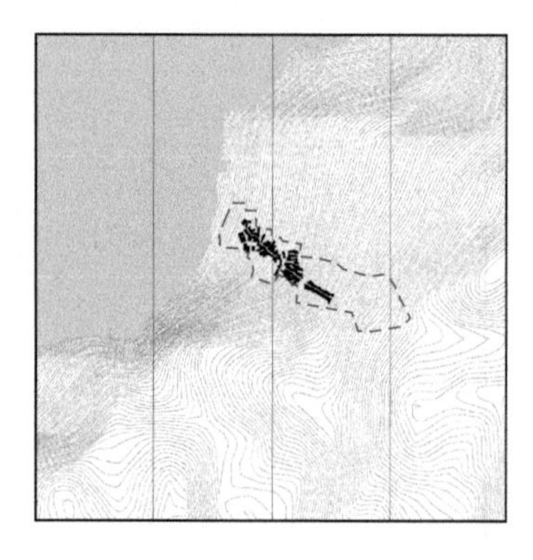

清晚-民国

1949年至现今

发展概况

西沱古镇原名西界沱，因地临长江南岸回水沱而得名，位于石柱城区北部46km处的长江之滨，地处万州、忠县、石柱三区（县）的交界处，2003年列为首批中国历史文化名镇，2008年被评为巴渝新十二景之一。西沱历史悠久，唐宋时已是川东、鄂西边境物资集散地，是“川盐销楚”的要镇。云梯街是长江沿线古镇唯一全程垂直于等高线而建的街道，曾有“九宫十八庙”，建筑鳞次栉比，顺应山势构成极具山地韵律美的建筑群体意象。

丰盛古镇

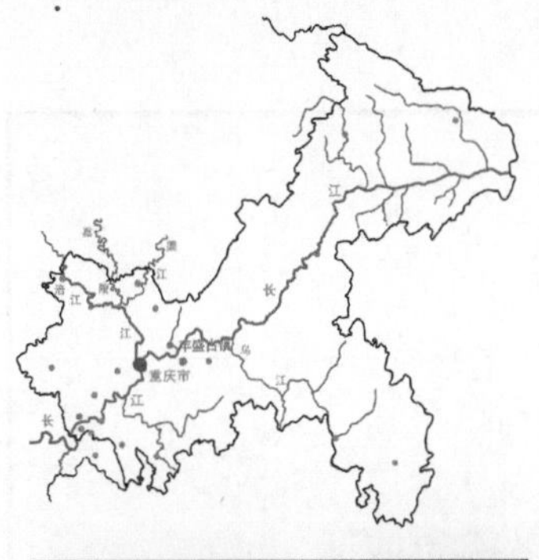

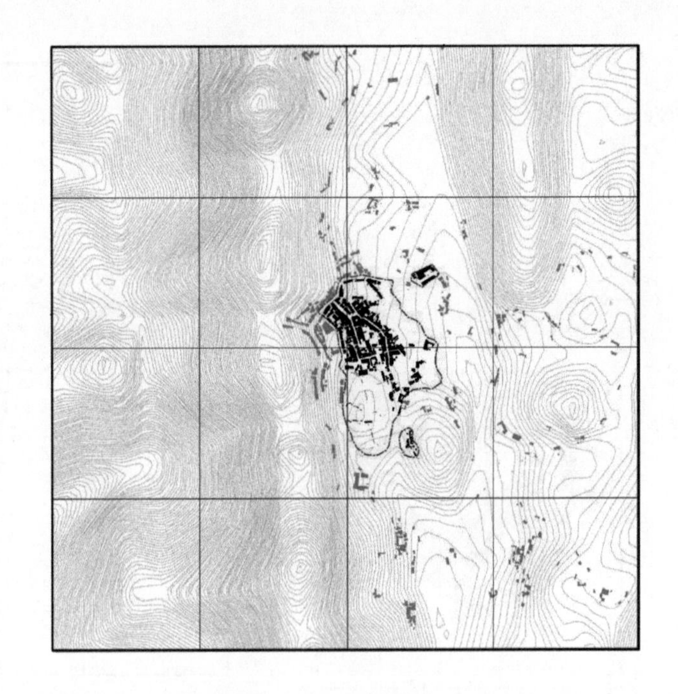

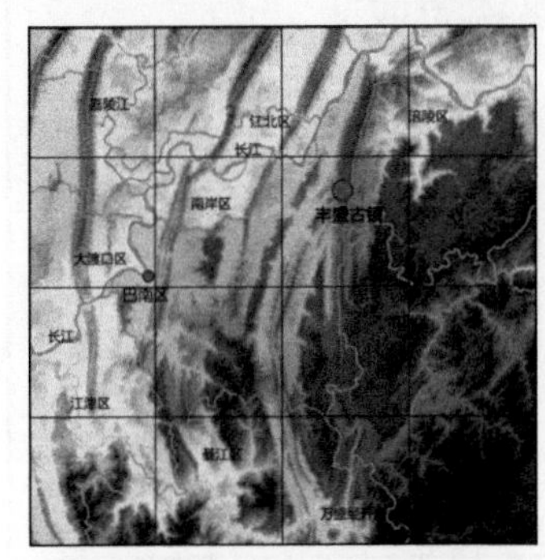

演变过程

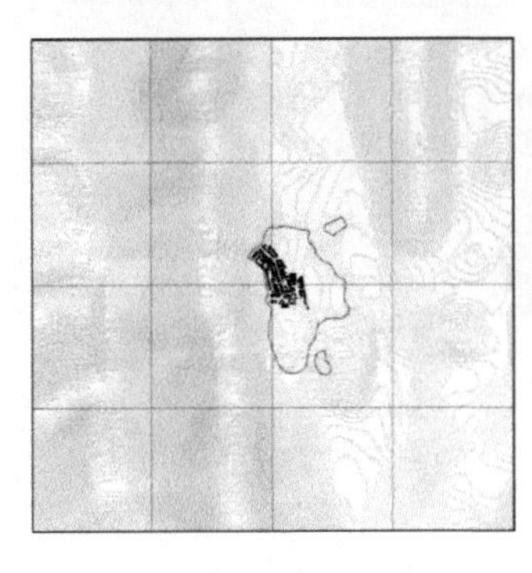

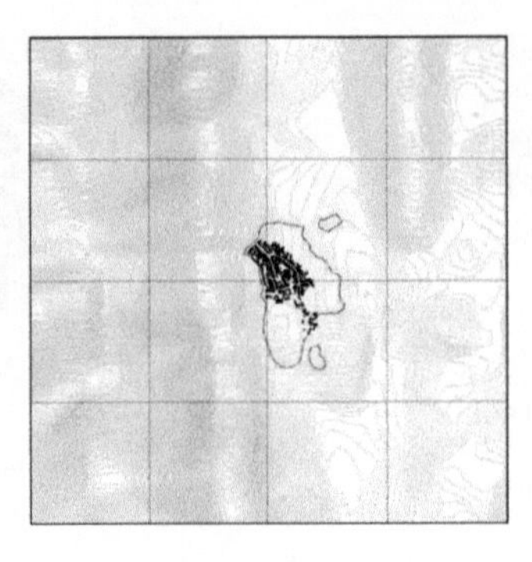

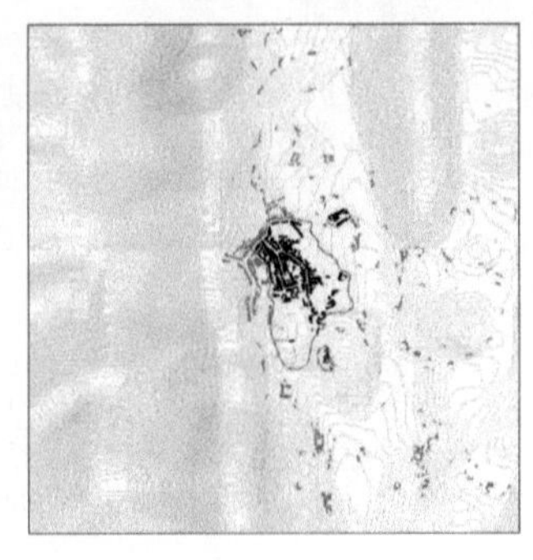

明末　　　　清末　　　　现状

发展概况

丰盛古镇位于重庆市巴南区东部，距重庆市区60km，距巴南区政府70余千米，是黔渝两地陆路交通的中转站，也是涪陵、南川、木洞、洛碛等周边场镇陆路交通联系的必经之地，2007年被评为第三批中国历史文化名镇。该镇建于宋朝年间，历史源远流长，文化积淀深厚。建场初始，商贾云集，商铺、钱庄、茶楼、酒肆、驿站、医馆、戏楼、庙宇散布全镇，素有“长江第一旱码头”之称。

东溪古镇

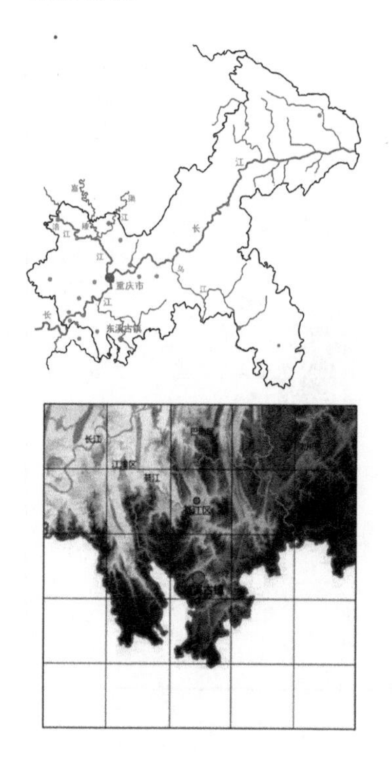

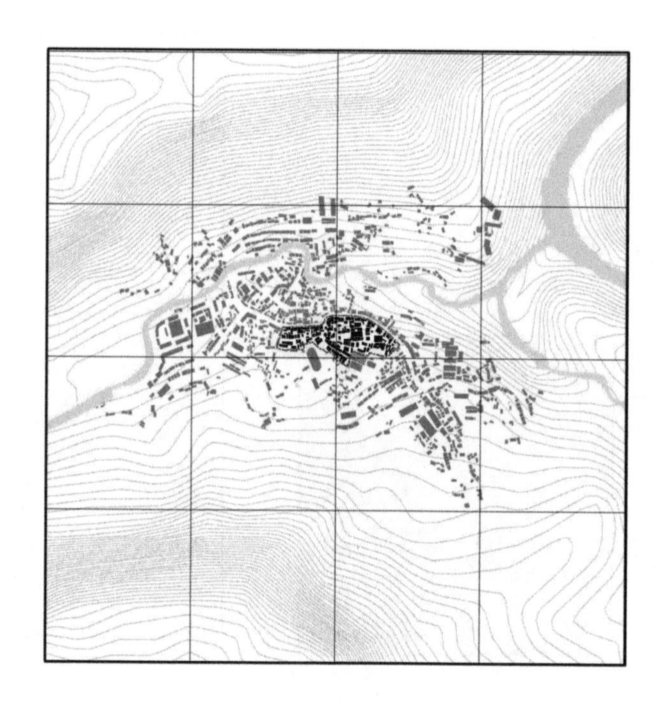

保护规划

核心保护区：各类建筑以修复为主，建筑遗址的整修采取“整旧如旧”“修旧如旧”的保护思想原则。该保护区面积约5.74hm²。

自然景观保护区：保存处于该区域内的古建筑群，并以原真性为准则加以修复和修缮；维护建筑群和自然的和谐关系，保护其中的古树。该保护区面积约34.74hm²。

风貌协调区：建筑高度严格控制，层数控制在3~5层，对于现状严重影响景观的建筑构成要素，应加以整治改造，特别严重者可以考虑拆除。该保护区面积约16.8hm²。

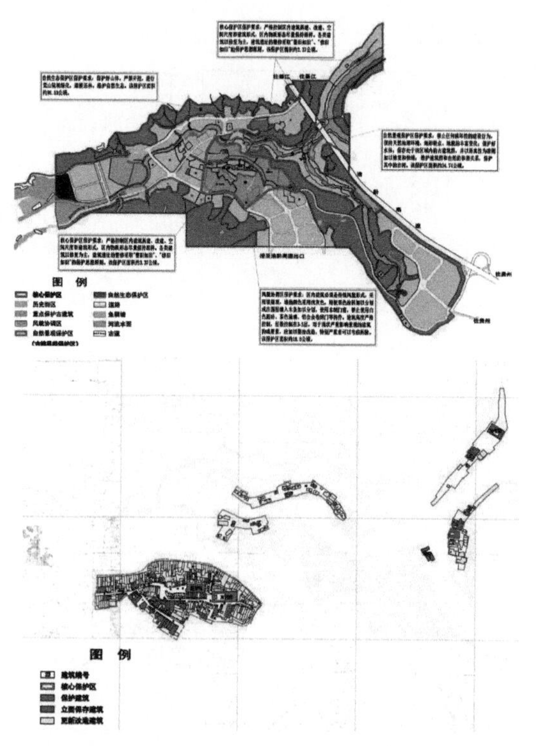

资料来源：重庆大学城市规划与设计研究院．重庆綦江区东溪古镇历史古镇保护规划（2005）

双江古镇

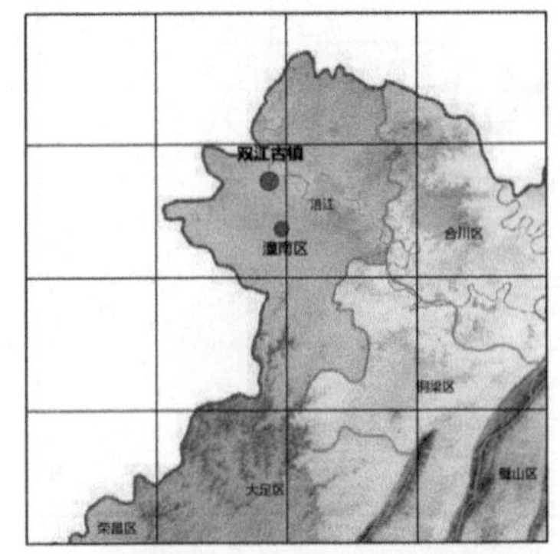

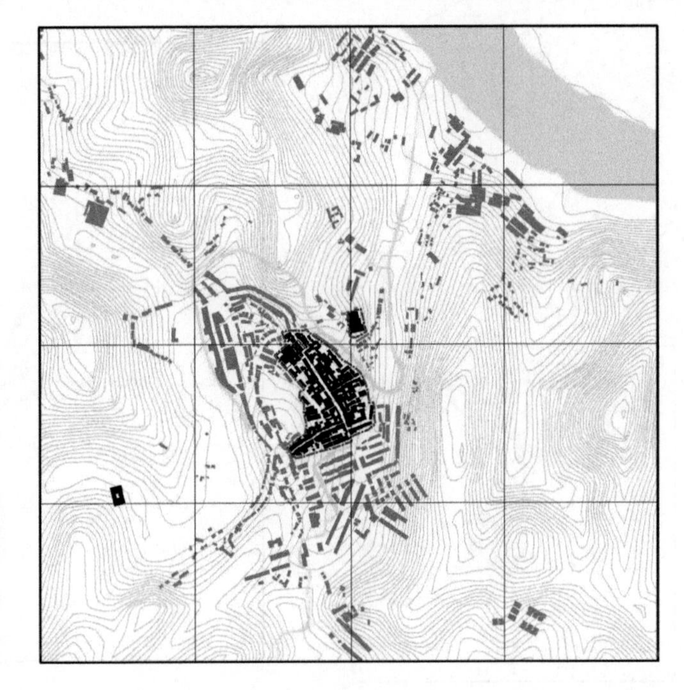

保护规划

核心保护区：严格控制区内建筑活动。以保护点(文物古迹、古建筑、园林本身)或具有价值的街区轴线为核心，保证其范围内历史文化氛围不受破坏。

建设控制区：在这些建设控制区内，在建筑风格、体量、高度和色彩上适度放宽，但与核心保护区有良好的呼应关系。

生态保护区：主要包括了古镇东北部的自然生态绿化林区、西北部的养殖场生态林区和上溪沟、后溪河、大陆溪两侧各50m的绿化控制带。

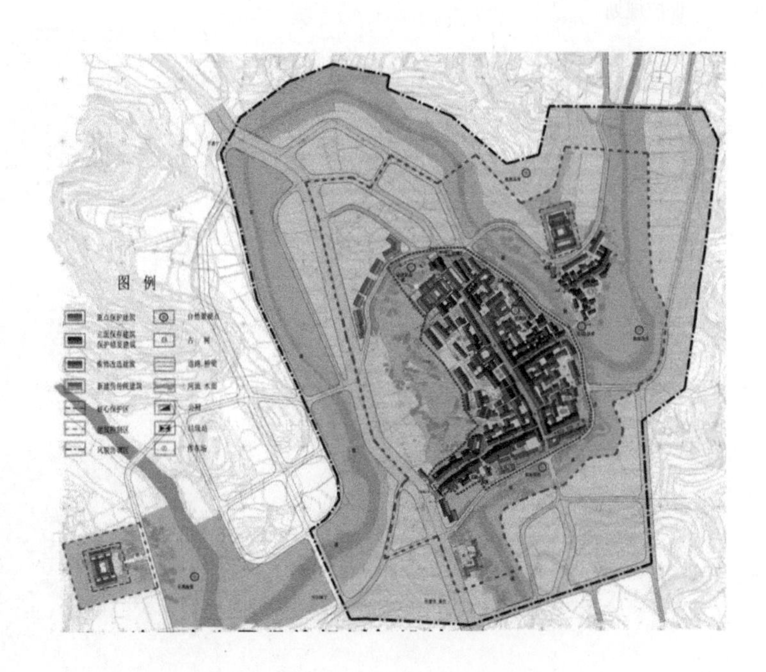

资料来源：重庆大学城市规划与设计研究院．重庆渝北区龙兴古镇保护规划（2013）

松溉古镇

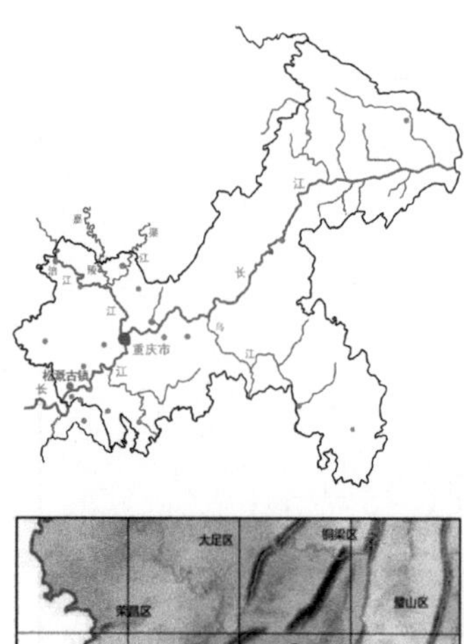

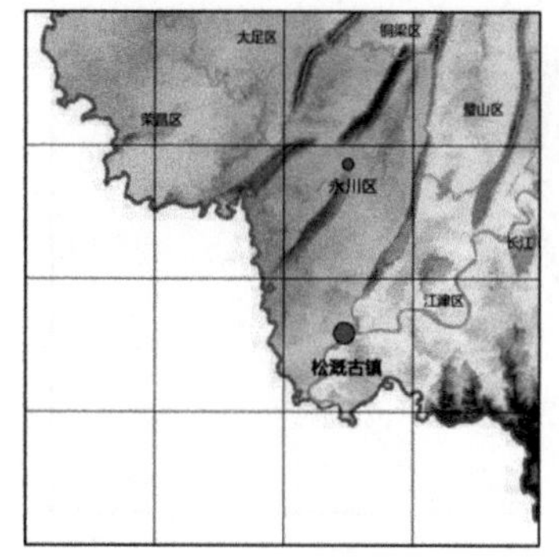

保护规划

核心保护区：包括两带一心。两带指“黄桷树—观音阁区域”和“半边街—解放街区域”两个控制区，都呈带状分布，以古石板路为控制轴线向两侧的空间发展。一心指包含了正街、临江街、核桃街、大阳沟、马路街等重要街巷的古镇中心区域，整个建设控制区的总占地面积为9.44hm²。

建设控制区：主要是围绕在古镇核心保护区外围的区域。具体是沿着一松路两侧，以及在古镇范围之外的松溉职中和周围区域。协调区总占地面积为41.105hm²。

生态保护区：主要包括了古镇东北部的自然生态绿化林区、西北部的养殖场生态林区和上溪沟、后溪河、大陆溪两侧各50m的绿化控制带。

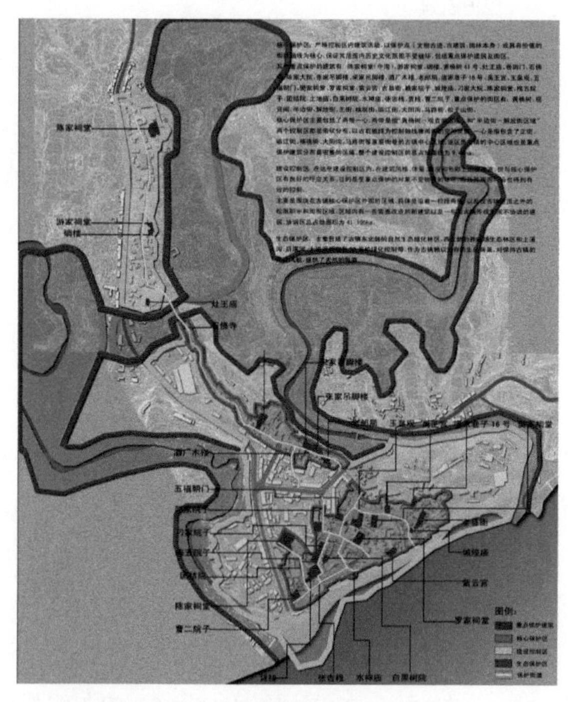

资料来源：重庆大学城市规划与设计研究院．重庆永川区松溉历史文化名镇保护规划（2005）

走马古镇

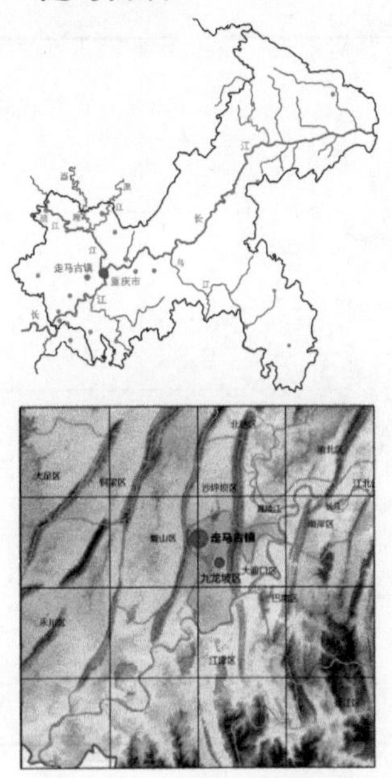

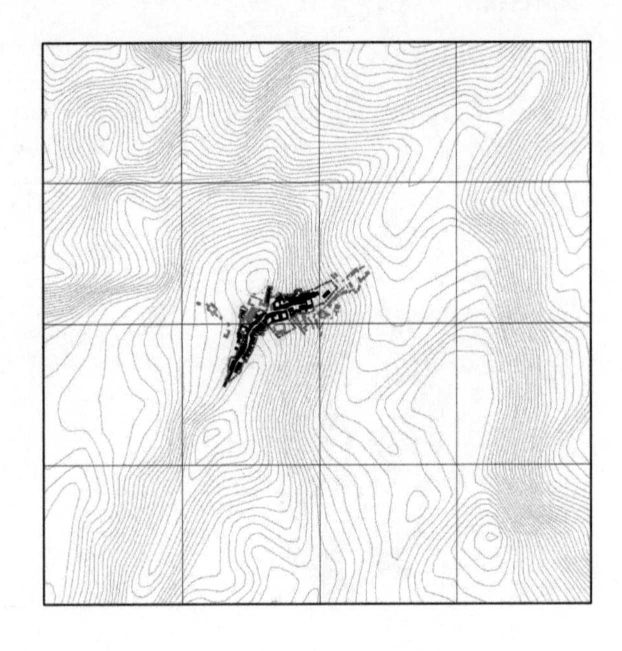

发展概况：走马古镇位于九龙坡区，处于巴渝中心地带，2008年被评为第四批中国历史文化名镇。走马早在明代中叶便有驿站，自古以来便是商贾往返渝州、蜀都的必经之地。宋代《太平寰宇记》已有白市驿站的记载，走马古镇的形成至少有千年的历史。如今，走马古镇尚存有古驿道遗址、古街区、铁匠铺、老茶馆、明清建筑古戏楼和孙家大院、慈云寺遗址等。

石蟆古镇

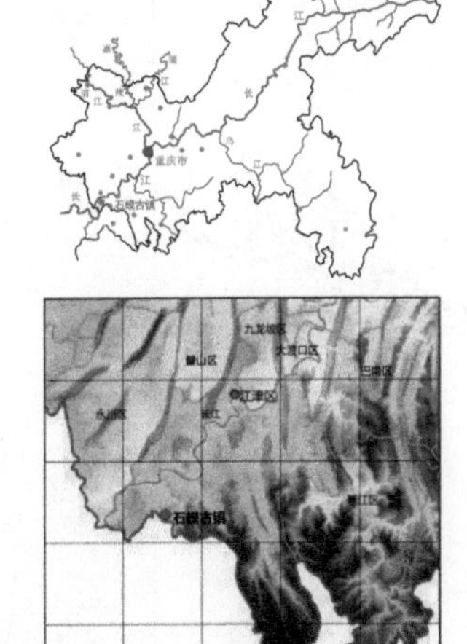

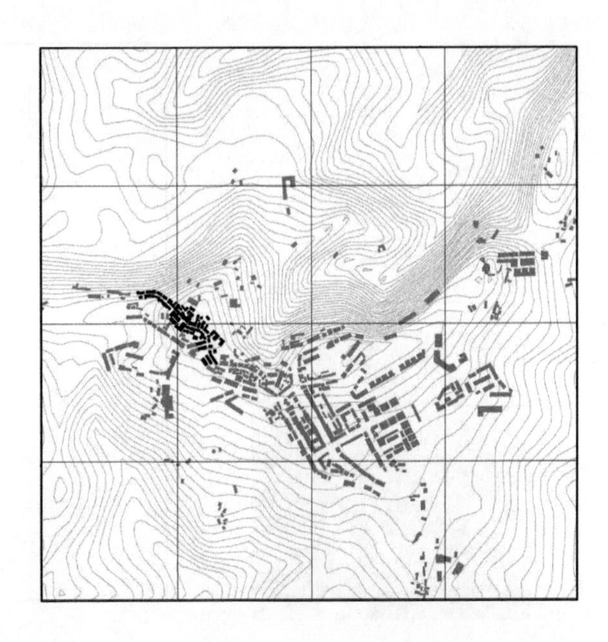

发展概况：自元末建场，石蟆至今已有600多年历史，2019年被评为第七批中国历史文化名镇。石蟆过去是贵州赤水一带到重庆的必经之路，来往客商均在此歇脚,逐渐兴旺，形成集镇。至清末，当地各类店铺发展到300家，呈现出一派繁荣景象。

塘河古镇

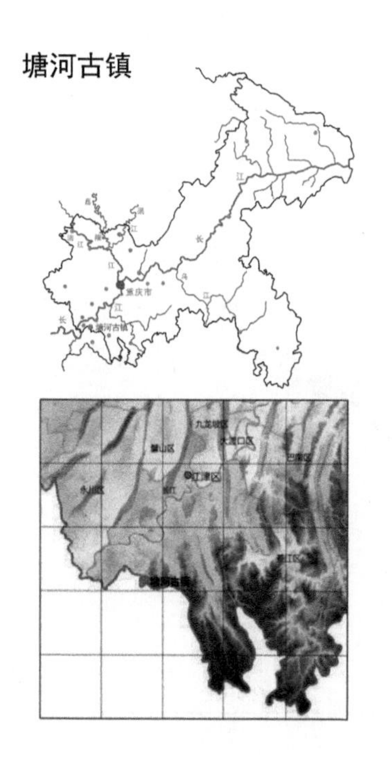

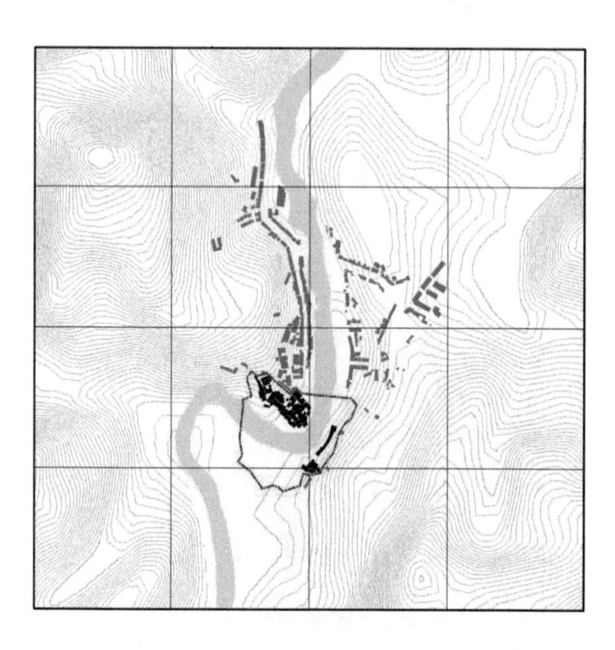

发展概况：塘河古镇位于重庆江津区西南渝川接合地带，2007年被评为第三批中国历史文化名镇。塘河自2000多年前就有人类居住，自明朝始建王爷庙时，“草市”逐渐发展为场镇，且规模不断扩大，至清朝乾隆时期达到鼎盛。

青羊古镇

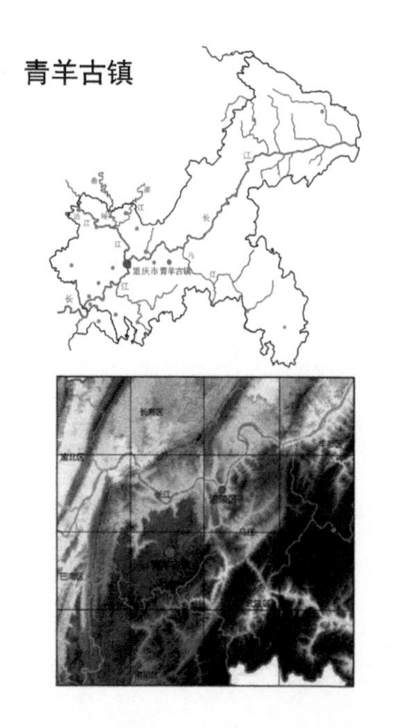

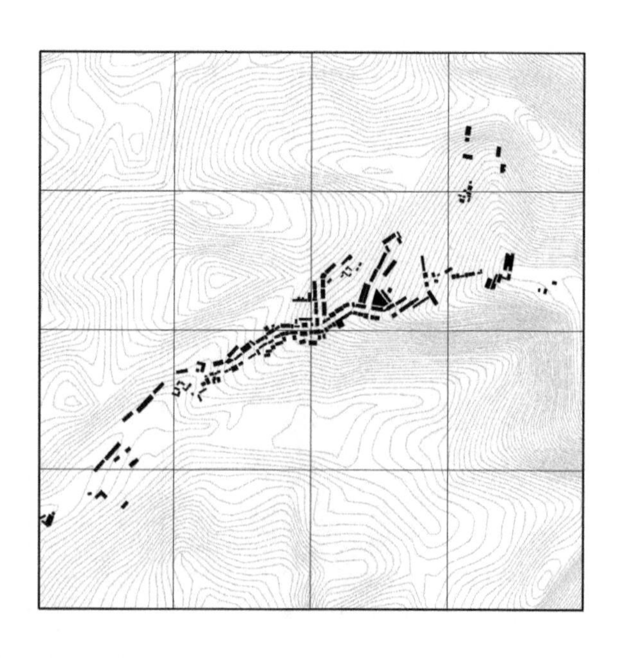

发展概况：青羊古镇位于千年古城涪陵的西南部，是连接武隆、南川的重要交通要道，2019年被评为第七批中国历史文化名镇。青羊镇的安镇村，则有大小文物保护点近40处，被称为“庄园之乡”。

宁厂古镇

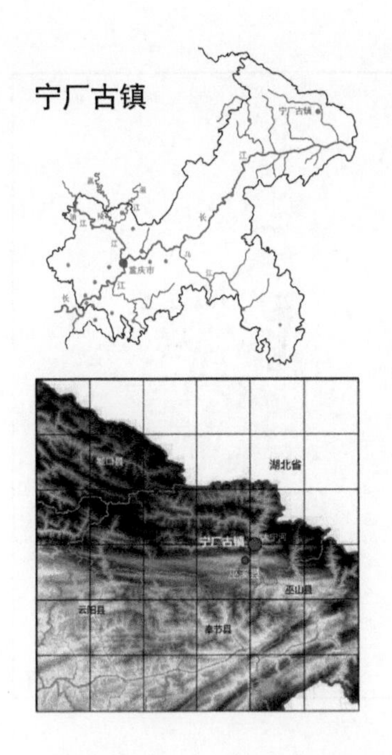

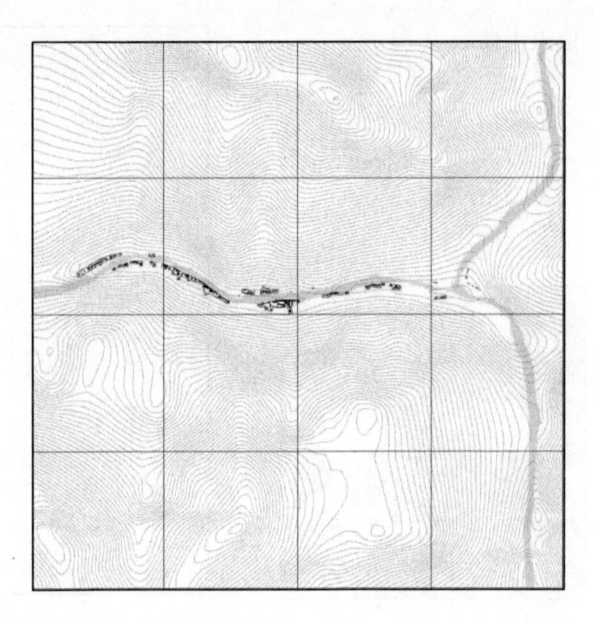

发展概况：宁厂古镇位于重庆巫溪城区东北8km处，是中国早期制盐地之一，2010年被评为第五批中国历史文化名镇。宁厂境内高山绵延，峡谷穿越其间，后溪河水横贯东西，把古镇分为南北两部分，整体布局以后溪河呈“S”形东西方向线性延伸。

中山古镇

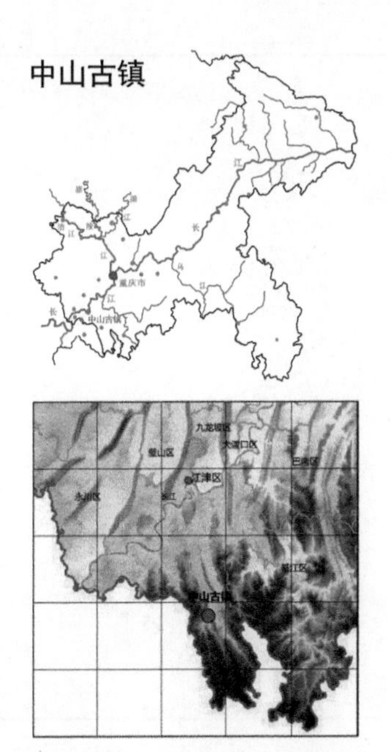

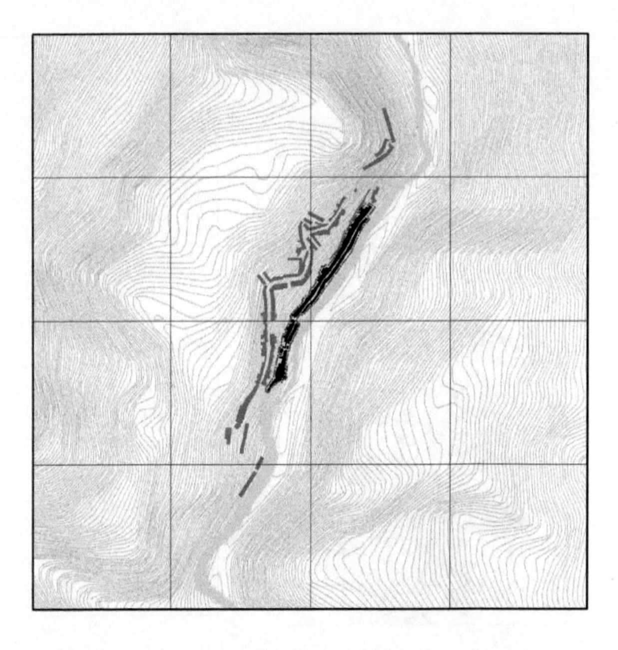

发展概况：中山古镇位于重庆市江津区南部62km处，2005年被评为第二批中国历史文化名镇。古镇坐落在石老峰、之宴山之间，侧卧于笋溪河畔，靠山临水而建，呈带状布局形态，沿江建筑采用将部分房屋架空的“吊脚楼”修建方法。

濯水古镇

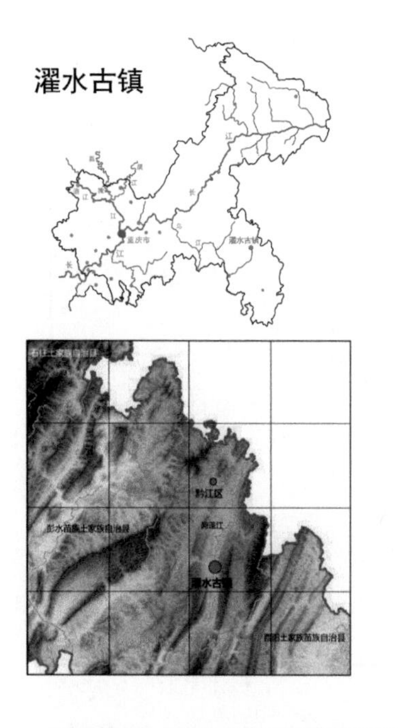

发展概况：濯水古镇位于黔江城区东南角26km处的阿蓬江畔，2014年被评为第六批中国历史文化名镇。明清时期发展迅速，是渝东南重要的驿站和商埠。古镇东部阿蓬江与蒲花河交汇，四周山体环抱，建筑依山就势“分台而筑”，形成了东高西低的空间布局。

龚滩古镇

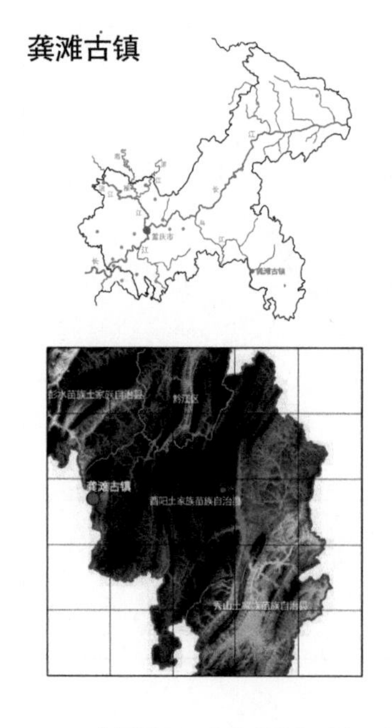

发展概况：龚滩古镇位于乌江与阿蓬江交汇处，隔江与贵州沿河土家族自治县相望，2019年被评为第七批中国历史文化名镇。1949年后，龚滩镇的布局为新旧两街带状平行，其间乌江航道经过3次整治，1959年炸礁得以能航，各大盐商渐渐退去，龚滩古镇逐渐衰落。

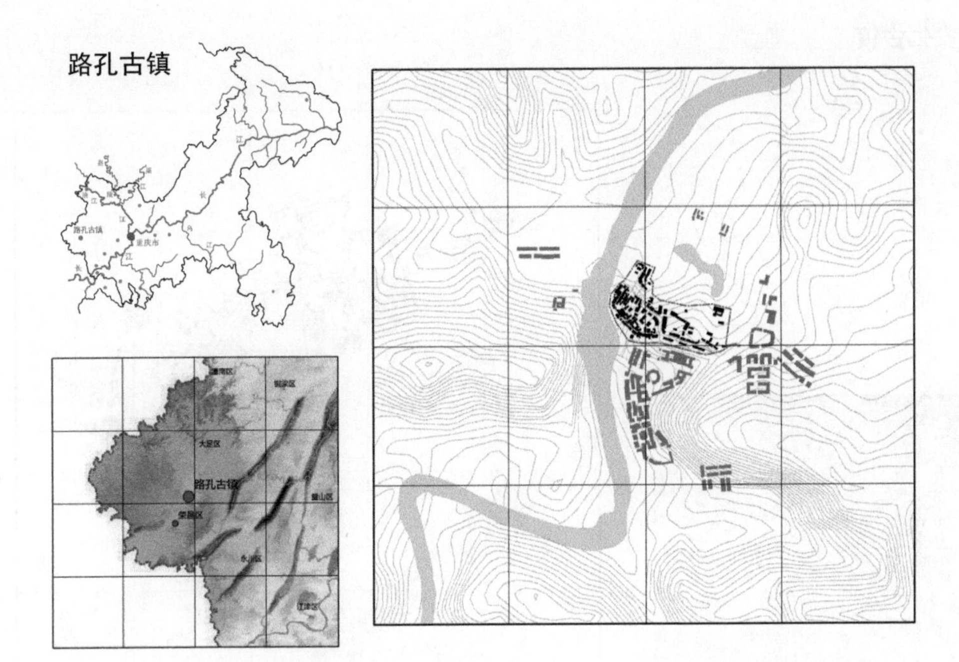

发展概况：路孔镇原名万灵古镇，位于重庆市荣昌区城东，距荣昌城区12km，2010年被评为第五批中国历史文化名镇。路孔是一个以水兴市、以市兴镇的寨堡式古镇。宋、明时期在这里就建有一些供行商休息、住宿和堆放货物的店铺，形成古镇雏形。清代嘉庆时期，为防止白莲教起义，举人赵代仲规划并督建了寨堡城墙。

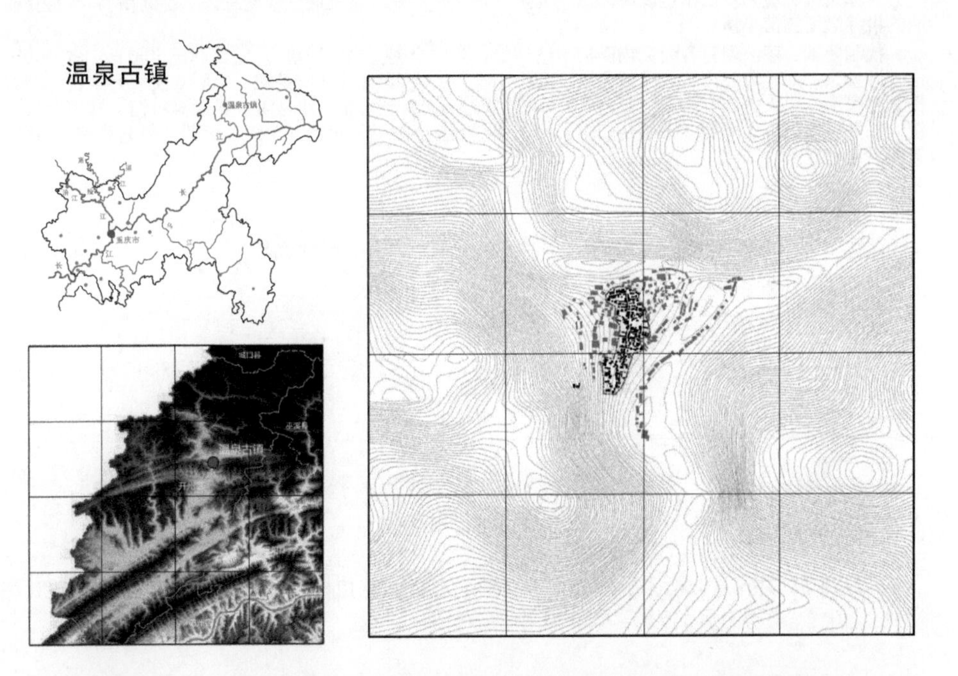

发展概况：温泉镇位于重庆市开州区东北部，距开州区城区27km，是连接云阳、巫溪、城口、川东、陕南、鄂西的重要通道，2014年被评为第六批中国历史文化名镇。温泉镇曾是川东四大盐场之一的温汤井盐场所在地。古镇以蜿蜒的清江河为轴，依山而建，由河东和河西两条街道组成。

安仁古镇

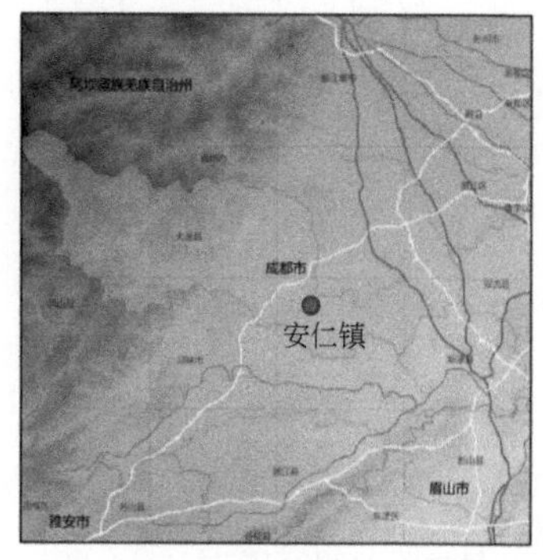

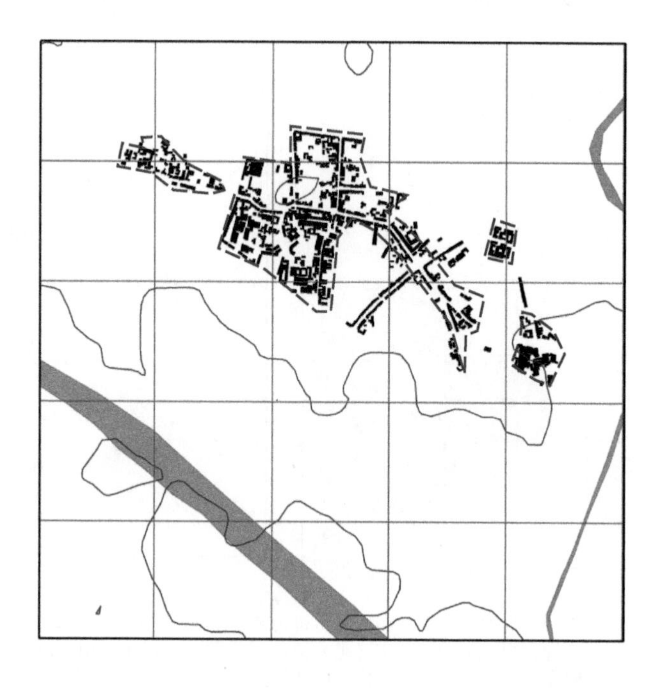

保护规划

总体定位：规划安仁镇是以博物馆业为主导，文化产业综合发展，环境宜人、空间精巧、特色鲜明的世界级博物馆小镇。

控制要素：镇区现有各级文物保护单位18处，其中全国文物保护单位1处（刘氏庄园），省级4处（刘湘公馆；刘元瑄公馆；刘元琥公馆；安仁中学），市级4处（同庆茶楼；星庭戏院；万年台；维新街、裕民街、树人街、吉祥街、双鱼巷），县级9处（李育芝公馆、小岳院、杨茂高公馆、郑志全公馆、刘娣仁公馆、大岳院、张旭初公馆、报本寺、光相寺）。万年台（市级）已毁、星庭戏院（市级）被毁后重建。

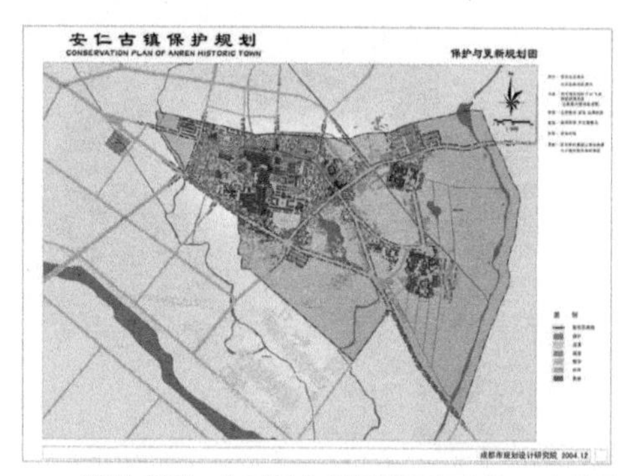

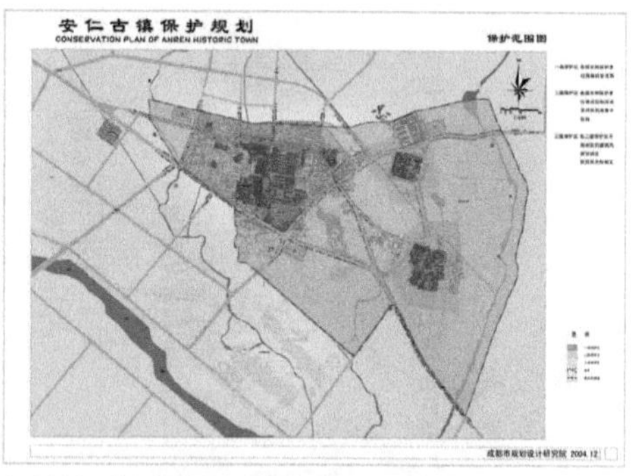

资料来源：中国城市规划设计研究院．大邑县安仁镇镇区控制性详细规划暨重点地段城镇设计

李庄古镇

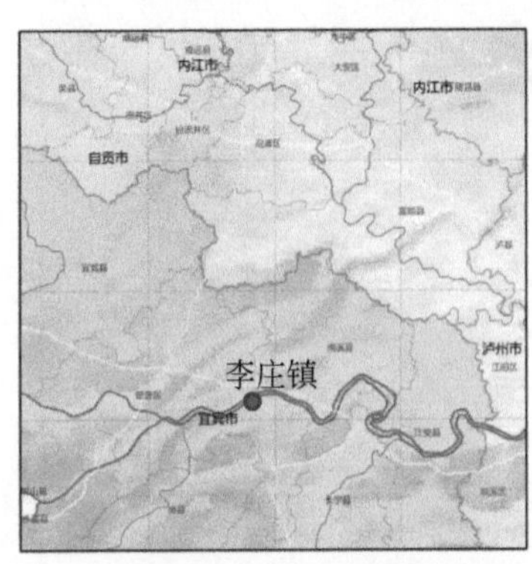

保护规划

保护内容：保护体现古代城池选址山水格局、城镇重要景观和城镇环境的桂伦山、天景山山体景观、长江景观和与之呼应、吴巍屏障的长江对岸山体，控制长江沿线各300m范围内环境景观的保护；保护13处文物保护单位，其中全国重点文物保护单位2处（螺旋殿、中国营造学社旧址）、省级文物保护单位4处［李庄禹王宫（慧光寺）、李庄张家祠、李庄东岳庙、中央研究学社旧址］，33处历史建筑，以及总面积208.1hm²的历史镇区。

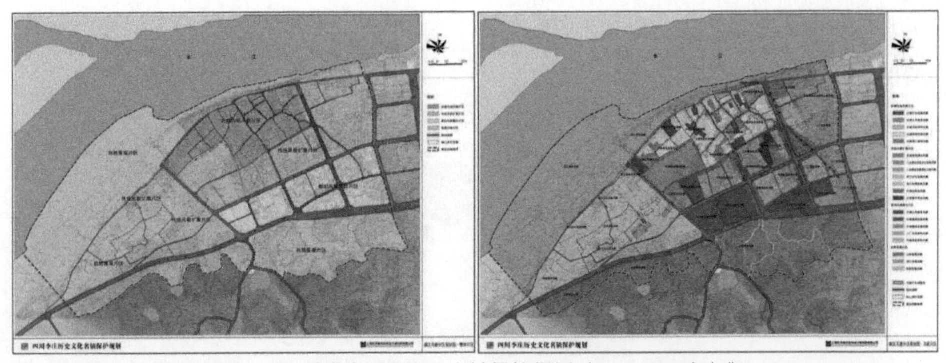

资料来源：《四川李庄历史文化名镇保护规划（2019~2035年）》

洛带古镇

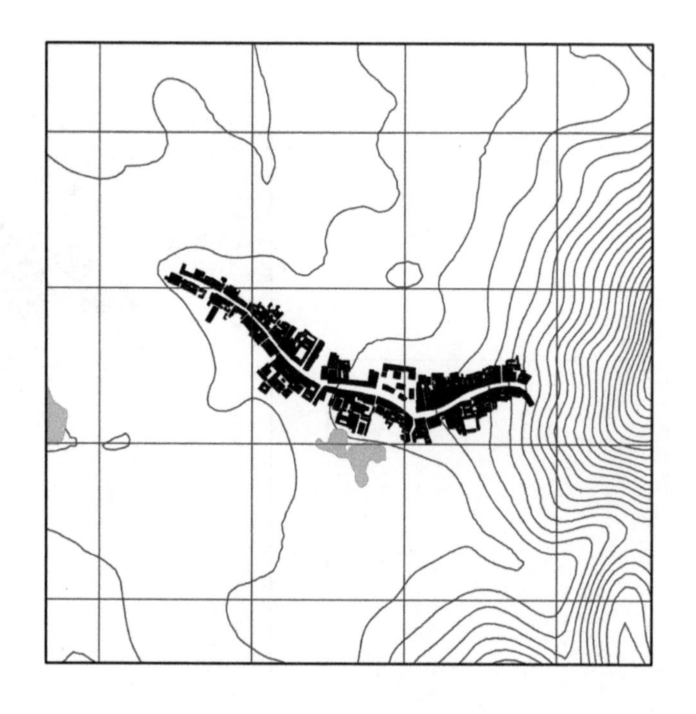

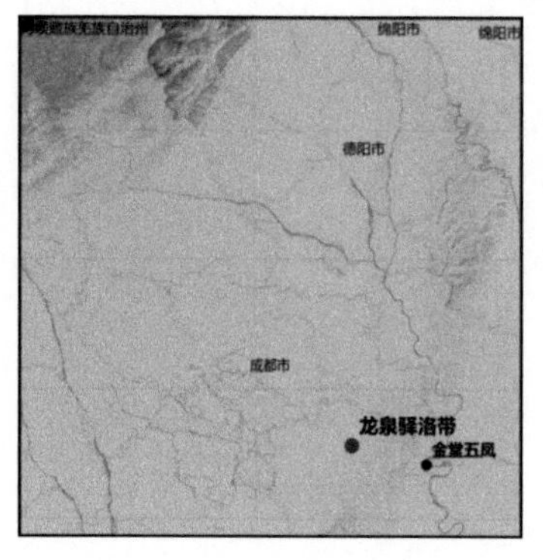

保护规划

定位：划定一个客家文化保护区，使区内的客家民居、方言、风俗习惯等得到保护，以一街、一山、一水作为客家文化保护区的基本框架,即古镇一条街、三峨山和玉带湖,通过发展旅游业和生态观光农业促使客家人走向现代化，并以这种方式使客家文化得以可持续发展。避免了客家人在都市化的发展进程中，毁掉自己的家园和文化传统。

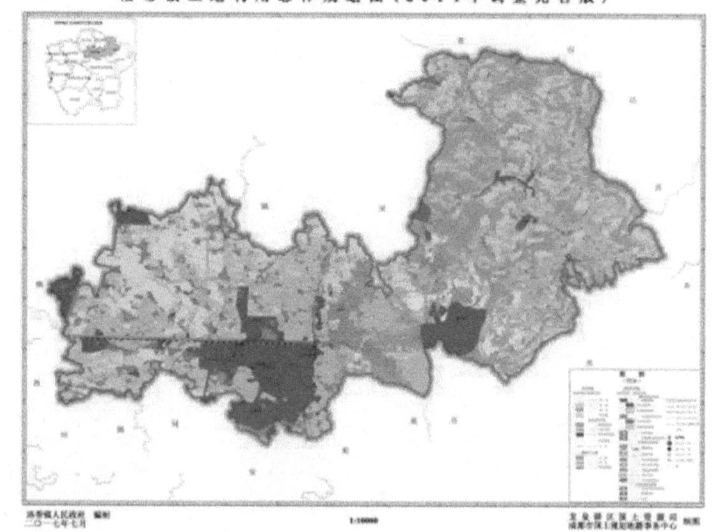

土地利用规划图

资料来源：《龙泉驿区洛带镇土地利用总体规划（2006~2020年）》（2014年调整完善版）

老观古镇

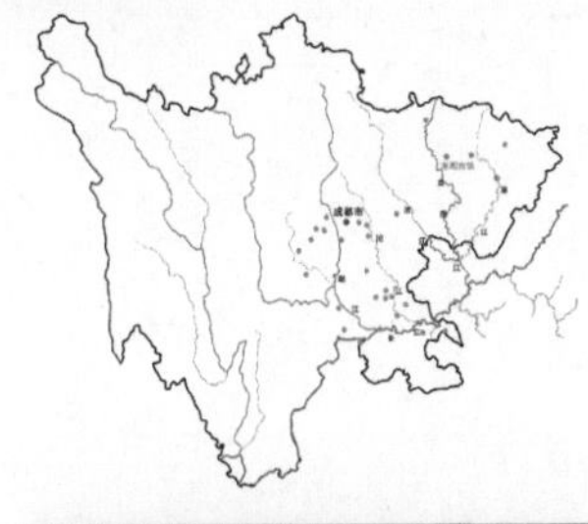

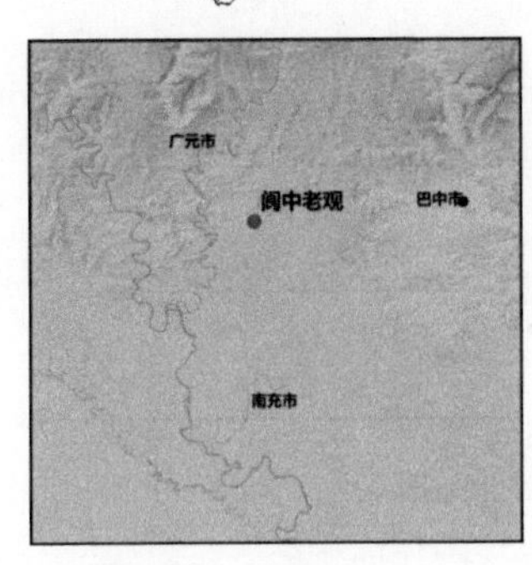

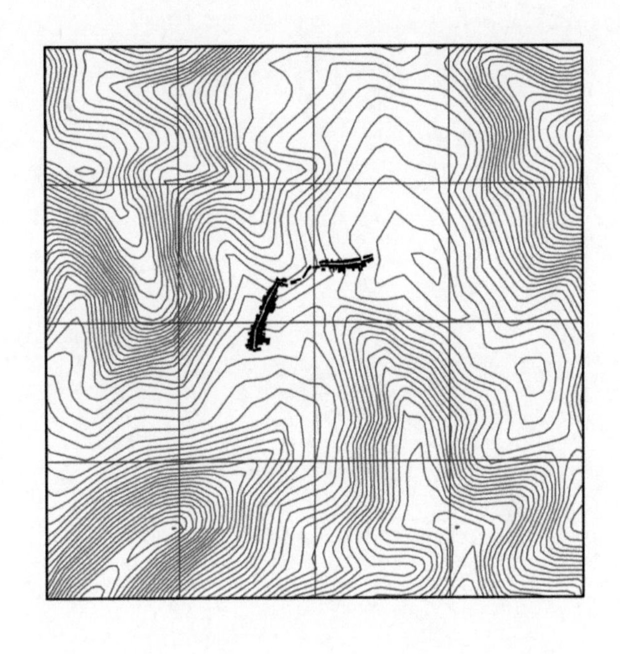

发展概况：老观古镇位于四川省南充市阆中市，核心保护区15hm²，镇内有龙凤石板古街二条，有保存完好的民居古建筑群，有红军在老观战斗遗迹，清代古粮仓以及亮花鞋、老观灯戏等一大批历史文化。2005年9月16日，四川省阆中市老观镇被公布为第二批中国历史文化名镇。

上里古镇

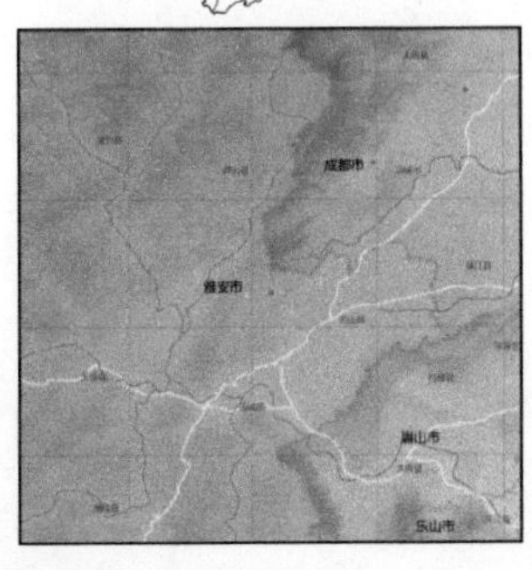

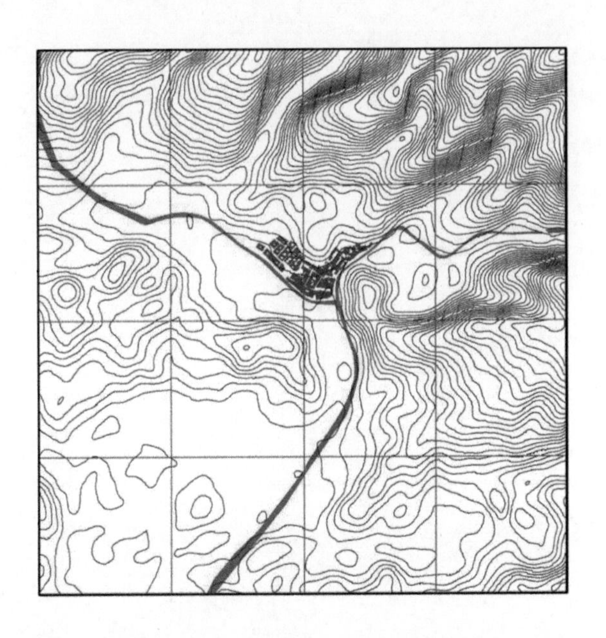

发展概况：上里镇位于雅安市雨城区北部，距城区27km，总面积达112km²。古镇初名为“罗绳”，是古代南方丝绸之路上的重要驿站，是唐蕃古道上的重要边茶关隘和茶马司所在地,近代为红军长征过境之地。上里古镇依山傍水，群山环抱，居于两河相交处，东临黄茅溪，主要为生活汲水、农业灌溉之用，西临陇西河，有运输上游竹木资源的通航之便。